GESCHICHTE DER NEURO-WISSENSCHAFT

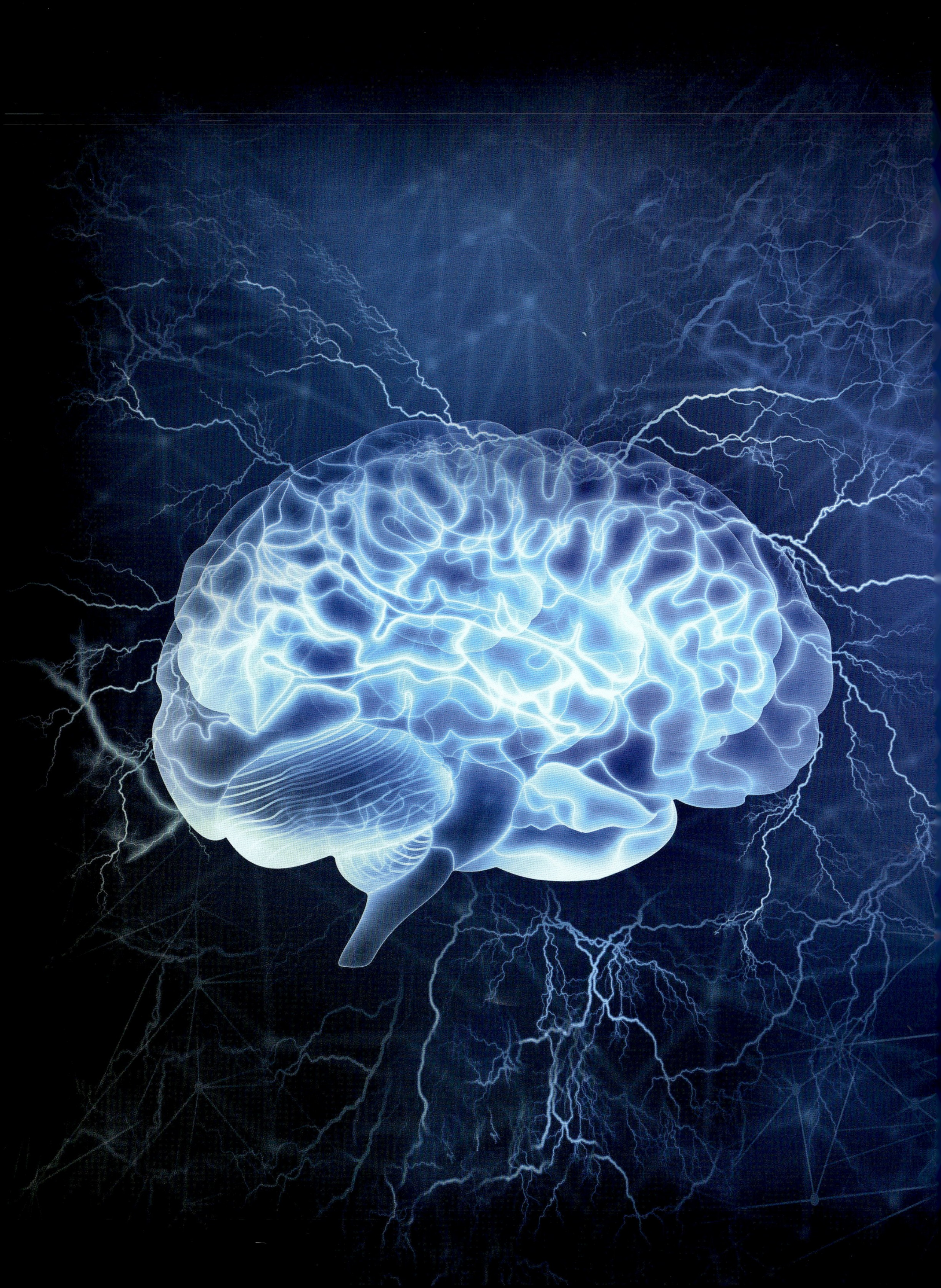

Anne Rooney

GESCHICHTE DER NEURO-WISSENSCHAFT

Die Geheimnisse von Gehirn, Nervensystem und Bewusstsein

tosa

INHALT

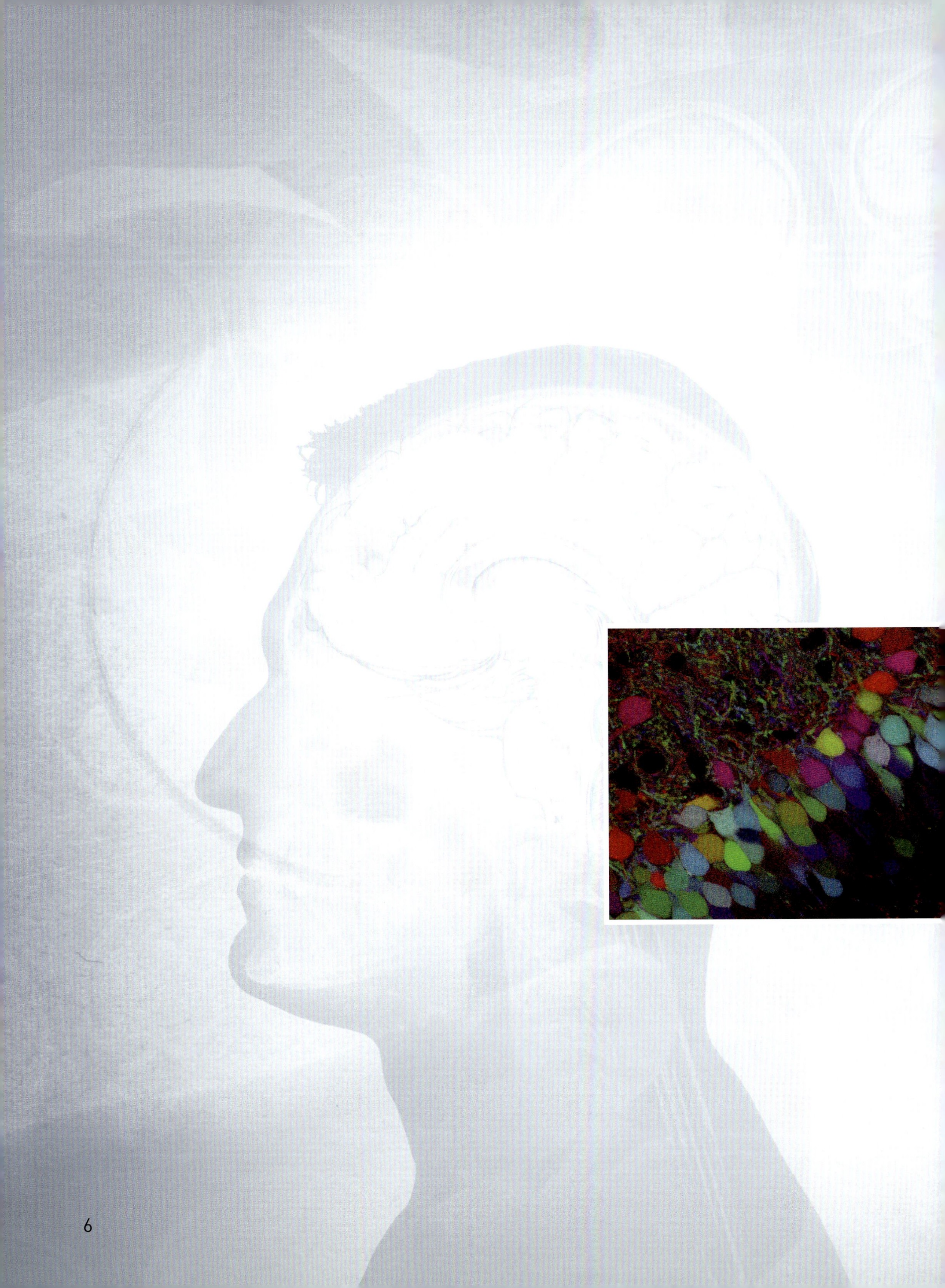

EINFÜHRUNG

Wenn das Hirn so einfach wäre, dass wir es verstehen könnten,
dann wären wir so einfach, dass wir es nicht könnten.

Emerson Pugh

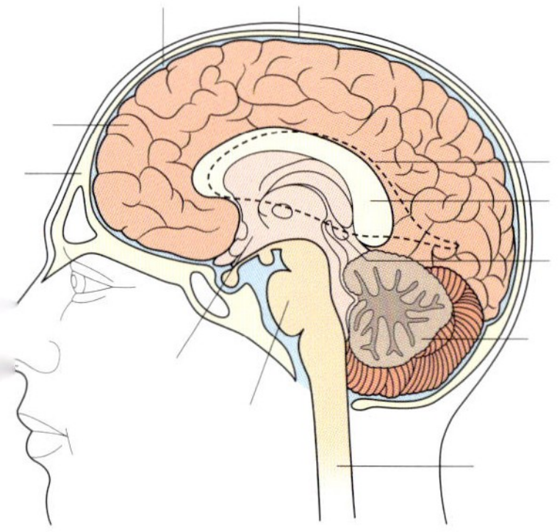

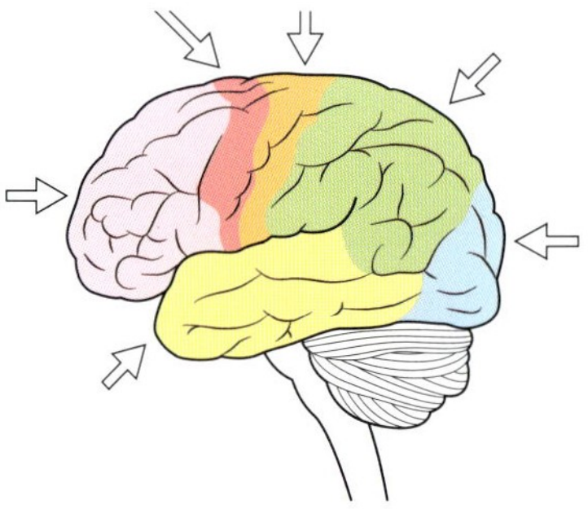

EINFÜHRUNG

Geist und Körper

Während Sie dieses Buch lesen, leistet Ihr Gehirn Schwerstarbeit. Es verarbeitet den Input, den Ihre Augen liefern, zu Informationen und später zu Erinnerungen. Es lässt Ihre Finger die Seiten umblättern und führt Ihre Augen über jede einzelne Textzeile. Wenn man Sie später fragt, was Sie gelesen haben, versetzt Ihr Gehirn Sie in die Lage, die Frage zu verstehen und zu beantworten. Dabei kontrollieren Ihr Gehirn und Ihr Nervensystem auch noch so ganz nebenbei Ihren Herzschlag, Ihre Atmung und Ihre Verdauung. Geschieht etwas Unerwartetes – Feueralarm oder Wespenstich –, setzt es eine ganze Kette angemessener Reaktionen in Gang. Die Kontrollmechanismen Ihres Nervensystems (Gehirn, Rückenmark und Nerven) sind Gegenstand der Neurowissenschaften.

Die Anfänge der Neurowissenschaften liegen weit zurück, wobei sie erst im Laufe der letzten hundert Jahre wirklich zu einer „Wissenschaft" wurden. Ihr Aufgabenbereich ist das Studium individueller Neuronen (Nervenzellen) auf zellulärer und mikrobiologischer Ebene. Ziel ist es herauszufinden, wie unser Nervensystem arbeitet, sodass wir empfinden, Dinge kognitiv verarbeiten und uns durch den Raum bewegen können.

Herzstück der Neurowissenschaft ist ein eigentlich unlösbares Problem: Wie übersetzen sich die physikalischen und chemischen Prozesse im Nervensystem in Bewusstsein, Gedanken, Fantasien, Gedächtnisinhalte, Emotionen, ja unsere ganze Persönlichkeit? Wie entsteht die menschliche Erfahrung aus einer Reihe biochemischer Prozesse? Wie wird aus einer Absicht eine konkrete Handlung? Wie kann ein visueller oder auditiver Reiz Freude oder Angst hervorrufen, die im Körper nicht exakt lokalisiert werden können?

DARF ICH VORSTELLEN: IHR GEHIRN!

Das Gehirn liegt im Schädel und wird von Membranen geschützt, die wir Hirnhäute nennen. Es besteht aus drei Teilen. Der größte Teil ist das Großhirn, das in zwei symmetrische Hälften aufgeteilt ist und tiefe Furchen aufweist. Die äußerste Schicht, die Großhirnrinde, erfüllt bestimmte Funktionen. So verarbeitet sie beispielsweise die Informationen der Sinnesorgane, steuert unser Handeln und alle höheren Geistesfunktionen wie Sprache und abstraktes Denken. Das Kleinhirn liegt im Hinterkopf und ist für die Kontrolle unserer Bewegungen verantwortlich, für das Gleichgewicht und die Koordination. Der dritte Teil des Gehirns ist der Hirnstamm, der den Informationsfluss zwischen Gehirn und Körper kontrolliert. Die äußere Schicht des Gehirns ist grau gefärbt, während das Innere weiß erscheint. Die graue Substanz besteht aus den Zellkörpern der Neuronen, die weiße Substanz hingegen besteht aus den Axonen, den Nervenfasern, die die Neuronen verbinden.

Neurowissenschaften – der Begriff ist ebenso jung wie die zugehörige Disziplin. Daher müssen wir die ersten Erkenntnisse auf diesem Gebiet aus anderen Disziplinen herleiten wie der Philosophie, der Physik, der Chemie, der Physiologie und so weiter. So können wir rekonstruieren, wie sich unser Verständnis der Neurobiologie entwickelte: das Funktionieren der Sinne, die Kontrolle über den Körper, das Lernen und die Gedächtnisbildung. Allerdings ist unser Verständnis noch keineswegs ausgereift – die Geschichte der Neurowissenschaften geht noch weiter.

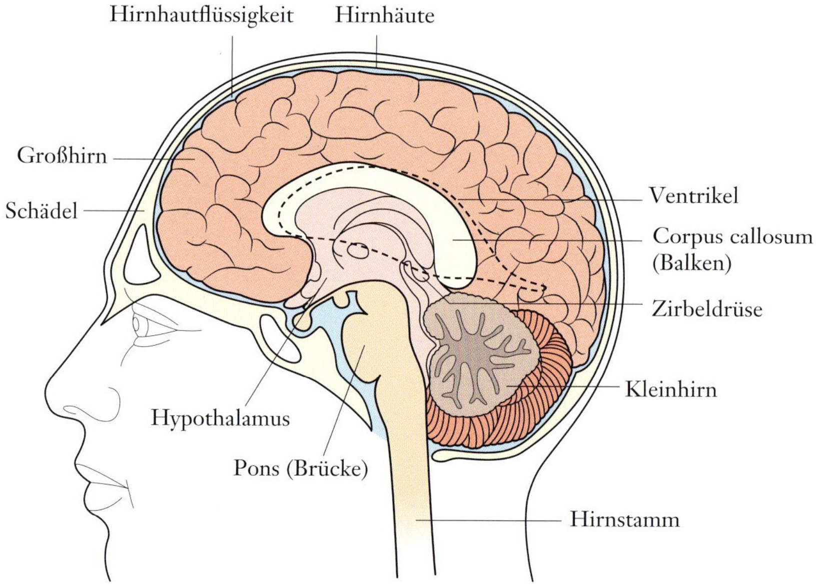

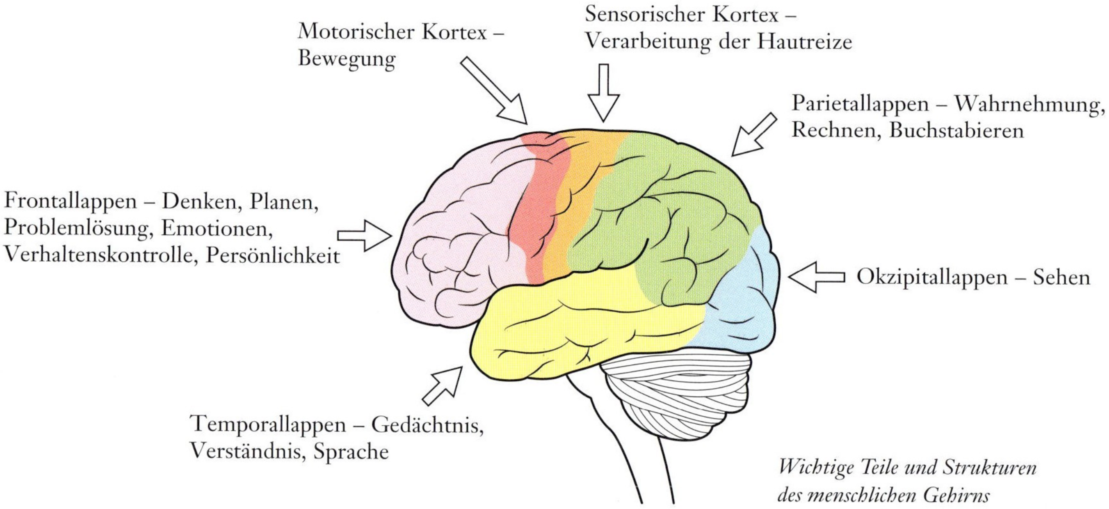

Wichtige Teile und Strukturen des menschlichen Gehirns

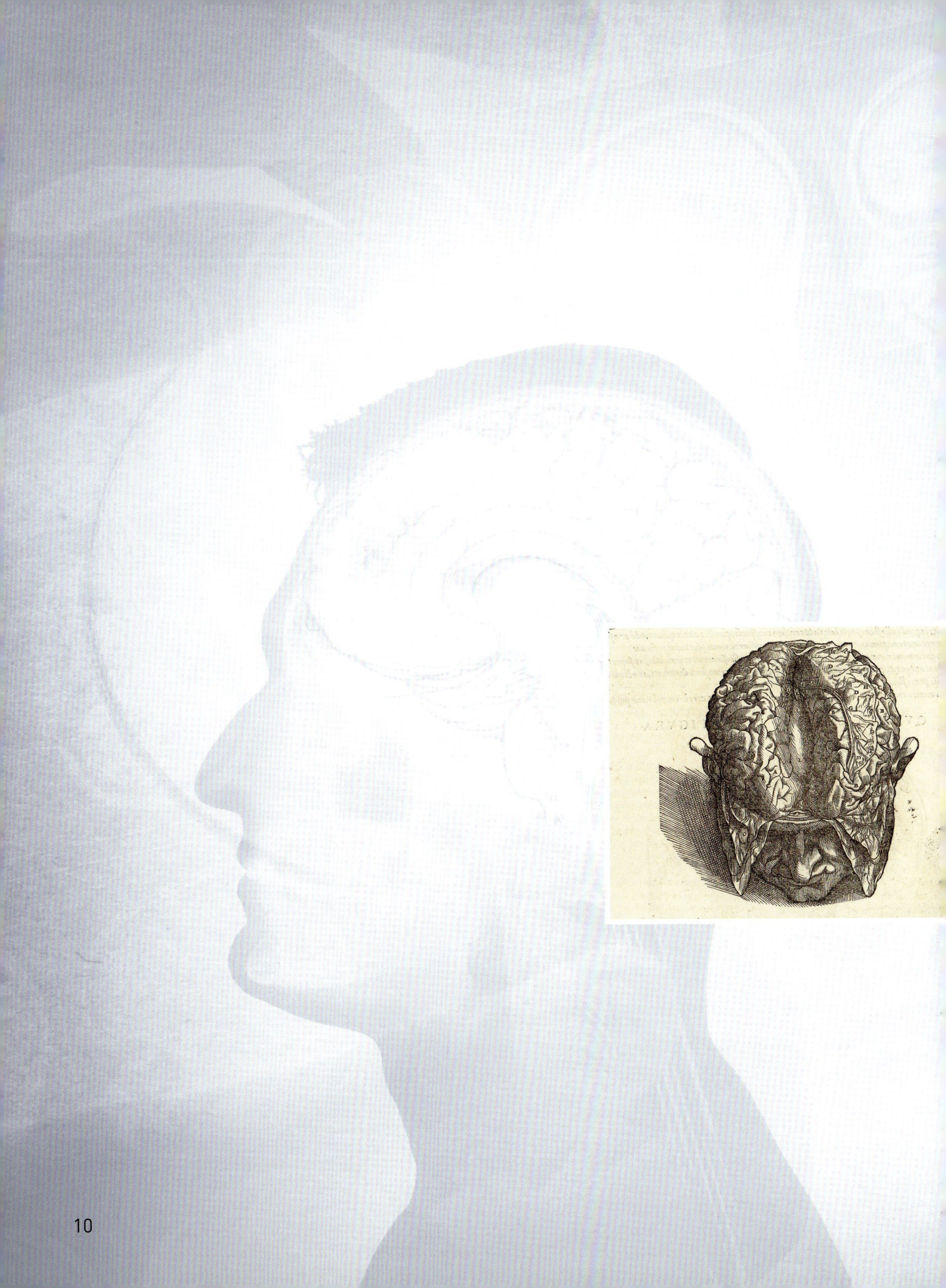

KAPITEL 1

WER HAT DIE KONTROLLE?

Sagt, woher stammt Liebeslust?
Aus den Sinnen, aus der Brust?
William Shakespeare, Der Kaufmann von Venedig, III, 2

Es ist klar, dass irgendetwas im Körper all sein Tun koordiniert. Irgendetwas gibt es da, das Sinneswahrnehmung, Bewegung oder automatische Funktionen wie die Atmung kontrolliert und die emotionalen und intellektuellen Leistungen unseres Geistes steuert. Doch es gibt zunächst keinerlei Hinweis darauf, dass diese Funktionen alle vom Gehirn gesteuert werden, einem einzigen Organ. Aus diesem Grund war es für unsere Vorfahren keineswegs klar, dass all diese Aufgaben unser Gehirn übernimmt.

WER HAT DIE KONTROLLE?

Herz versus Gehirn

Viele frühe Kulturen brachten Emotionen und Gedanken mit inneren Organen in Verbindung. Aber der menschliche Körper gibt keine klaren Hinweise, wie Bewusstsein, Emotionen und Persönlichkeit gesteuert werden. Aus diesem Grund haben die einzelnen Kulturen diese Funktionen den unterschiedlichsten Organen zugeordnet. Vor 4000 Jahren in Mesopotamien galt das Herz als Sitz des Intellekts, die Leber als Zentrum der Emotionen. Im Schoß siedelte man das Mitgefühl an (offensichtlich glaubte man nicht, dass auch Männer so etwas haben) und der Magen war verantwortlich für die List. Auch in Babylon und Indien war das Herz das Königsorgan.

Die ersten Gehirne

Die alten Ägypter wussten bereits, dass das Gehirn für den Körper wichtige Funktionen ausübt. Der erste bekannte medizinische Text ist der Papyrus Edwin Smith, der um 1700 v. Chr. entstand, aber Erkenntnisse wiedergibt, die vermutlich mehr als 1000 Jahre älter sind. Er schildert 48 verschiedene Verletzungen und soll den Wundarzt bei der Entscheidung unterstützen, ob es sich lohnt, den Patienten zu behandeln. So wussten die Ärzte von damals schon: Wenn der Hals des Patienten gebrochen ist, kann dieser teilweise oder vollständig gelähmt werden, weil die Verbindung zwischen Gehirn und Gliedmaßen unterbrochen ist. In diesem Papyrus finden wir die erste Beschreibung eines menschlichen Gehirns überhaupt. Es heißt dort, es habe „Furchen ähnlich denen, wie man sie in geschmolzenem Kupfer findet". Der Wundarzt würde unter seinen Fingern ein „Pochen" und „Schlagen" spüren, so ähnlich, „wie man es an der dünnen Stelle am Schädel eines Neugeborenen spürt, bevor diese zuwächst".

Die Ägypter aber waren sicher, dass das Gehirn kein wichtiges Organ war. Wenn sie einen Leichnam mumifizierten, zogen sie es mit Haken durch die Nase heraus und warfen es weg. Andere innere Organe wurden hingegen in den „Kanopischen Vasen" aufbewahrt und dem Toten mitgegeben. Auch die Ägypter hielten das Herz für den Sitz des Geistes.

Es ist nicht weiter erstaunlich, dass die komplexe Rolle des Gehirns lange im Dunkeln blieb. Schneidet man den Körper auf, so findet man klare Hinweise darauf, wozu die einzelnen Organe dienen. Das Herz ist mit dem Blutkreislauf verbunden, die Nieren mit der Blase, der Verdauungstrakt verbindet Mund und Anus. Wofür das Gehirn gut sein soll, ist hingegen nicht unbedingt offensichtlich.

Erste Hirnforscher

Der griechische Philosoph Alkmaion von Kroton erkannte schon im 5. Jahrhundert v. Chr., dass das Gehirn der Sitz des Intellekts war. Er war der Erste, der mithilfe von Obduktionen zu klären versuchte,

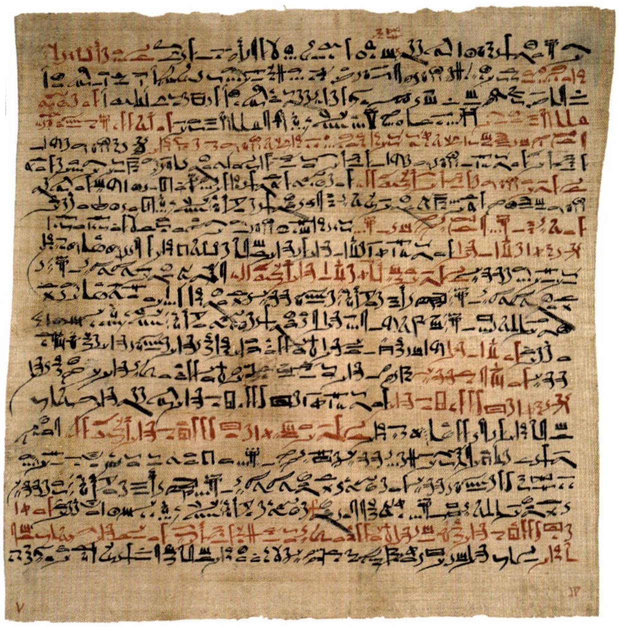

Der Papyrus Edwin Smith bewahrt das medizinische Wissen der Ägypter, das vermutlich aus einer Zeit um 2700 v. Chr. stammt.

wie der Körper funktioniert. Er entdeckte den Sehnerv und hielt das Gehirn für den Ort, an dem die Sinneseindrücke verarbeitet wurden. Etwa um dieselbe Zeit billigte auch Hippokrates dem Gehirn wichtige Funktionen zu: „Ich bin der Ansicht, dass das Gehirn im Menschen die größte Macht besitzt … Die Augen, die Ohren, die Zunge und die Füße führen aus, was das Gehirn ihnen sagt … Es ist das Gehirn der Schlüssel zur Erkenntnis.“ Doch im alten Griechenland war dies keineswegs die vorherrschende Meinung.

> *Der Sitz der Sinneswahrnehmung ist das Gehirn. Dort ist auch die Steuerungsfunktion beheimatet. Alle Sinne sind irgendwie mit dem Gehirn verbunden … Die Fähigkeit des Gehirns, die Sinneswahrnehmungen zu verarbeiten, macht es auch zum Sitz des Denkens: die Aufbewahrung von Wahrnehmungen bildet das Gedächtnis und den Glauben, und wenn beide gefestigt werden, ergeben sie das Wissen.*
>
> **Alkmaion von Kroton,**
> *5. Jahrhundert v. Chr.*

Sinneswahrnehmung und das Urteilen jedoch dem Herzen zu, das außerdem Sitz des Wahnsinns, des Deliriums, der Panik sei und für Schlaflosigkeit und schlechtes Gedächtnis verantwortlich.

Der griechische Philosoph Demokrit lokalisierte das Bewusstsein im Gehirn.

Die lüsterne Leber

Der Vorsokratiker Demokrit (460–371 v. Chr.) teilte die Funktionen, die wir heute dem Gehirn zuordnen, auf drei Organe auf. Bewusstsein und Denken lokalisierte er im Gehirn, Emotionen im Herzen und Lust und Appetit in der Leber. Platon (428–347 v. Chr.) entwickelte diese Idee weiter zur „dreiteiligen Seele“ (siehe Seite 18). Für ihn hatten Vernunft und Intellekt ihren Sitz im Gehirn, das er für den „göttlichsten Part in uns hielt, der über den Rest bestimmt“.

In Hippokrates’ Schrift über die Epilepsie (Über die Heilige Krankheit), die etwa 425 v. Chr. entstand, beschreibt er das Gehirn als Ursprung von Lust, Leid und anderen Gefühlen. Er ordnet die

DIE BESCHAFFENHEIT DER MATERIE

Demokrit lehrte, dass alle Materie aus winzigen „unteilbaren“ Einheiten besteht, die er „Atome“ nannte. Die unterschiedlichen Eigenschaften der Materie entstünden, so der Philosoph, aus der jeweiligen Anordnung der unterschiedlichen Atome in ihr. Die feinsten Formen der Materie bestünden aus kleinsten, vollkommenen Atomkügelchen. Die Psyche (Seele oder Geist) bestehe nur aus solchen vollkommenen Atomen, die sich im Gehirn sammelten. Das Herz hingegen bestünde aus größeren und langsameren Atomen. Daher sei das Herz der Ursprung der Emotionen. Noch gröbere Atome bildete die Leber, der Sitz der Lüste.

Gehirn und Nerven

Die ersten Anatomen, die eine gründliche Erforschung des menschlichen Gehirns auch mit dem Mittel der Obduktion vornahmen, waren Herophilos (ca. 335–280 v. Chr.) und Erasistratos (304–250 v. Chr.), zwei Forscher im ägyptischen Alexandria. Sie sollen auch Sträflinge seziert haben, was der römische Schriftsteller Celsus im 1. Jahrhundert v. Chr. leidenschaftlich verteidigte: „Es ist auch nicht grausam, wie viele Menschen denken, wenn man Heilmittel für die Unschuldigen aller Zeiten sucht, indem man Menschen opfert, die sich eines Verbrechens schuldig gemacht haben. Außerdem werden dafür ja nur wenige Menschen gebraucht."

Herophilos soll bei seiner Forschungsarbeit die Nerven entdeckt haben. Er war zumindest der Erste, der zwischen Nerven, Blutgefäßen und Sehnen unterschied (die sich im Aussehen durchweg ähneln). Möglicherweise waren er und Erasistratos sich auch schon darüber im Klaren, dass es einen Unterschied zwischen motorischen und sensorischen Nerven gibt (siehe Seite 76). Herophilos wusste zumindest, dass es zu Lähmungen führte, wenn bestimmte Nerven Verletzungen aufwiesen. Beide Ärzte hielten das Gehirn für den Sitz der Gedanken und der Sinneswahrnehmung. Sie unterschieden auch bereits zwischen Kleinhirn und Großhirn und beschrieben die Hirnhäute (die Membranen, die das Gehirn schützen) und die Ventrikel (Hohlräume, in denen die Zerebrospinalflüssigkeit fließt). Herophilos erkannte das Gehirn als Zentrum des Intellekts. Er siedelte die „Kommandozentrale" im vierten Ventrikel an. Der Arzt verglich die Rautengrube im hinteren Teil des vierten Ventrikels mit den in Alexandria damals zum Schreiben verwendeten Rohrfedern. Und tatsächlich nennt man diesen Teil heute noch Calamus scriptorius („Schreibergrube").

Herophilos und Erasistratos waren die Ersten, die die Nerven beschreiben konnten. Hier auf einer Zeichnung aus dem Jahr 1532.

Wiederauferstehung des Herzens

Nun könnte man meinen, die Bühne sei bereit für den Ausbau des bislang erworbenen Wissens über das Gehirn, doch bedauerlicherweise kam ein wichtiger Denker zu einer anderen Auffassung. Aristoteles (384–322 v. Chr.) war davon überzeugt, das Herz sei die „Kommandozentrale" des Körpers. Es sei verantwortlich für Sinneswahrnehmungen, Bewegung und jede psychische Aktivität. Das Gehirn war in seinen Augen nur die Kühlkammer des Organismus. Er wandte sich mit verschiedenen Argumenten gegen die Hauptrolle des Gehirns, die durchweg nicht richtig sind:

- Das Herz sei durch Blutgefäße mit dem ganzen Rest des Körpers verbunden, das Gehirn hingegen weise keine solchen Verbindungen auf. (Was natürlich nicht stimmt, doch die Nervenbahnen, die das Gehirn mit dem Körper verbinden, sind bei weniger sachgemäßen Obduktionen nicht zu sehen.)
- Nicht alle Tiere hätten ein Gehirn. (Fast alle Tiere besitzen eines, nur wirbellose Tiere haben keines.)
- Das Herz entwickle sich beim Embryo vor dem Gehirn.
- Das Herz versorge den Körper mit Blut, das für die Sinneswahrnehmung wichtig sei. Das Gehirn hingegen habe keine Blutversorgung. (Beides nicht richtig.)
- Das Herz sei unverzichtbar für das Leben, das Gehirn nicht. (Stimmt nur bei einigen niedrigen Tierarten.)

Hinter dem Motiv vom „Wiegen des Herzens" steht der Glaube der alten Ägypter, dass das Herz Sitz der Weisheit und der Seele sei. Nach dem Tod legen die Götter Thot und Anubis das Herz des Verstorbenen in die Waagschale, um seinen moralischen Wert zu messen. (Darstellung ca. 984 v. Chr.).

- Das Herz sei warm, das Gehirn hingegen kalt. (Beide haben dieselbe Temperatur.)
- Das Herz ist berührungsempfindlich, das Gehirn nicht. Außerdem reagiert das Herz auf Emotionen.

Wie wir noch sehen werden (auf Seite 28), lehnt Aristoteles die Existenz einer metaphysischen Einheit wie Geist oder Seele ab, die getrennt vom Körper existiert, diesen jedoch bewohnt. Er glaubte vielmehr, dass das *pneuma*, der Lebensatem, der den Körper belebt, materiell ist und beim Tod des Organismus ebenfalls stirbt. Das bedeutete, dass er alle psychischen Funktionen des Menschen im Körper lokalisieren musste – und Aristoteles entschied sich für das Herz.

Die Stoiker des 3. vorchristlichen Jahrhunderts schlossen sich der Meinung des Aristoteles an. Sie argumentierten, dass Sprache Ausdruck von Denken sei und durch den Atem transportiert werde. Nachdem die Sprache durch die Luftröhre heraufbefördert werde, könne sie ihre Wurzeln nur im Herzen haben. (Das mag zunächst merkwürdig anmuten, aber später galt die Beobachtung, dass Augen, Ohren, Nase und Mund im Kopf lokalisiert sind, auch als Beleg dafür, dass das Gehirn Sinneseindrücke verarbeitet.)

> « *Das Gehirn ist für keine der Sinnesempfindungen verantwortlich.* »
>
> **Aristoteles,**
> *4. Jahrhundert v. Chr.*

Galens Gladiatoren

Im 2. Jahrhundert nach Christus überzeugte sich der berühmte römische Arzt Galenus, dass das Gehirn das wichtigste Organ im Körper sei und diesen steuere. Wobei Galen für seine Beobachtungen natürlich eine bessere Grundlage zur Verfügung stand als Aristoteles. Galen war Wundarzt und versorgte häufig schwer verletzte Gladiatoren. Er stellte fest, dass eine Verletzung der Wirbelsäule bewirkte, dass alle Körperteile unterhalb der Wunde keinerlei Empfindung mehr besaßen und auch nicht mehr bewegt werden konnten. Er bemerkte auch, dass das Ausmaß der Beeinträchtigung von Atem, Sprache und anderen Funktionen vom Ort der Nervenverletzung abhing. Bald konnte er auch zwischen motorischen und sensorischen Nerven unterscheiden. Er beschrieb sowohl ihr Aussehen als auch ihre Funktion sowie die Tatsache, dass sie letztlich alle ins Rückenmark mündeten.

Das alles entscheidende Schwein

Galens Vorstellung, das Hirn sei das Kontrollzentrum des Körpers, bereitete ihm gewisse Schwierigkeiten, denn schließlich war sein wichtigster Patient Kaiser Marc Aurel, der zu den Stoikern gehörte. Diese wiederum hielten das Herz für das wichtigste Organ.

Galen aber ließ sich nicht aus der Fassung bringen. Er führte eine öffentliche Demonstration durch, um zu zeigen, dass das Gehirn über die Nervenbahnen die Muskeln kontrolliert. Dies wollte er an einem wahrhaft armen Schwein vorführen. (Galens Experimente wurden an vielen bedauernswerten Tieren durchgeführt, gewöhnlich Schweinen oder Berberaffen.) Galen hatte kurz zuvor versehentlich den Stimmnerv eines Tieres durchtrennt, bei dem er die Atemfunktion untersuchen wollte. Das Schwein wurde festgebunden und quiekte (verständlicherweise) gottserbärmlich, während der Arzt an ihm herumschnippelte. Als Galen jedoch den Nerv kappte, strampelte das Tier zwar weiter, konnte aber nicht mehr schreien. Galen untersuchte es und kam dahinter, dass er den Nerv durchtrennt hatte, der den Kehlkopf mit dem Gehirn verband. Da das Experiment ja an einem Tier durchgeführt wurde, war es wiederholbar. Und Galen organisierte immer wieder öffentliche Vorführungen, um die Schweine und seine Gegner mundtot zu machen.

Das quiekende Schwein wurde eine der berühmtesten physiologischen Demonstrationen aller Zeiten. Sie belegte eindeutig, dass das Gehirn das Verhalten steuert. Als einer der Rhetoriker, die Galens Ergebnisse für Unfug hielten, kritisierte, er habe mit dem Experiment nur bewiesen, dass das Gehirn das Quieken eines Schweins steuert, antwortete Galen, er sei Zeuge gewesen, wie im Laufe einer Operation der Stimmnerv eines Menschen durchtrennt worden sei. Auch in diesem Fall habe der Mensch die Fähigkeit zur stimmlichen Äußerung verloren. Man muss sagen, dass dieser „Unfall" für Galen ja sehr gelegen kam.

Doch die Frage war damit immer noch nicht ganz geklärt. Man glaubte immer noch, dass das Herz der Sitz aller starken Emotionen sei. In der arabischen Welt hielt man sich bis ins Mittelalter an Platons und Galens Erkenntnisse, im Abendland aber blieb die Vorstellung vom Herzen als wichtigstem Organ noch lange bestehen. Manche Gelehrte gingen sogar davon aus, dass Herz und Hirn sich diese Aufgabe teilten. Der arabische Arzt Ibn Sina (980–1037), auch als Avicenna bekannt, siedelte Kognition, Verarbeitung von Sinneseindrücken und Bewegung im Gehirn an, das seiner Ansicht nach vom Herzen gelenkt wurde. So als delegiere das Herz wichtige Elemente des „Körpermanagements" an das Gehirn. Die meisten Tiere überleben es nicht, wenn man ihnen Herz oder Gehirn entfernt. Es war also schwierig, experimentell zu beweisen, welches der Organe für Bewegung und Denken verantwortlich war.

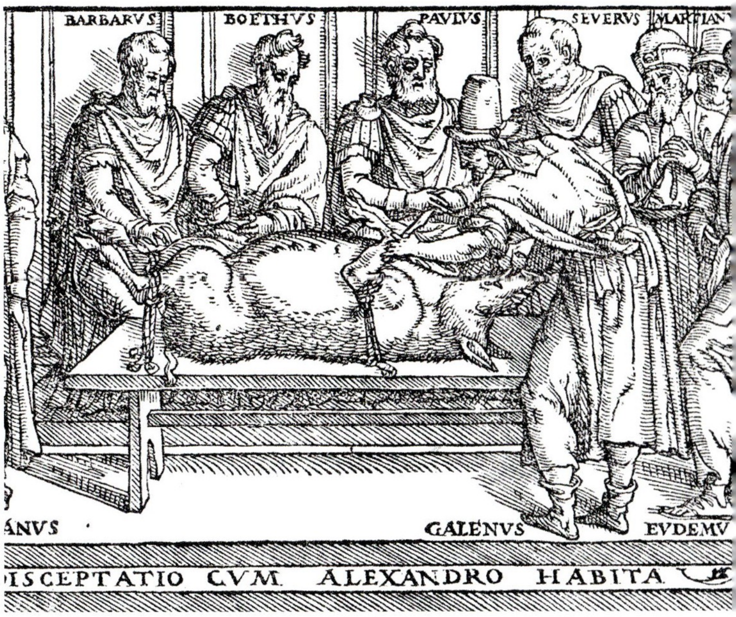

Galen bereitet sich auf eine Demonstration vor, die für das Schwein niemals gut ausging.

Ibn Sinas Regeln über die Heilmittel für das Herz.

GALEN (129 N. CHR. – UM 200 N. CHR.)

Galen war Sohn einer Oberschichtfamilie in der heutigen Türkei, die damals zum Römischen Reich gehörte. Er begann im Alter von sechzehn Jahren mit dem Studium der Medizin, nachdem sein Vater geträumt hatte, er müsse seinen Sohn vom Studium der Mathematik und Philosophie abhalten. Galen absolvierte erfolgreich die Ausbildung zum Arzt, war jedoch mehr forschend als praktisch tätig, bis er ungefähr 28 Jahre alt war. Da er zu jener Zeit schon mehrere Bücher geschrieben hatte, wurde er in seiner Heimatstadt Pergamon zum Wundarzt der Gladiatoren ernannt. Auf diese Weise konnte er reichlich Erfahrung mit schweren Verletzungen sammeln.

161 wurde die Gladiatorenschule aufgrund eines Krieges geschlossen, und Galen ging nach Rom. Dort war er unglaublich erfolgreich und erwarb sich hohes Ansehen, sodass er nacheinander Leibarzt dreier Kaiser wurde. Er stritt sich gerne mit seinen Kollegen und mit den Philosophen seiner Zeit. Außerdem verfasste er zahlreiche Werke über Physiologie, Medizin und Anatomie.

Seine physiologischen und anatomischen Erkenntnisse beruhten auf praktischer Beobachtung. So war Galen zweifellos der versierteste Arzt der antiken Welt. Seine Arbeit beeinflusste die Medizin bis ins 16. Jahrhundert. Da Galen seine Obduktionen jedoch nicht am Menschen durchführen durfte, zog er Schlussfolgerungen, die für die menschliche Anatomie nicht zutrafen. Doch seine Arbeit galt lange Zeit als so wichtig, dass selbst seine groben Fehler erst von den Anatomen der Renaissance aufgedeckt wurden.

Die drei großen Lehrer der antiken Medizin: Galen (Römer), Avicenna (Perser) und Hippokrates (Grieche) dienen zur Illustration eines medizinischen Textes aus dem 15. Jahrhundert.

GEHIRN, NERVEN UND „DIE SEELE“

Die Demonstration mit dem Schwein war eine physiologische: Das Durchtrennen des Nervs sorgte dafür, dass die Stimmbänder nicht mehr funktionierten. Galens Modell der Nerven erklärte dies damit, dass der Fluss des *pneuma* (siehe Seite 15) nun unterbrochen war. Doch Galen meinte, Nerven und Gehirn seien zu mehr fähig als nur zu diesem mechanischen Zusammenspiel. Er unterschied auch zwischen einer motorischen und einer sensorischen Seele. Die sensorische Seele hatte fünf „Attribute“, die für die fünf Sinnesfähigkeiten standen. Die motorische Seele hatte hingegen nur eines: Bewegung. Galen glaubte, dass die rationale Seele drei Funktionen erfülle: Vernunft, Fantasie und Gedächtnis. Darin sah er die drei wesentlichen Aufgabenbereiche des Gehirns: Wahrnehmung und Sinnesreiz, Kontrolle der Bewegung und alle psychischen Aktivitäten.

Die Frage nach der Seele

Aristoteles ging davon aus, dass das Pneuma als Atem durch die Bronchiolen in die Lungen kam, von dort über die Lungenvene ins Herz gelangte, wo es zum „vitalen Pneuma“ umgewandelt würde. Dieses würde dann von den Blutgefäßen in die Muskeln transportiert und sorge dort für die Muskelkontraktion. Wie Aristoteles so glaubte auch Galen an ein „vitales Pneuma“, das der Körper aus Nahrungsbestandteilen und Atemluft herstelle. In Galens Vorstellung aber entstand das wichtigste Pneuma in der Leber, wo die Verdauungsbestandteile mit Blut gemischt würden, um sie mit den Naturgeistern zu füllen. Dieses angereicherte Blut fließe dann zum Herzen, wo es von Unreinheiten gesäubert und mit weiteren Lebensgeistern aus der Lunge versetzt wurde. Daraus entstand dann das nächste Pneuma-Stadium – die Vitalgeister. Dieses so verbesserte Blut fließt vom Herzen in ein Netzwerk von Blutgefäßen, das den Hirnstamm umgibt und *rete mirabile* heißt. Dort wird es weiter angereichert und wird zur höchsten Form von Pneuma – der psychischen Geistsubstanz oder *pneuma psychikon*. Das *rete mirabile* gibt es aber beim Menschen nicht. Galen hatte es bei der Obduktion von Ochsen gefunden und nahm automatisch an, es müsse auch im menschlichen Gehirn existieren. Da es aber auch kein psychisches Pneuma gibt, ist dies für die Hirnforschung weiter nicht von Belang. Galen folgerte weiter, dass das psychische Pneuma in die Gehirnventrikel fließe, von wo es dann entweder in den Körper zurückgeleitet werde, um die Muskeln in Bewegung zu setzen, oder im Gehirn für mentale Aktivitäten genutzt werden könne.

WO SITZT DIE VERNUNFT?

Bevor Galen die Gehirnventrikel als Sitz der Vernunft ausmachte, haben viele Philosophen sich bemüht, die Vernunft zu lokalisieren:

- Platon siedelte sie im gesamten Kopfraum an.
- Straton meinte, sie säße zwischen den Augenbrauen.
- Erasistratos glaubte die Vernunft in den Hirnhäuten beheimatet.
- Herophilos hielt die Gehirnventrikel für den Ursprung der Vernunft.
- Parmenides sah sie eher im Brustkorb.
- Aristoteles in der Brust.
- Empedokles vermutete die Vernunft im Blut im Herzen und darum herum.

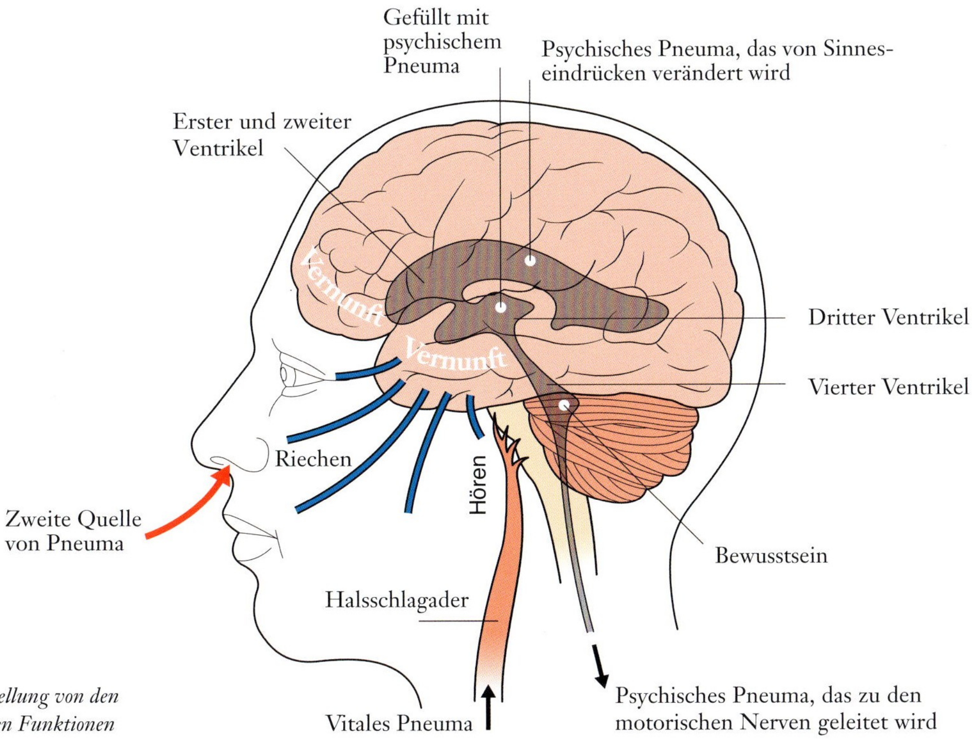

Galens Vorstellung von den neurologischen Funktionen

Ein guter Anfang

Als Galen starb, gab es guten Grund anzunehmen, das Gehirn sei das Kontrollzentrum des Körpers und es kommuniziere mit ihm über die sensorischen und motorischen Nerven, die bereits klar unterschieden wurden. Außerdem sei es die Quelle vieler, wenn nicht aller geistigen Aktivitäten.

Das eigentliche Problem an dieser These war, dass niemand wusste, wie das Zusammenspiel funktionierte. Da man keine grundlegenden physiologischen Kenntnisse besaß, versuchte man die Frage, welche Aufgaben Gehirn und Nerven erfüllten, philosophisch zu lösen. Die philosophische Sicht aber wurde auf Jahrhunderte hinaus geprägt vom Werk Galens, das wie wir gesehen haben, nicht auf Beobachtungen an der menschlichen Anatomie gründete, sondern auf Tierobduktionen und Mutmaßungen. Erst später versuchte man, Theorien über die Funktion des Nervensystems aus den Beobachtungen über ihre Struktur abzuleiten.

Ein Blick aufs Gehirn

Die ersten Menschen, die einen Blick auf das Gehirn werfen konnten, lebten etwa 300 v. Chr. im griechischen Kos. Praxagoras, der als Erster zwischen Arterien und Venen unterschied, beschrieb „lange Windungen und kurvenreiche Faltungen" auf der Großhirnrinde. Was allerdings die Aufgabe dieser „Windungen und Faltungen" war, blieb lange unklar.

Erasistratos verglich das Gehirn verschiedener Tiere mit dem des Menschen und fand heraus, dass beim Menschen mehr Faltungen auftraten. Daraus schloss er, dass ein höher entwickeltes Gehirn auch mehr solcher Furchen besaß – eine Idee, über die sich Galen später lustig machte. Er wies darauf hin, dass das Gehirn eines Esels mehr Furchen aufweise als das des Menschen. Danach wurde die höchst komplexe Oberfläche des Gehirns, der Kortex bzw. die Hirnrinde, lange Zeit ignoriert. Kein guter Anfang also.

Beginnen wir mit den Lücken

Galen war der Erste, der Funktionen bestimmten Hirnarealen zuordnete. Da die Sinnesnerven durchweg im vorderen Teil des Gehirns mündeten, müssten dieser Teil des Gehirns und die Nerven dieselbe Funktion haben. Sie seien weich und nähmen daher gut Eindrücke auf. Sie eigneten sich am besten für die Wahrnehmung. Die „härteren" motorischen Nerven hätten ihre Wurzeln hingegen im hinteren Teil des Gehirns, von wo aus sie sich in den gesamten Körper erstreckten. Der hintere Teil des Gehirns müsse also mit Bewegung befasst sein.

Dass man die Nervenbündel, die von den Augen, Ohren, der Nase, dem Mund und vom Rückenmark ins Gehirn verliefen, klar erkennen konnte, ließ vermuten, dass das Gehirn den Input der Sinne verarbeite und die Körperbewegungen kontrolliere. Doch was die anderen, nebulöseren Gehirnfunktionen anging, gab es nichts Vergleichbares: Das galt vor allem für die psychische Aktivität, die uns zum Individuum macht. Es gibt keine erkennbaren Strukturen, die mit mentaler Aktivität zu tun hätten. So ordnete Galen die Ratio der Gesamtheit des Gehirns zu, die Vernunft aber den Ventrikeln, die seiner Ansicht nach das vitale Pneuma beinhalteten.

> *Selbst Esel haben ein komplexes und gefaltetes Gehirn, obwohl sie aufgrund ihres stumpfsinnigen Naturells ein einfacheres, gleichförmiges Gehirn haben sollten … In meinen Augen hat der Grad an Intelligenz nichts mit der Menge des psychischen Pneumas zu tun, sondern mit dessen Qualität.*
>
> **Galen**

Das Dreizellenmodell des Gehirns

In den frühen Tagen der Christenheit hatten die Kirchenväter ihre liebe Not damit, die unkörperliche Seele im Körper unterzubringen (siehe Seite 30–32). Sie verbanden mit der Seele kognitive

Funktionen, wollten diese aber nicht im Schädel beheimatet wissen. Daher schienen die flüssigkeitsgefüllten Ventrikel der passendste Ort für die Begegnung von materiellem Körper und substanzloser Seele.

> « *Da der Abfluss des Pneumas aus den Hohlräumen im Gehirn einen Mann sofort ohne Gefühl und Bewegung zurücklässt, muss dieses Pneuma entweder die Essenz der Seele sein oder ihr ursprünglichstes Werkzeug.* »
>
> **Galen,**
> *Über die Verwendung des Atems*

Der griechische Bischof Nemesius entwickelte um 390 die Theorie, dass das Gehirn drei Zellen enthalte, die den Ventrikeln entsprächen (wobei er die seitlichen Ventrikel zu einer Zelle zusammenfasste). Jede dieser „drei" Zellen war für eine andere kognitive oder perzeptive Fähigkeit verantwortlich.

Galen folgend lokalisierte auch Nemesius die Sinneswahrnehmung in der ersten Zelle. Dort werde jede Art der Wahrnehmung durch den *sensus communis*, den zentralen Verstand, verarbeitet, bis der Mensch das wahrgenommene Objekt verstanden habe. Dies geschähe, indem alle Informationen von den Sinnen zusammengeführt würden. Die Seele mache sodann daraus einen einheitlichen Eindruck. Aussehen, Gefühl und Geruch zum Beispiel brächten die Erkenntnis einer Orange hervor. Da der Gesichtssinn Bilder produziere, müssten auch andere mentale Prozesse wie Fantasie und Vorstellungskraft in der ersten Zelle angesiedelt sein. Diese nannte man daher *cellula phantastica*. Die zweite Zelle war der Sitz von Vernunft, Urteils- und Denkvermögen: *cellula logistica*. Die dritte, die *cellula memorialis*, war für die Gedächtnisbildung zuständig. Nemesius stellte sich vor, dass das psychische Pneuma durch die *foramina* (die Löcher, die die Ventrikel miteinander verbinden) floss, sodass aus der Wahrnehmung und kognitiven Verarbeitung schließlich das Speicherwissen, das Gedächtnis, entstand. Die Information floss also angeblich von der Vorderseite des Hirns zur Rückseite.

Nemesius berief sich dabei auf seine Beobachtungen an Menschen mit Hirnschäden. Läsionen in den vorderen Zellen würden die Sinneswahrnehmung schädigen, nicht aber den Intellekt. Schäden am Mittelhirn ließen den Betroffenen ohne Sinn und Verstand, aber mit einer funktionierenden Sinneswahrnehmung zurück. Schäden am Kleinhirn aber sorgten für Gedächtnisverlust, wobei Wahrnehmung und Intellekt unberührt blieben. Diese Lokalisation in den Ventrikeln blieb gut 1000 Jahre lang gültig.

Im 12. Jahrhundert passte sodann ein gewisser Meister Nikolaus (möglicherweise aus Salerno) die Dreizellen-Lokalisation der Säftelehre an (siehe Kasten Seite 22). Er ging davon aus, dass die Zellen unterschiedliche Mengen „Mark" und „Geist" enthielten, was zur Herausbildung der Säfte führe, also der warmen oder kalten, nassen oder feuchten Qualitäten, aus denen alles bestand.

Die *cellula phantastica* sei demnach warm und trocken und enthalte viel Geistsubstanz. Wärme und Trockenheit zögen den spiritus animalis an, der den Informationsfluss fördere. Mark hingegen sei dort nur wenig vorhanden, weil dies den Fluss der Geistsubstanz behindern würde. Dann wäre der Mensch an der Erkenntnis gehindert. Die

Das Drei-Zellen-Modell des Gehirns aus einer Ausgabe der Philosophia Naturalis von Albertus Magnus (1506).

Das Objekt „Orange" aus den Sinnesdaten zu rekonstruieren ist eine komplexe kognitive Aufgabe.

> *[Das Gehirn] ist in drei Zellen unterteilt, die* cellula phantastica *im vorderen Teil des Kopfes, die* cellula logistica *in der Mitte, und die cellula memorialis im hinteren Part. In der* cellula phantastica *soll die Fantasie ihren Sitz haben, die Vernunft wohnt in der* cellula logistica*, die Erinnerung in der* cellula memorialis … *Zuerst sammeln wir Ideen in der* cellula phantastica*, dann denken wir in der zweiten Zelle darüber nach, in der dritten speichern wir unsere Gedanken ab, indem wir sie dem Gedächtnis überantworten.*

Die Anatomie von Meister Nikolaus,
ca. 1150–1200

cellula logistica ist warm und feucht, weil nur so die Unterscheidungsfähigkeit entstehen könne. Auf diese Weise verarbeite das Gehirn den Ideenfluss aus der *cellula phantastica* und unterscheide sie in wahr und falsch, ehrlich und unehrlich und so weiter. Auch hier ist viel Geistsubstanz vorhanden, die die Zelle aktiviere, gleichzeitig aber viel Mark, das den Geist wiederaufleben lasse, wenn er müde würde. Die *cellula memorialis* hingegen sei kalt und trocken, da diese Qualitäten der Erinnerung förderlich seien. Sie enthalte viel Mark, „auf dem die verschiedenen Ideen ihren Eindruck hinterlassen können, aber nur wenig Geist, der sonst überfließen könnte, was die Einprägung der Ideen verhindert".

IM GEHIRN, ABER NICHT ZUGEHÖRIG

Nemesius war Christ, daher musste seine Vorstellung von der Seele mit dem christlichen Glauben vermittelbar sein, nicht mit den Ideen des Aristoteles. Die Seele war in seinen Augen nicht Teil des Körpers, sondern eine separate Substanz, die den Körper während der Lebenszeit bewohne. Gefühle, Denken, Wahrnehmung waren in seinen Augen Akte der Seele, nicht des Gehirns. Dies ist eine wichtige Unterscheidung, die selbst heute noch Auswirkungen auf die neurowissenschaftliche Forschung hat.

Zellen, Geister und Sinne

Es ist klar, dass diese Vorstellungen über die Zellen und ihre Natur bzw. Funktion nicht aus Beobachtungen am lebenden oder toten Tier abgeleitet waren. Sie beruhten vielmehr auf philosophischen Ideen darüber, wie das Gehirn arbeiten müsste und wie dies mit der Säftelehre des Körpers und den Ventrikeln mit ihren angeblichen mentalen Fähigkeiten vermittelbar war.

Arabische und frühchristliche Autoren erhöhten die Anzahl der mentalen Fähigkeiten von drei auf fünf und schließlich auf sieben. Da es jedoch nur drei Zellen gab, mussten sie sich den Platz teilen, sodass jede Zelle nun mehrere Funktionen ausübte.

Andere Autoren sprachen von vier Zellen und gingen davon aus, dass es unterschiedliche Geister waren, die die verschiedenen Gehirnfunktionen anregten. Die Zuordnung der Geistsubstanzen zu den Fähigkeiten war in philosophischen Texten besonders genau – kein Wunder, brauchten die Philosophen doch keine anatomischen Grundlagen. Die medizinischen Abhandlungen gingen davon aus, dass die Beschädigung einer der Zellen alle mentalen Fähigkeiten auslöschte, die dort angeblich lokalisiert waren. Passten Verletzungen und mentale Beeinträchtigungen nicht zusammen, obsiegte gewöhnlich das Dogma über die Beobachtung. Als der französische Wundarzt Guy de Chauliac (1300–1368) einen Patienten mit stark beschädigtem hinterem Ventrikel untersuchte, bei ihm aber keinen Gedächtnisverlust feststellen konnte, ging er davon aus, dass die Verletzung nicht schwerwiegend genug war. Die Lokalisierung der Gedächtnisfunktion in diesem Ventrikel wurde nicht infrage gestellt.

SÄFTE DES KÖRPERS UND DER SEELE

Die hippokratische Medizin des 5. Jahrhunderts sah den Körper von vier „Säften" gesteuert, die einem bestimmten Stimmungsbild entsprächen, aber auch den vier Materietypen oder „Wurzeln", die Empedokles im 5. Jahrhundert erforscht hatte. Die „Wurzeln" aller Materie waren: Erde, Wasser, Luft und Feuer mit ihren jeweiligen Eigenschaften: warm/kalt und feucht/trocken.

Hippokrates beschrieb dann die vier Temperamente, die er mit vier Körperflüssigkeiten in Verbindung brachte: melancholisch (schwarze Galle), cholerisch (gelbe Galle), sanguinisch (Blut) und phlegmatisch (Schleim). Gesund bleibe der Mensch, so Hippokrates, wenn die Säfte im Gleichgewicht seien. Jeder Mensch habe sein höchstpersönliches Mischungsverhältnis, das für sein Temperament und seine Gesundheit verantwortlich sei.

Leonardo und das Gehirn

Das Dreizellen-Modell des Gehirns hielt sich bis ins 16. Jahrhundert. Erst da fing man an, menschliche Körper zu obduzieren. Nur ein Mensch wandte sich schon vorher gegen dieses Modell, doch seine Ideen gelangten zunächst nicht über sein privates Notizbuch hinaus.

Der große Wissenschaftler und Erfinder Leonardo da Vinci (1452–1519) zeigte besonderes Interesse daran, wie das Gehirn die Informationen der Sinne verarbeitete. Er öffnete Schädel und zeichnete das Gehirn. Auf diese Weise schuf er detailliertere und anatomisch korrektere Darstellungen als je irgendjemand vor ihm. Seine ersten Zeichnungen gründen noch auf arabischen Interpretationen von Galens Erkenntnissen und auf mittelalterlichen Traditionen. Auch bei ihm führt der Sehnerv direkt in die erste „Zelle" und die Leiterbahnen von den Ohren münden ebenfalls dort.

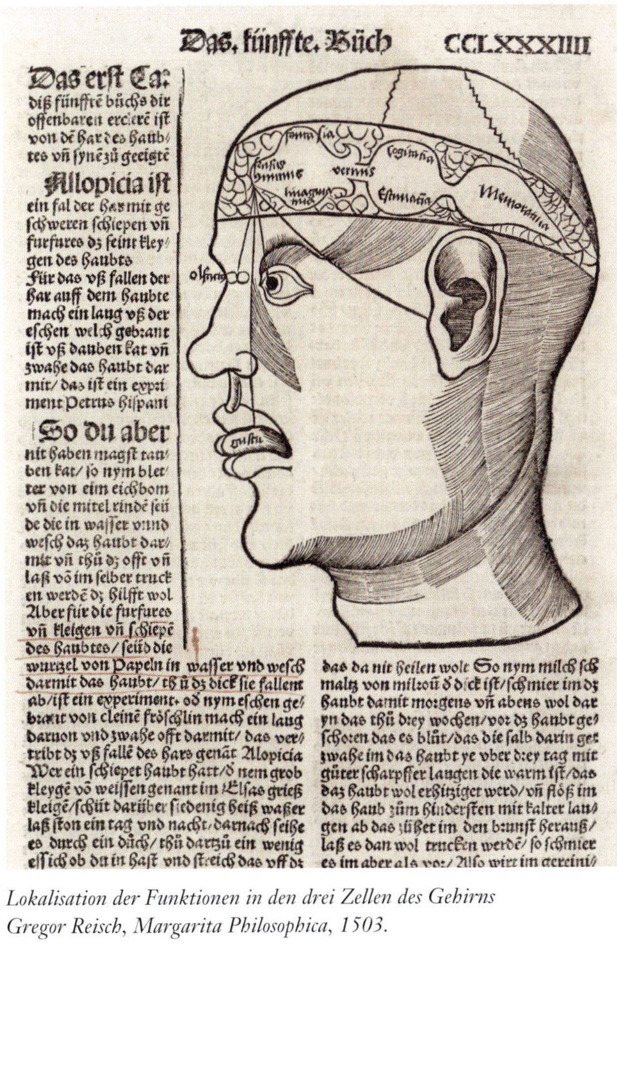

Lokalisation der Funktionen in den drei Zellen des Gehirns Gregor Reisch, Margarita Philosophica, 1503.

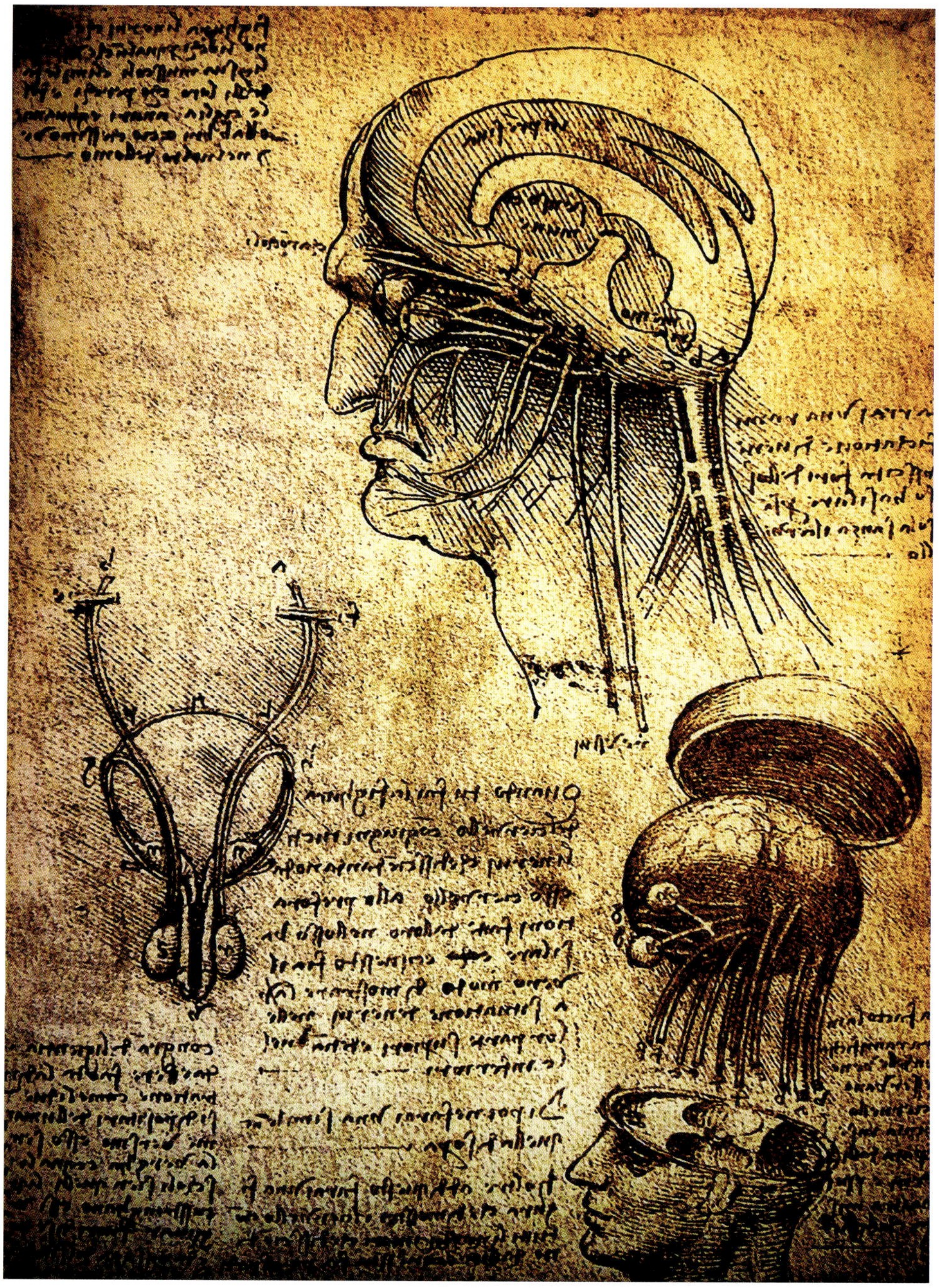

Hier zeichnet Leonardo zum ersten Mal einen anatomischen Querschnitt (oben) vom Gehirn und beschreibt in einer Explosionszeichnung (unten rechts) die wichtigsten Bestandteile.

Doch schon wenige Jahre nach diesen ersten Zeichnungen machte Leonardo Wachsabgüsse der Ventrikel. Er beschrieb eine Technik, wie man Löcher in die Ventrikel eines Leichnams macht, indem man dünne Rohre hineinsteckte, durch die die Luft bzw. die Flüssigkeit entweichen konnte. Dann füllte er den Ventrikel mithilfe einer Spritze mit geschmolzenem Wachs. Nachdem das Wachs ausgehärtet war, entfernte er das Gehirngewebe und hatte ein plastisches Modell der Gehirnhohlräume. Diese Technik wurde erst wieder im 18. Jahrhundert von dem holländischen Anatomen Frederik Ruysch angewandt.

Leonardo kam durch seine Obduktionen den Nervenbahnen auf die Spur, die er von Auge, Nase und Mund ins Gehirn verfolgte. Er zeichnete auch den Vagusnerv nach, der mit dem Bauchraum verbunden ist, und die Nervenbahnen der Hand. Schließlich gab er an, der *sensus communis* sei nicht in der ersten Zelle, sondern in der zweiten (dem

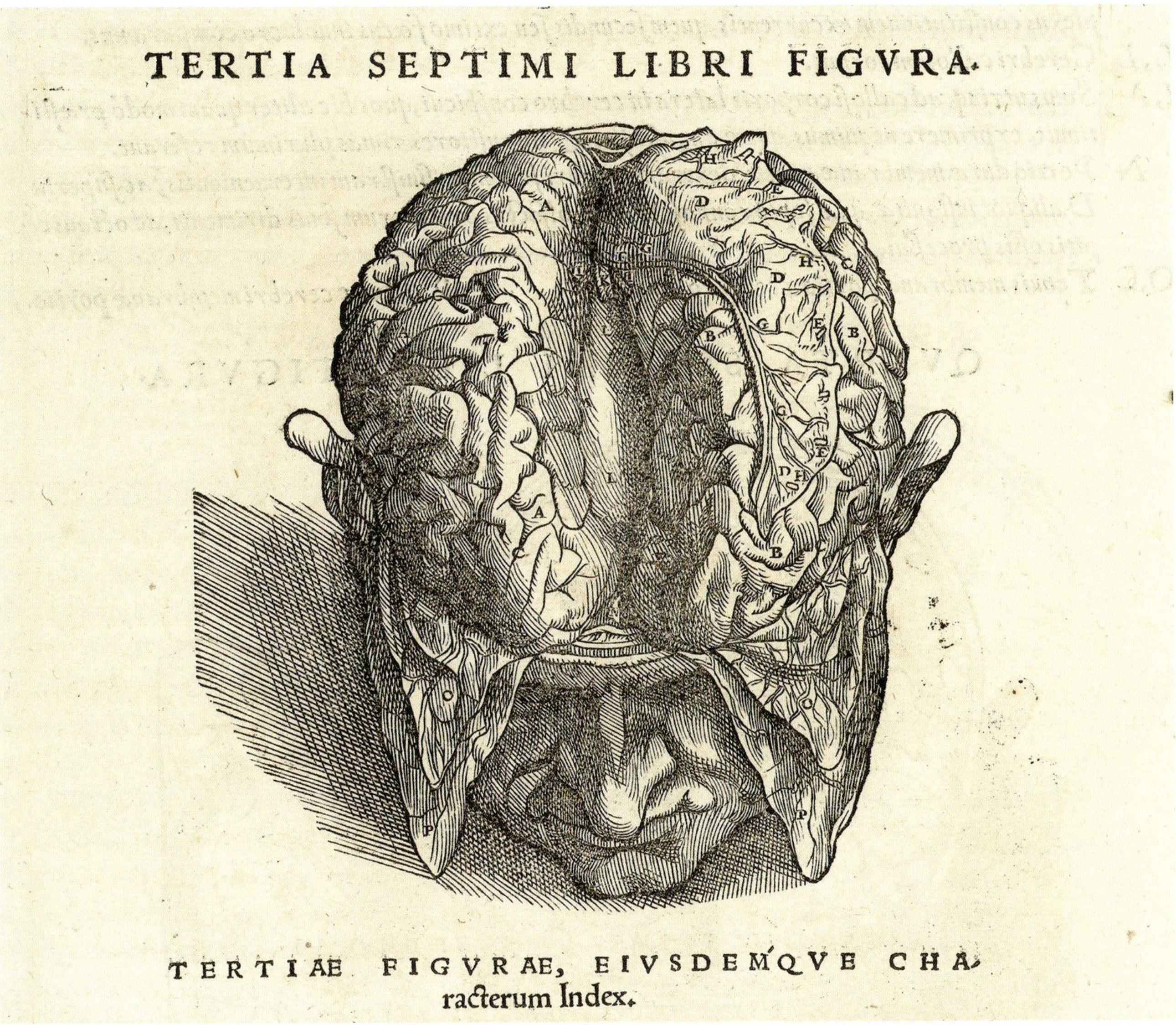

In De humani corporis fabrica *veröffentlichte Vesalius exakte Darstellungen des sezierten Gehirns. Hier wurde die Hirnhaut entfernt, um darunter den gefurchten Kortex erkennbar werden zu lassen. Auch die Aufteilung des Gehirns in zwei Hälften wird so sichtbar.*

dritten Ventrikel) angesiedelt. Das lag wohl daran, dass er entdeckte, dass der Trigeminusnerv (der fürs Kauen und für Empfindungen im Gesicht verantwortlich ist) sowie der Hörnerv im mittleren Teil des Gehirns wurzeln. Er glaubte allerdings auch, alle taktilen Reize würden in der dritten Zelle (dem vierten Ventrikel) verarbeitet, was sein System ein wenig in Unordnung bringt. Am Ende gab er die Beschreibung des Gehirns auf und ließ die Nerven in späteren Zeichnungen ihre eigene Geschichte erzählen. Bedauerlicherweise veröffentlichte Leonardo seine Erkenntnisse nie, weshalb sie keinen Einfluss auf die Forschung hatten.

> *Ein launischer, abspringender Geist, erfüllet von Gestalten, Figuren, Formen, Gegenständen, Einbildungen, Wahrnehmungen, Motionen, Revolutionen: dieselben werden gezeuget in dem Ventrikel des Gedächtnisses.*
>
> **William Shakespeare,**
> *Liebes Leid und Lust, IV, 2*

Ein neues Modell des Gehirns

Erst im 16. Jahrhundert wurde das Dreizellen-Modell infrage gestellt (ja sogar verspottet). Verantwortlich dafür war der große flämische Anatom Andreas Vesalius (1514–1564). Er wies darauf hin, dass auch Tiere Ventrikel im Gehirn hätten, aber da wir ihnen keine Seele zugestehen, könne auch die menschliche Seele nicht in den Ventrikeln wohnen.

> « *Alle Nerven steigen offensichtlich vom Rückenmark auf … und das Rückenmark besteht aus derselben Substanz als das Gehirn, von dem es ausgeht.* »
>
> **Leonardo da Vinci,**
> *Notizen*

Vesalius gewann seine Erkenntnisse durch Obduktionen am Menschen, die er selbst durchführte. Die Obduktion am Tier lehnte er ab, weil er es für falsch befand, die Tiere ihrer geistigen Fähigkeiten zu berauben. Und so konnte er einige der gröbsten Fehler Galens korrigieren.

NEUAUFLAGE DER FRAGE „HERZ ODER GEHIRN?"

Die Frage, ob das Herz oder das Gehirn die Bewegung kontrolliere, wurde 1664 durch ein Experiment geklärt. Der holländische Naturforscher Jan Swammerdam (1637–1680) zeigte in einem grausamen Experiment dem dänischen Botaniker Olaf Borch, dass das Herz nicht Ursprung der Bewegung ist und auch nicht nötig, um die Informationsübertragung von Nerv auf Muskel zu steuern.

Swammerdam schnitt einem lebenden Frosch das Herz heraus und setzte ihn zurück ins Wasser. Dort schwamm der Unglückliche noch eine Weile vor sich hin. Als er einem anderen lebenden Frosch das Gehirn herausschnitt, konnte dieser nicht mehr schwimmen. Swammerdams unglückliche Frösche bewiesen also, dass das Gehirn die Bewegung kontrolliert.

Vesalius war der Erste, der 1543 in seinem bahnbrechenden Werk *De humani corporis fabrica* (dt. Über den Aufbau des menschlichen Körpers) Darstellungen vom sezierten Gehirn veröffentlichte. Die Illustrationen ließ er von einem bekannten Künstler (möglicherweise Jan van Calcar) erstellen, der sie während der Sektion selbst anfertigte.

Vesalius' Werk sorgte dafür, dass nun nicht mehr die Philosophie die Hirnforschung bestimmte, sondern die Anatomie. Dies rührte ganz wesentlich aus dem Geist der Renaissance, in der der Mensch die Autorität der Klassiker (Aristoteles, Galen) ebenso anzuzweifeln begann wie das Dogma der Kirche.

Zurück zur Wirklichkeit

Im 16. und 17. Jahrhundert enthüllten die Obduktionen weit mehr über den Aufbau des Gehirns, seine Funktion allerdings blieb weitgehend im Dunkeln. Gegen Mitte des 17. Jahrhunderts erfolgte dann der offene Bruch mit Galen durch zwei Bücher: Der englische Arzt Thomas Willis veröffentlichte 1664 sein Werk *Cerebri anatome* (dt. Anatomie des Gehirns), dem 1669 die *Lecture on the Anatomy of the Brain* des dänischen Anatoms Nicolaus Steno folgte.

Willis meinte, die Ventrikel „entstünden zufällig wegen der Komplikationen des Gehirns" und seien keineswegs auf Gottes Willen zurückzuführen, der Seele eine gemütliche Heimstatt zu schaffen. Willis injizierte Tinte in die Blutgefäße, sodass er ihren Weg in und durch das Gehirn nachzeichnen konnte. Steno seinerseits ging davon aus, dass der *sensus communis* gar nicht existiere. Seine eingehenden Studien der Ventrikel zeigten, dass Galens Theorie vom *spiritus animalis* nicht stimmen könne.

Man kam also überein, dass das Gehirn die körperlichen und geistigen Funktionen des Menschen steuere und dass es mit noch unbekannten Mitteln (nicht aber mit dem *spiritus animalis*) mit dem Körper kommuniziere. Insofern können wir hierin den Beginn der modernen Neurowissenschaft sehen.

KAPITEL 2

DER GEIST IN DER MASCHINE

Der Mensch besteht aus zwei sehr verschiedenen Substanzen, Geist und Materie. Doch wie zwei Substanzen, die so wenig gemein haben und in einem so merkwürdigen Verhältnis stehen, sich wechselseitig beeinflussen, kann keine menschliche Wissenschaft sagen.

Samuel Johnson, 1755

Wir alle sind uns dessen bewusst, dass sich in uns etwas abspielt, das sich aus Gedanken, Gefühlen, Erinnerungen, Entscheidungen und anderen geistigen Prozessen zusammensetzt. Man nennt dies gewöhnlich „Seele", „Geist" oder „Bewusstsein". Wie Seele bzw. Geist und Körper zusammenarbeiten und kommunizieren, ist eine Frage, die zum Kerngebiet der Neurowissenschaft gehört.

DER GEIST IN DER MASCHINE

Körper und Seele

Ob die antiken und mittelalterlichen Forscher nun das Herz oder den Geist als Kommandozentrale des Körpers ansahen, sie mussten auf jeden Fall ein Erklärungsmodell entwickeln, wodurch diese Kontrollfunktion ausgeübt wurde. Dass der Mensch aus körperlichen und nicht-körperlichen Elementen – Seele oder Geist – besteht, ist eine uralte Idee, die allen religiösen Vorstellungen von einem Leben nach dem Tod zugrunde liegt.

Seele, Psyche, Geist und Bewusstsein

Es liegt auf der Hand, dass es etwas gibt, das Lebendiges von nicht Lebendigem unterscheidet. Wir verwenden dafür häufig die Begriffe „belebt" oder gar „beseelt". Letzterer geht davon aus, dass eine Seele den Körper belebt. Ein Tiger lebt, ein Stein nicht. Eine Pflanze lebt, ein Türknauf nicht. Es fällt uns nicht schwer zu entscheiden, was lebendig ist und was nicht. Als Erklärung bemühte man dafür früher den Begriff der „Lebenskraft": Wenn diese den Körper verlässt, geht er vom lebendigen in den toten Zustand über.

Homer, der im 9. Jahrhundert v. Chr. lebte, prägte für die Seele den Begriff des „Lebensatems", der beim Tod in die Unterwelt wandere. Da in diesem gedanklichen Universum nur der Mensch über eine Seele verfügte, fanden auch nur Menschen den Weg in die Unterwelt.

Aristoteles lehnte die Idee ab, man könne auf vernünftige Weise über Körper und Seele als zwei getrennte Wesenheiten sprechen. In seinen Augen war die Psyche (Seele) einfach nur Ausdruck der Fähigkeiten eines Wesens. Es sei also unsinnig, Körper und Seele getrennt zu betrachten (wie es Aristoteles Lehrer Platon tat und später die christliche Kirche), denn die Psyche existiere nur, solange der Körper seine Funktionen ausüben könne. Es sei unsinnig zu fragen, „ob das Wachs und seine Form eins seien", ebenso unsinnig wie die Frage, ob Körper und Psyche eine Einheit bildeten. Sie würden untrennbar zusammengehören „wie die Pupille und der Sehsinn zusammen das Auge ausmachen". Aristoteles verortete also sämtliche Funktionen der Psyche im Körper.

Darstellung der Unterwelt auf einer griechischen Vase: Die Schatten der Toten sind von den Lebenden nicht zu unterscheiden.

DREI SEELENGRADE

Aristoteles war der Ansicht, dass die Fähigkeiten eines Organismus seinen Bedürfnissen entsprechen. Die Möglichkeit, diese Bedürfnisse zu erfüllen, bestimme darüber, welche Art von Seele der Organismus besitzt. Pflanzen hätten einfache Bedürfnisse und damit einfache Fähigkeiten. Daher besäßen sie auch eine einfache, nur vegetative „Seele". Sie können sich reproduzieren, ernähren und wachsen. Tiere hätten schon weit komplexere Bedürfnisse und Fähigkeiten. Sie könnten sich bewegen, wahrnehmen und empfinden. Der Mensch aber besäße die Bedürfnisse und Fähigkeiten der vegetativen und der animalischen (sinnlichen) Seele, doch darüber hinaus sei ihm noch die Vernunft eigen.

Diese unterschiedlichen Aspekte der Psyche ziehen die verschiedenen Lebensformen nach sich, die den Wesen erlauben, ihre Funktionen auszuführen.

Der Stoff, aus dem die Seele ist

Die Vorstellung vom *pneuma* als Lebensprinzip, das für Denken, Fühlen und Handeln verantwortlich ist, entstand ebenfalls in Griechenland. Man betrachtete es als materielle Substanz, bestehend aus Luft und der Wärme des Blutes.

Im alten Griechenland ging man gewöhnlich davon aus, dass alles unter der Sonne aus vier Elementen (Wurzeln) bestehe: Erde, Wasser, Luft und Feuer. Diese Theorie hatte im 5. Jahrhundert v. Chr. der Philosoph Empedokles aufgestellt. Das Mischungsverhältnis dieser Elemente bestimme darüber, welches Material entstehe. Die Seele bildete hier keine Ausnahme, sie bestand nur aus besonders feinstofflichen Elementen. Man ordnete sie dem Luft- und Feuerelement zu, da diese „hell" und „beweglich" seien. Andere Elemente wie Erde und Wasser waren von ihren Eigenschaften her „schwer" und „träge". Da Körper und Seele also beide als „materiell" angesehen wurden, ließ sich zwischen ihnen eine Interaktion als möglich annehmen. Aristoteles' Erklärung des *pneuma*, das verschiedene Feinheitsgrade aufwies, lässt sich mit dieser Vorstellung mühelos vereinbaren. (Obwohl Aristoteles die Existenz eines weiteren besonderen Elements annahm: Äther. Aus diesem bestanden seiner Ansicht nach die Himmelssphären und auch die Seele.)

Die kosmischen Vorstellungen im antiken Griechenland betrachten die Materie als Mischung aus den vier Elementen: Feuer, Wasser, Erde und Luft. Aristoteles fügte ihnen ein fünftes hinzu: den Äther.

SEELEN UND MAGNETE

Im 5. und 6. Jahrhundert v. Chr. schrieb man eine „Seele" nicht nur dem Menschen zu. Thales von Milet glaubte beispielsweise, dass auch Magnete eine Seele besäßen, da sie ja bei bestimmten Materialien (wie Eisen) eine Bewegung auslösen konnten. Außerdem ordnete man der Seele auch persönliche Eigenschaften zu, wie wir das auch heute noch tun, wenn wir von einer „guten Seele" sprechen. Die Seele wird also Trägerin von charakterlichen Merkmalen.

« *Nichts Unkörperliches kann einen Körper beeinflussen, kein Körper kann auf etwas Unkörperliches wirken. Ein Körper kann nur mit einem anderen Körper zusammenwirken. Die Seele aber beeinflusst den Körper, wenn dieser krank ist oder verletzt wird, und der Körper beeinflusst die Seele: wenn die Seele nämlich Scham oder Angst empfindet und der Körper folglich rot oder blass wird. Daher ist die Seele ein Körper.* »

Nemesius,
um 390 n. Chr.

Epikur (341–270 v. Chr.) und die Stoa (ab dem 3. Jahrhundert v. Chr.) betrachteten die Nähe zwischen Körper und Seele als hinreichenden Beweis dafür, dass beides letztlich aus derselben Substanz bestünde. Da Seele und Körper aufeinander einwirkten und nur Materie auf Materie einwirken kann, mussten die beiden folglich von derselben Natur sein.

Epikur ging davon aus, dass die Seele aus besonders feinstofflicher Materie bestand, die durch den Körper transportiert wurde. Körper und Seele seien also ein untrennbares Gemenge, die Seele könne daher nicht in nur einem Körperteil sitzen. Dass die Psyche in allen Körperteilen wirke, mache Empfindung und Wahrnehmung möglich. Beides arbeitet also in vollkommener Harmonie zusammen. Diese Idee sollte im 4. Jahrhundert n. Chr. Bischof Nemesius wieder aufgreifen. Der römische Philosoph Lukrez (99–55 v. Chr.) stellte sich Körper und Seele als dreigeteilt vor. Die Seele bestünde aus einem denkenden *(animus)* und einem fühlenden *(anima)* Teil. Auch er sah beides als untrennbar miteinander verknüpft an und aus demselben Material bestehend, wenn auch in unterschiedlichen Feinheitsgraden. Ein Schlag beeinflusse also auch die Sinne und das Denken, wie eine Niedergeschlagenheit auch auf den Körper wirke: „Geist und Seele sind von körperlicher Natur." Lukrez sah den Menschen nach seinem Tod nicht in der Unterwelt. Seiner Ansicht nach lösten sich die Bestandteile des Körpers nach dem Tod auf und setzten sich zu neuen Formen zusammen, auch wenn das ursprüngliche Lebewesen ein für alle Mal verschwunden sei.

Und dann mischt Gott mit

Mit dem Aufkommen des Christentums nahm sich nun die Kirche der Seele an und entwarf zwei- bzw. dreiteilige Modelle. Bei den dreiteiligen Modellen sind Seele, Geist und Körper getrennt. Das zweiteilige Modell kennt nur Seele und Körper, der Geist ist untrennbarer Bestandteil der Seele. Die Seele aber sei unsterblich und zur Verbindung mit Gott gedacht. Sie sei ein Bruchstück des Heiligen Geistes, das nicht aus Materie bestünde. Daher würde sie den körperlichen Tod überstehen.

Die kirchlichen Denker sorgten sich wenig darum, wie die einzelnen Teile des Menschen interagierten. Allerdings war schnell klar, dass die Triebe des Körpers die Seele um ihr Heil bringen könnten, wenn der Mensch es nicht schaffte, durch Vernunft oder Gnade seine Instinkte zu bezähmen. Das vorherrschende Weltbild sah Seele und Körper in ewigem Kampf oder bestenfalls in einem Spannungsverhältnis. Daher sah die Kirche Körper und Seele keineswegs als eins an oder die Seele gar als körperliches Organ. Wenn der geistigen Aktivität ein Ort zugewiesen wurde, war dies meist das Herz. Doch auch dieses war keineswegs der Tabernakel der Seele. Augustinus (354–430) schreibt: „In den Heiligen Schriften wird der Begriff ‚Herz' als Teil des Körpers der Seele nur im übertragenen Sinne zugeordnet. Die Philosophen aber denken, dass es das Organ ist, das zum Vorschein kommt, wenn die Eingeweide geöffnet werden."

Augustinus siedelte sensorische und motorische Funktionen sowie das Gedächtnis im Gehirn an. Vernunft und Intellekt aber hielt er für Funktionen der nicht lokalen Seele. Im Mittelalter nahm der

Über das Schicksal der Seele nach dem Tod spekulierte man jahrtausendelang. Auf diesem Fresko aus dem 14. Jahrhundert wird sie entweder in den Himmel oder in die Hölle versetzt.

spiritus einen Hauch von Göttlichkeit an, den er für Galen nicht besessen hatte. Die Geistsubstanz war für ihn kein bisschen übernatürlich.

Die „Geister“

Galens Schriften fanden auf verschlungenen Wegen Eingang ins mittelalterliche Denken. Zunächst wurden seine Erkenntnisse von arabischen Ärzten und Philosophen weiterentwickelt. Vom 12. Jahrhundert an wurden sie im südlichen Europa erneut rezipiert. Avicenna (siehe Seite 16) ändert sie nach eigenen Vorstellungen ab. Seiner Ansicht nach durchliefen die *spiritus animales* eine Verwandlung, wenn sie von der ersten in die dritte Zelle übergehen. Dabei eigneten sie sich zunehmend höhere Fähigkeiten an. In der ersten Zelle seien sie fähig zur Wahrnehmung und zur Fantasie, in der zweiten Zelle käme dann die Kognition hinzu, in der dritten Zelle zeigten sie sich der Erinnerung fähig. Der Unterschied zu Galen war, dass Avicenna nicht den Ventrikel für die geistigen Fähigkeiten verantwortlich machte, sondern die Geistsubstanz darin.

Außerdem ging er davon aus, dass die Geistsubstanz in den sensorischen oder motorischen Nerven nicht dieselbe sei wie in den Ventrikeln. Seiner Ansicht nach war jedem Ort eine eigene Substanz eigen.

Wo ist die Seele?

Wenn man annimmt, dass der Körper von der Seele belebt wird, ist die Frage nach ihrem Aufenthaltsort nur logisch. Wenn sie im gesamten Körper lokalisiert wäre, gäbe es bei jedem Unfall Probleme. Was sollte aus dem Seelenanteil werden, der meinetwegen im Arm saß, wenn dieser abgerissen würde? So ordnete die Kirche 1533 die Obduktion der siamesischen Zwillinge Joana und Melchiora Ballestero an, um festzustellen, ob diese eine gemeinsame oder eine zweiteilige Seele hätten. Da bei der Obduktion zwei Herzen entdeckt wurden, ging man davon aus, dass jedes der Mädchen eine eigene Seele habe. Denn für die Kirche war lange Zeit das Herz Sitz der Seele.

An diesem Punkt schien es beinahe, als sei die Frage Hirn oder Herz als Sitz der Seele nie gelöst worden. Obwohl man mittlerweile wusste, dass Muskeln und Sinne vom Gehirn kontrolliert wurden, siedelte man die Seele immer noch im Herzen an.

Zwei in einem?

Die Aufteilung der Geistsubstanzen brachte wenig, wenn es um die Erklärung der sensorischen oder kognitiven Fähigkeiten ging. Im 17. Jahrhundert nahm der Zisterziensermönch Eustachius à Sancto Paulo (1573–1640) daher eine neue Einteilung vor: Er fasste alle „Geister" zu einem zusammen, den er „Imagination" nannte und in der mittleren Zelle verortete. Die erste war demnach für die Sinneswahrnehmung zuständig, die dritte für die Kontrolle der Muskeln.

> *Ich gehe davon aus, dass der Mensch nichts weiter ist als eine Statue oder Maschine, die aus Erde gemacht ist.*
>
> **René Descartes,**
> *De homine, 1662 (posthum)*

Der mechanische Körper

Etwa um dieselbe Zeit stellte der französische Philosoph René Descartes (1596–1650) sein mechanistisches Modell des menschlichen Körpers vor. Er hatte in den Gärten von Versailles einige erste Maschinen bewundern können, die von Flüssigkeiten angetrieben wurden. Als er sah, dass simpler hydraulischer Druck Bewegung hervorbringen konnte, überlegte Descartes, ob nicht auch der menschliche Körper den Gesetzen der Physik gehorchte. Seiner Ansicht nach ließ sich für einige Probleme eine mechanische Lösung finden: „die Verdauung der Nahrung, das Schlagen im Herzen und den Arterien, die Ernährung und das Wachstum der Gliedmaßen, die Atmung, Schlafen und Wachen und die Aufnahme von Licht, Geräuschen, Gerüchen, Geschmäckern, Wärme und anderer solcher Dinge durch die Sinnesorgane."

Descartes ging noch weiter: Seiner Ansicht nach waren die nährenden, sensorischen und motorischen Aspekte, die das klassische Denken der Seele zuschrieb, gar nicht nötig. All dies ließe sich wunderbar mit der Mechanik des Körpers erklären.

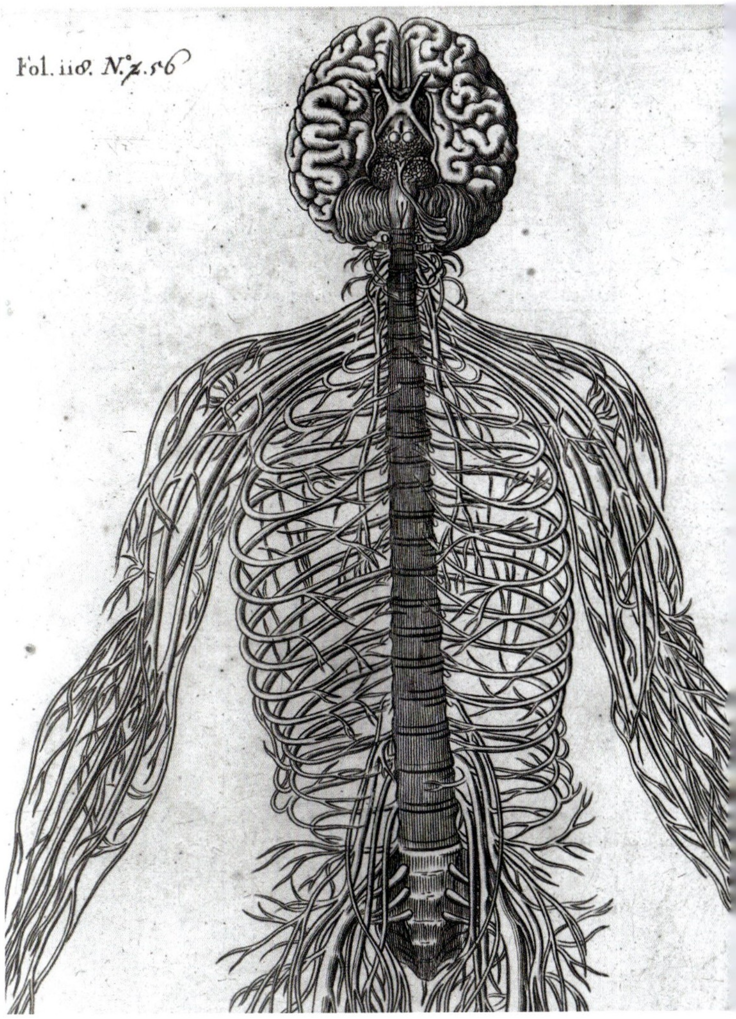

So zeichnete Descartes in De homine *das Gehirn und das Nervensystem.*

Alle körperlichen und geistigen Aktivitäten, die nicht nur vom Menschen, sondern auch vom Tier ausgeführt wurden, seien ausschließlich mechanisch und erforderten weder eine Seele noch einen Geist. Hunde und Bienen könnten Farben wahrnehmen, Geräusche hören und auf Schmerz reagieren. Daher könne die unsterbliche menschliche Seele nichts mit all diesen Dingen zu schaffen haben. Was aber ist mit Fähigkeiten wie Vorstellungskraft, Leidenschaft, Bewusstsein, die man einzig dem Menschen zugestand? Für physische Fähigkeiten mochte der Körper als Ursache ausreichen, doch das Denken und das Ichbewusstsein erforderten immer noch einen rationalen Aspekt der Seele, der mit dem Körper zu tun haben musste.

Hier folgte Descartes Eustachius: Auch er ging davon aus, dass alle geistigen Aktivitäten wie Wille, Vernunft, Bewusstsein usw. auf ein Element zurückgingen, das er *res cogitans* nannte. Dieses war für ihn mit dem Bewusstsein gleichzusetzen. Damit hatte er zwar das Problem der Besonderheit des Menschengeschlechts gelöst, doch gleichzeitig ein anderes wieder aufgeworfen. Wie konnte die Seele, die seiner Ansicht nach keine materielle Substanz besaß, auf den Körper einwirken? Wie kann etwas Immaterielles Materie bewegen und verwandeln? Es war schließlich unzweifelhaft, dass die Seele oder der Geist (um es mal so zu bezeichnen) mit dem Körper interagiert: Wir entscheiden uns, unseren Arm zu bewegen. Und siehe da, er bewegt sich. Wir sind traurig und vergießen Tränen. Körper und Geist/Seele interagieren also auf vielfache Weise miteinander.

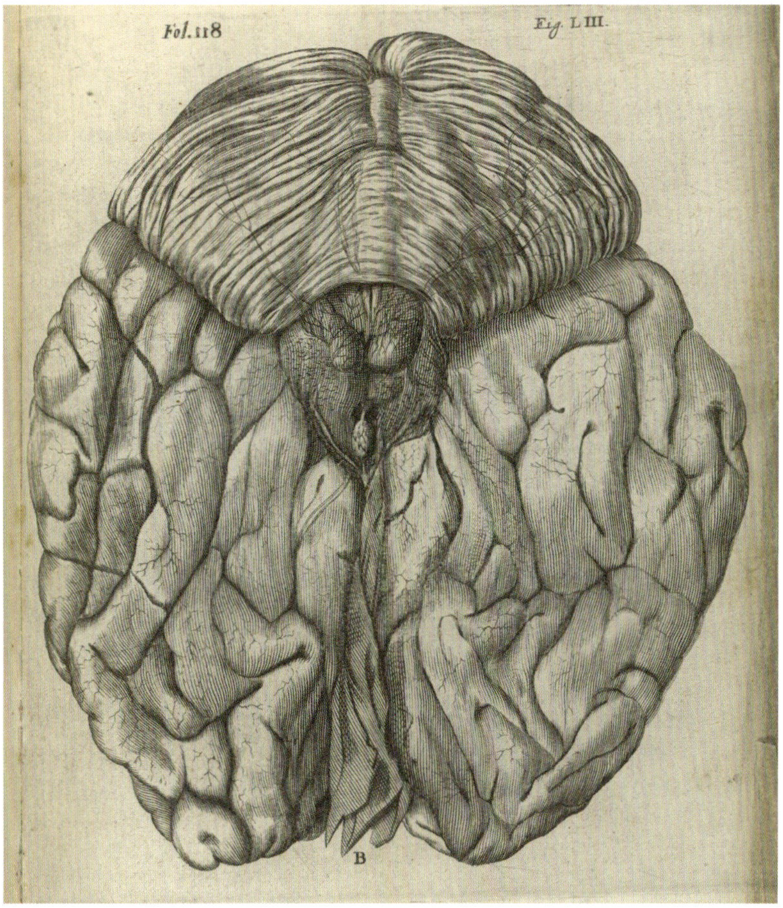

Descartes' Zeichnung zeigt das Gehirn von hinten. Die Zirbeldrüse liegt in der Mitte.

Der Kontakt

Descartes brauchte also einen Punkt, an dem die beiden Systeme in Verbindung traten. Er entschied sich für die Zirbeldrüse, eine Drüse tief im Hirngewebe. Das war nun ein Novum im Hinblick auf das Ventrikel-Modell. Er entschied sich für eine feste materielle Struktur und ging weg vom flüssigkeits- oder geistgefüllten Hohlraum als Ort der mentalen Aktivität – obwohl er fälschlicherweise annahm, die Zirbeldrüse liege in einem flüssigkeitsgefüllten Ventrikel. Das war Voraussetzung für seine Idee vom Kontakt zwischen den beiden: „Die geringste Bewegung vonseiten der Drüse kann den Weg dieser Geister [die zwischen den Ventrikeln fließen] stark beeinflussen. Und jede noch so kleine Veränderung der Geister wirkt sich auf die Bewegung der Drüse aus." (1649)

Da die Zirbeldrüse nicht zweigeteilt ist und sie zwischen den beiden Gehirnhälften sitzt, war sie nach Descartes' Meinung geeignet, Daten aus beiden Gehirnhälften aufzunehmen, also von den

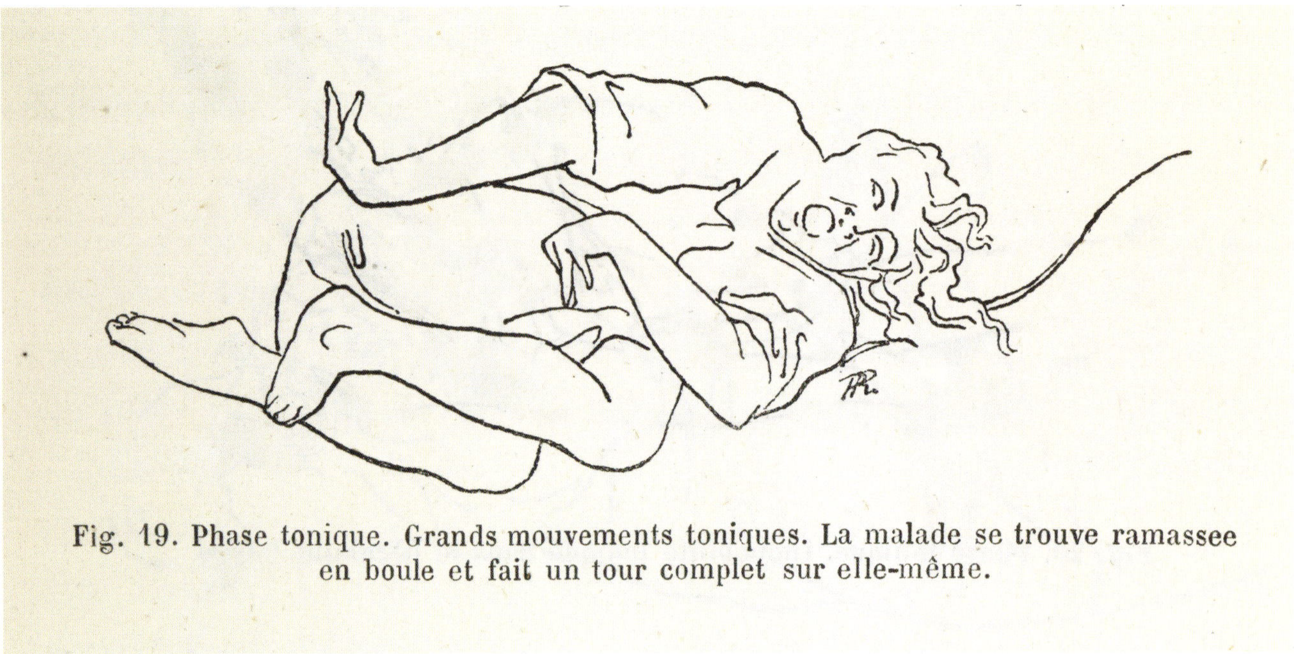

Epilepsie in einer Darstellung von 1881: Ihre Erforschung hat der Neurowissenschaft wichtige Erkenntnisse eröffnet.

beiden Seiten des Körpers, und sie für die Seele zu einem einzigen Eindruck zusammenzufassen. Außerdem ist die Zirbeldrüse sehr klein. Das mag dazu beigetragen haben, dass Descartes sie für den Sitz seiner *res cogitans* hielt, die ja keinerlei Raum einnimmt.

Obwohl Descartes seine Lösung für zufriedenstellend hielt, konnte er damit nur wenig andere Wissenschaftler überzeugen. Die Anatomen suchten im 17. und 18. Jahrhundert weiterhin nach dem Ort, an dem der *spiritus animalis* seinen Ursprung nahm und damit die Seele bzw. das Bewusstsein. Der Hirnforscher Thomas Willis erklärte das Gehirn zur „lebenden und atmenden Kathedrale der Gottheit". Er hielt das Kleinhirn für den gesuchten Ort, da Schäden am Kleinhirn sich für den Betroffenen stets als tödlich erweisen. Andere nannten das *Corpus callosum*, den Balken, der die beiden Gehirnhälften verbindet, als möglichen Kandidaten. Doch die Ventrikel waren ein für alle Mal aus dem Rennen.

Tatsächlich erreichte man hier nie ein klares Ergebnis. Selbst die moderne Neurowissenschaft hat keine Antwort auf die Dualität von Körper und Bewusstsein. Manche Neurowissenschaftler halten ein metaphysisches Konstrukt für möglich, andere erweisen sich als reine Materialisten.

Den Mechanismus erkunden

Die materialistische Position enthebt uns zumindest einer Antwort auf die Frage, wie Materielles mit Immateriellem interagieren kann. So lassen sich alle Funktionen des Körpers und des Gehirns erkunden, auch wenn es um immaterielle Aktivitäten geht. Der dänische Art Nicolaus Steno schreibt: „Da das Gehirn eine Maschine ist, haben wir keinen Grund zur Hoffnung, seinen Aufbau mit anderen Mitteln zu erkunden als jenen, die wir für andere Maschinen einsetzen. Die einzige Möglichkeit ist das, was wir auch mit anderen Maschinen tun würden: Wir nehmen sie Stück für Stück auseinander und überlegen, wie sie funktionieren, jedes für sich und alle gemeinsam."

Man schrieb der immateriellen Seele bzw. dem Geist durchaus noch Funktionen zu, doch man hatte viel Spielraum für das „Auseinandernehmen" des Ganzen. Beginnend im 16. Jahrhundert verstanden die Anatomie und Physiologie den Aufbau und das Zusammenspiel von Gehirn, Nerven und Rückenmark immer besser. So wurden Erklärungen möglich, wie wir mit der Welt um uns herum geistig und körperlich interagieren.

Die schrumpfende Domäne der Seele

Je besser man verstand, wie das Nervensystem funktioniert, desto weniger Raum blieb für eine immaterielle *res cogitans*. Der englische Arzt Thomas Laycock führte weitreichende Studien über die „Hysterie“ durch, ein Krankheitsbild, unter dem man früher die meisten nervlichen Erkrankungen zusammenfasste (siehe Kasten rechts). 1839 veröffentlichte er seine Resultate: „Die Ganglien im Schädel sind zwar Sitz von Bewusstsein und Willen, doch sie sind denselben Gesetzen unterworfen wie die anderen Ganglien.“ (Als Ganglion bezeichnet man eine Gruppe von Nervenzellen oder die Körper von Nervenzellen. Es gibt spinale Ganglien im Rückenmark und kraniale Ganglien im Schädel.) Die Vorstellung, dass mentale Funktionen eine physiologische Erklärung haben könnten, war doch überraschend. Und natürlich wurde dieses Prinzip bald auch auf die Gesamtheit des Zusammenwirkens von Geist bzw. Körper angewandt.

John Hughlings Jackson (siehe Kasten unten) ist bekannt für seine Arbeiten zur Epilepsie. Er tat den letzten Schritt hin zur Erkenntnis, dass keine Seele oder andersgeartete metaphysische Einheit erforderlich sei, um Geist und Körper funktionieren zu lassen. Er sah keinen Grund, warum das Gehirn sich von anderen Organen unterscheiden sollte, von seiner Komplexität natürlich abgesehen. Er berief sich auf den gerade formulierten Energieerhaltungssatz und ging davon aus, dass das Nervensystem eine Reihe klar unterscheidbarer Organe umfasse, die

DIE GEIST DREHT DURCH

Es ist schwierig, der Funktion des Gehirns bzw. des Geistes in der Normalität auf die Spur zu kommen. In der Geschichte der Neurowissenschaft haben Forscher extrem von Fehlfunktionen und Anomalien profitiert. Gehirnschäden (die durch Unfälle oder Krankheiten verursacht wurden), Epilepsie und die verschiedenen Formen von Geisteskrankheiten bzw. neurologischen Erkrankungen wie Alzheimer, aber auch Zustände wie Hypnose haben viel zur Erforschung des Nervensystems beigetragen. Gerade die Epilepsie war hier wichtig. „Hysterie“, unter die früher auch die Epilepsie fiel, wird heute nicht mehr als sinnvolle Diagnose angesehen. Man geht hier von einer Somatisierung aus: Der Körper wandelt seelischen Stress in körperliche Symptome um. Dazu gehört bizarres Verhalten, Bewusstlosigkeit, Anfälle, selektive Amnesie, Sprachstörungen und viele andere Symptome.

JOHN HUGHLINGS JACKSON (1835–1911)

Hughlings Jackson studierte Medizin und war tätig am London Hospital und am National Hospital für Lähmungen und Epilepsie. Er arbeitete mit Epileptikern und dokumentierte bis ins Kleinste die Anfälle, sodass er am Ende verschiedene Formen erkennen konnte.

Da er sich auch für Philosophie und Physiologie interessierte, machte er sich an die Erforschung des Nervensystems. Als Agnostiker misstraute er allen metaphysischen Erklärungen und hielt es für möglich, dass alles Menschliche sich rein physikalisch erklären ließ: „Ein Mensch ist – rein physikalisch betrachtet – nichts weiter als ein sensomotorischer Mechanismus ... Wenn die Lehre von der Evolution stimmen sollte, dann sind alle Nervenzentren von sensomotorischer Beschaffenheit“. (1884)

zusammenarbeiteten. In seinen Augen handelte es sich dabei um ein sensorisch-motorisches System, das auch für die höheren Aspekte des Geistes verantwortlich war.

Drei Modelle

Hughlings Jackson erkannte drei Möglichkeiten für die Lösung des Körper-Geist-Problems. Die erste war der kartesianische Dualismus, bei dem der Geist – wie Jackson schreibt – „durch ein immaterielles Mittel auf das Nervensystem einwirkt".
Das zweite, materialistische Modell setzte Geist und Körper gleich: „Die Aktivitäten der höchsten Zentren und Geisteszustände sind ein und dieselben." In diesem Modell ist der Geist als rein physisch zu betrachten. Das dritte Modell sieht Gehirn und Geist als wesensmäßig verschieden an, auch wenn beide in ihren Aktivitäten an einem Strang zögen. Es gab keine kausale Interaktion zwischen ihnen, doch sie folgten denselben Impulsen. Eine ähnliche Idee kam im 17. Jahrhundert von dem deutschen Philosophen Gottfried Leibniz. Leibniz bemühte dafür das Bild von zwei Uhren, die zwar dieselbe Zeit zeigten, doch keinerlei Verbindung hätten. Hughlings Jackson nannte dies die „Doktrin

Kranke erhoffen sich eine Wunderheilung von einem Reliquienschrein. Der Mann links oben leidet unter Epilepsie, was wir an den fledermausähnlichen Geistern über seinem Kopf erkennen können.

der Konkomitanz". Jackson begeisterte die Vorstellung der funktionellen Äquivalenz, weil sie der Neurologie im Körper freie Bahn ließ, ohne dass sie eine immaterielle *res cogitans* berücksichtigen (oder ablehnen) musste.

Getrennte Wege

Hughlings Jacksons Theorie der Konkomitanz bereitete den Boden dafür, dass sich die Neurologie endlich zu einer klinischen Disziplin entwickeln konnte. Sie konnte die sensomotorischen Signale am Menschen studieren, ohne sich über mentale Faktoren Gedanken machen zu müssen. Obwohl sich auch Hughlings Jackson bewusst war, dass sich der Geisteszustand und die Emotionen auf die Gesundheit auswirkten, war er überzeugt, dass sie bei der Diagnose und Behandlung neurologischer Krankheiten keine Rolle spielten. Von nun an waren Neurologie und Psychologie verschiedene Forschungsgebiete. Die Psychologie kümmerte sich um den immateriellen Geist und die Beziehung des Ichs zur Welt. Die Neurologie hingegen sah ihre Aufgabe in der Erforschung des körperlichen Ausdrucks von Krankheiten. Die Neurowissenschaften folgten diesem Pfad, obwohl sie immer wieder versuchten, die Probleme der Psychologie unter Rückgriff auf die physikalischen Prozesse im Gehirn zu erhellen.

Hughlings Jackson hatte das Mentale vom Körperlichen getrennt, doch die Vorstellung vom Unbewussten lehnte er ab. Wenn der Geist unterhalb der Bewusstseinsschwelle aktiv war, dann müsste sich dies doch bei bewusstlosen Patienten zeigen, doch in der Ohnmacht geschah seiner Ansicht nach nichts. (Er hatte ja keine modernen Techniken zur Verfügung, mit denen er die Gehirnaktivität messen konnte.) Letztlich ging es ihm wohl darum, die Geistfrage loszuwerden: „Als Anhänger der Evolutionstheorie ist die Frage [nach dem Geist] für mich nicht relevant, und für medizinische Zwecke interessiert sie mich nicht." (1888)

GRENZÜBERSCHREITUNG

Hughlings Jackson verschloss die Augen vor den Auswirkungen von Geist und Emotionen auf den Körper, heute aber werden diese Faktoren zunehmend wichtiger. Immer wieder sind Neurologen mit Patienten konfrontiert, die eindeutig unter körperlichen Symptomen leiden, für die es aber keine feststellbare körperliche (somatische) Ursache gibt. Die Diagnose, dass die Krankheit einzig im Erleben wurzelt (psychosomatisch), ist für den Patienten eine Belastung, denn sein Schmerz ist genauso stark, als wäre er körperlich verletzt. Doch wie wir in Kapitel 7 sehen werden, entsteht jeglicher Schmerz im Gehirn.

Für den Arzt ist es wichtig zu wissen, ob eine Krankheit aus seelischen Belastungen herrührt. Zum einen greift er dann nicht zu invasiven Behandlungen, die nichts bringen, weil sie ja nicht die Ursache beseitigen. Zum anderen ermöglicht dieses Wissen eine wirksame Behandlung der seelischen Symptome. Allerdings ist es schwierig zu entscheiden, ob eine Krankheit „somatisierter" Stress ist oder ob die körperliche Ursache schlicht noch nicht entdeckt wurde. Bei der Somatisierung überschreitet der Geist die Grenze und fängt an, den Körper zu beeinflussen.

KAPITEL 3

DIE LOKALISIERUNG DER GEHIRNFUNKTIONEN

Unter den verschiedenen Teilen eines lebendigen Körpers, die anatomisch untersucht wurden, gilt das Gehirn als das wohl am besten erforschte. Und doch wissen wir mittlerweile, dass nichts weniger gründlich verstanden ist als das Gehirn.

Thomas Willis, 1644

Für den Beobachter sieht das Gehirn zunächst einmal sehr gleichförmig aus. Und doch ordnete man ihm schon im 16. Jahrhundert alle möglichen Funktionen zu. Da kam natürlich bald die Frage auf, ob es bestimmte spezialisierte Bereiche besäße (oder sogar klar unterscheidbare Organe) oder ob diese Funktionen über das ganze Gehirn verteilt wären. Nach gut fünfhundert Jahren der Forschung können wir sagen: Beides ist der Fall.

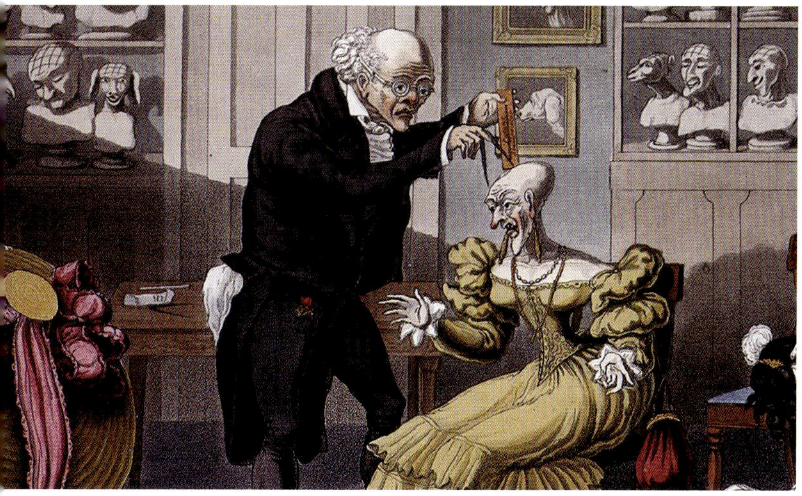

DIE LOKALISIERUNG DER GEHIRNFUNKTIONEN

Eines oder viele?

Selbst die frühesten Überlegungen zu den Gehirnfunktionen gingen davon aus, dass diese in verschiedenen Regionen angesiedelt seien. Doch diese Hypothesen gründeten mehr auf der Vorstellung, wie das Gehirn arbeiten sollte, und weniger auf Beobachtung. Galens Vorstellung, dass die Verarbeitung der Sinneseindrücke und die motorische Kontrolle im Vorderhirn geschähe, während die mentalen Funktionen in den hinteren Ventrikeln ausgeübt wurden, gab einen Kurs vor, der über Jahrhunderte beibehalten wurde. Erst im 17. Jahrhundert bemühte man sich, die Lokalisation der Gehirnfunktionen durch anatomische Studien zu untermauern.

Ende des 15. Jahrhunderts begann man, nach gut 1500 Jahren Unterbrechung wieder mit den Obduktionen an Menschen und Tieren. Die Anatomen fertigten davon detaillierte Zeichnungen an, auf die später zurückgegriffen werden konnte. Nach Vesalius, der im 16. Jahrhundert forschte, wurde man sich immer mehr bewusst, dass Galens Vorstellungen vom Körper (und damit auch vom Gehirn) teilweise falsch waren.

So konnte man zumindest ein klares Bild vom Aussehen und der Beschaffenheit des Gehirns gewinnen. Doch seine Funktionen wurden immer noch nicht verstanden. Das liegt auch daran, dass das die Struktur des Gehirns relativ gleichförmig wirkt. Der Kortex, die „Hirnrinde“, weist keinerlei Feinstrukturen auf wie der Magen mit seinen Schleimhäuten *(villi)* oder die Alveolen in der Lunge.

Platon beschrieb die menschliche Seele durch das Gleichnis mit einem Wagen. Der Wagenlenker ist die Vernunft, die Pferde stehen für Emotionen und Verlangen. Die Aufgabe des Lenkers ist es, die Pferde auf dem Weg zu halten, der in die unwandelbare Welt des Geistes führt.

Auf dem Weg zur Neurologie

Der erste Mensch, der die Anatomie des Gehirns eingehend untersuchte, war der englische Arzt Thomas Willis (1621–1675). Als Professor für „Naturphilosophie" (Naturwissenschaft) in Oxford verfasste Willis 1664 eine bedeutsame Monografie mit dem Titel *Cerebri Anatome* (Die Anatomie des Gehirns). Darin beschrieb er ausführlich die Anatomie des Gehirns und prägte den Begriff „Neurologie". Sein Ziel dabei war: „die geheimen Orte des menschlichen Geistes offenzulegen und einen Blick in die lebende und atmende Kathedrale des Göttlichen zu werfen".

Willis leitete seine Erkenntnisse aus zahlreichen Obduktionen ab. Diese führte sein Assistent, der Arzt Richard Lower, in den Hinterzimmern von Wirtshäusern und Privatwohnungen durch. Die freigelegten Strukturen untersuchte Willis sodann mithilfe einer Lupe und eines Mikroskops. Zeichnerisch festgehalten wurden sie sodann von Christopher Wren (den wir als Erbauer der St. Paul's Cathedral kennen). Er injizierte Farbe in die Blutgefäße, um sie sichtbar zu machen, und konnte so deren Verlauf im Gehirn feststellen.

« *Der Mensch soll wissen, dass Freude, Vergnügen, Lachen und Scherz nur aus dem Gehirn kommen, ebenso wie Leid, Schmerz, Verzagtheit und Klage. Durch das Gehirn erwerben wir auf besondere Weise Weisheit und Wissen. Wir sehen und hören. Wir wissen, was rein und unrein ist, gut und schlecht, süß und bitter. Manches erkennen wir aus Gewohnheit, manches erkennen wir von seinem Nutzen her. So unterscheiden wir zwischen den Gegenständen, die uns angenehm oder unangenehm sind, ganz nach den Jahreszeiten, denn uns gefällt nicht immer alles. Dasselbe Organ macht uns verrückt und wahnsinnig, lässt Ängste und Panik uns bestürmen, von denen uns manche nachts überkommen, andere tagsüber. Es verursacht uns Träume und lässt uns schlafwandeln, ist für unsinnige Sorgen ebenso verantwortlich wie für die mangelnde Erkenntnis gegenwärtiger Umstände, Trägheit und Ungeschick.* »

Hippokrates,
Über die heilige Krankheit,
ca. 400 v. Chr.

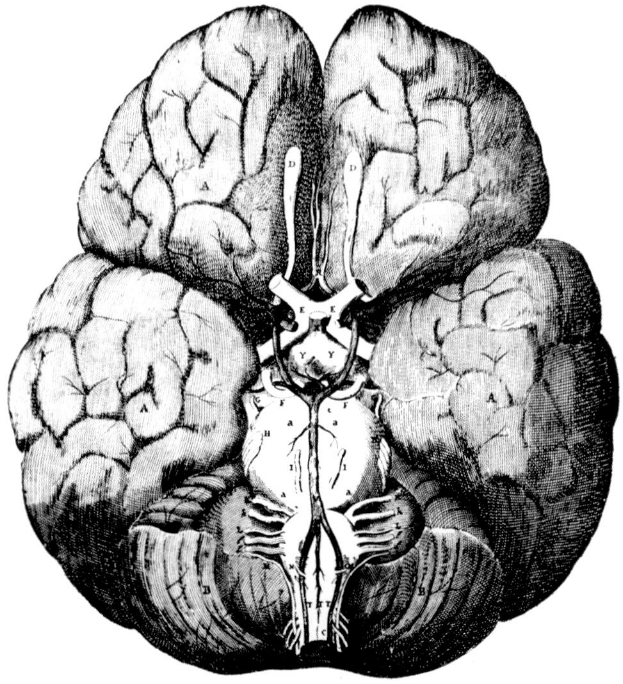

Willis änderte auch die übliche Prozedur. Statt das Gehirn im Schädel zu belassen, holte er es heraus und untersuchte die Unterseite. Hier eine Darstellung von Christopher Wren für Willis' Buch Cerebri Anatome *von 1664.*

Willis versuchte auch, die Funktionen der von ihm untersuchten Areale zu beschreiben. Seiner Ansicht nach steuerten die Gyri (Gehirnwindungen) das Gedächtnis und den Willen. Damit war er der Erste, der Gehirnfunktionen im Kortex verortete und nicht in den Ventrikeln. Dass die menschliche Gehirnrinde so viele Windungen aufwies, lag seiner Ansicht nach an den vielfältigen seelischen Funktionen des Menschen (im Gegensatz zum Tier). Die visuelle Wahrnehmung ordnete er dem *Corpus callosum* zu, dem Balken, der die beiden Gehirnhälften verbindet. Allerdings stellte er sich dessen Funktion wie einen Bildschirm vor, auf dem Bilder erscheinen, welche die rationale Seele dann betrachten konnte. Andere Arten von Sinneswahrnehmung und Bewegung schrieb er dem *Corpus striatum* zu, unwillkürliche Bewegungen dem Kleinhirn. Doch auch Willis' Idee von der Verortung der Gehirnfunktionen beruhte mehr auf seinen Konzepten als auf Beobachtung. So nahm er zum Beispiel ein dreiteiliges Seelenmodell an, wie jenes, das Aristoteles und Platon beschreiben. Die vegetative Seele und die sinnliche Seele teilt der Mensch mit dem Tier, die unsterbliche Seele des Menschen aber sei auch zur Vernunft fähig. Die unsterbliche Seele habe zwar keine materielle Form, doch sie wirke auf das Gehirn ein. Wie das vor sich ging, davon hatte auch er keine Vorstellung. Die materielle Seele (die wir mit Tieren teilen) erklärte er jedoch genau. Wie Galen ging auch er davon aus, dass die sinnliche Seele, die durch das Gehirn und die Nerven floss, aus der vegetativen Seele im Blut destilliert würde.

Der *spiritus animalis* entstehe im Kortex und im Kleinhirn (nicht im dritten Ventrikel, wie im ursprünglichen Modell) und würde im Gehirn aufbewahrt. Er werde bei Bedarf durch die Nerven in die Sinnesorgane und Muskeln geleitet. Außerdem beschrieb er den Reflexbogen: Sinnliche Wahrnehmungen würden im Kortex verarbeitet, der dann den Fluss des *spiritus animalis* in die Muskeln veranlasste. Das erklärt die Bewegungen von Mensch und Tier (dem Willis einen Willen absprach): „Sie bewegen sich oder ihre Gliedmaßen nur, wenn sie vom Impuls eines äußeren Objekts gereizt werden. Auf diese

ANNE GREEN, VON DEN TOTEN AUFERSTANDEN

Thomas Willis und sein Mentor William Petty führten Obduktionen häufig in Pettys Haus durch. Bei einer dieser Gelegenheiten geschah etwas Unerwartetes.

Petty durfte jeden Menschen, der im Umkreis von 21 Meilen rund um Oxford hingerichtet wurde, obduzieren. Am 14. Dezember 1650 sollte Anne Green obduziert werden, ein Küchenmädchen, das vergewaltigt worden war und gehenkt wurde, weil sie ihr Neugeborenes getötet hatte. (Später fand man heraus, dass das Kind ohnehin eine Totgeburt war.) Green wurde in Oxford hingerichtet. Man ließ sie eine halbe Stunde am Galgen hängen, legte sie dann in einen Sarg und brachte sie in Pettys Haus. Als die beiden Ärzte jedoch den Sarg öffneten, begann Anne Green wieder zu atmen. Sie gaben ihr heißen Kräuterlikör zu trinken und kitzelten ihren Gaumen mit einer Feder, um sie zum Husten anzuregen. Man rieb ihre Arme und Beine und legte sie mit einer anderen Magd ins Bett, um sie zu wärmen. Innerhalb von 12 Stunden konnte sie wieder sprechen, einen Monat später hatte sie sich vollkommen erholt. Man begnadigte sie. Anne Green heiratete und hatte drei Kinder.

sinnliche Wahrnehmung folgt die Bewegung, die in gewisser Weise von Ersterer verursacht wird." Der Mensch aber könne noch anders reagieren. Das *Corpus callosum*, das die darauf projizierten Bilder verarbeite, könne eine willentliche Aktion auslösen.

Willis' Beschreibung der Gehirnstrukturen war sehr detailgetreu. Er war es auch, der die Hirnnerven durchnummerierte. Diese entspringen im Gehirn und regen dann bestimmte Partien des Kopfs und des Halses an. Er unterschied zwischen grauer und weißer Substanz. In seinen Augen war die weiße Substanz für die Entstehung des *spiritus animalis* verantwortlich, die graue für dessen Verteilung.

Nach Willis' Werk gerieten die Hirnventrikel in Vergessenheit. Stattdessen nahm man den Kortex in den Fokus. Wie das Gehirn jedoch funktionierte, war immer noch unklar. Die Lokalisierung seiner Funktionen durch Willis war nicht durch Beobachtung gestützt. So klagte zum Beispiel Nicolaus Steno: „Wir müssen nur einer Obduktion des Gehirns zusehen, um Grund zu finden, unsere Unwissenheit zu beklagen. Auf der Oberfläche sehen wir allerlei bewundernswerte Strukturen. Aber über alles, was sich darunter findet, können wir nichts sagen, als dass es weiße oder graue Masse ist."

Der heilige Lukas operiert das Gehirn eines Mannes.

Wo sitzt was?

Trotz der besten Absichten war es sehr schwierig, die Gehirnfunktionen korrekt zu lokalisieren. Vor dem 18. Jahrhundert machte man tatsächlich nur wenige Fortschritte.

Verletzungen liefern Erkenntnisse

Wie Steno ganz richtig bemerkte, war das Gehirn immer noch ein Rätsel. Schließlich kann man ihm nicht bei der Arbeit zusehen. Allerdings zeigten Kopfverletzungen bestimmte Wirkungen, aus denen sich manche Funktionen ableiten ließen.

1710 behandelte der Militärarzt François Pourfour du Petit (166–1741) einen Patienten mit einem Gehirnabszess. Der Mann litt unter Lähmungserscheinungen auf der dem Abszess gegenüberliegenden Körperseite. Das brachte Petit zu der Vermutung, dass der *spiritus animalis* in den sich überkreuzenden Pyramidenbahnen (paarig angeordneten Nervenbahnen unterhalb der Brücke) von einer Seite des Gehirns auf die gegenüberliegende Körperseite geleitet würde.
Er bewies im Versuch an Hunden, dass er durch die Durchtrennung einer der Pyramidenbahnen eine Lähmung der jeweils anderen Körperhälfte auslösen konnte. 1727 ging er noch weiter und präparierte die

Pyramidenbahnen bis zu ihrem Ursprung im Kortex heraus. So machte er deutlich, dass es ein motorisches Areal in der Gehirnrinde gibt.

So gelang die erste, grundlegende Lokalisierung von Gehirnfunktionen. Man stellte fest, dass jede Gehirnhälfte die ihr gegenüberliegende Körperseite steuerte und deren Input verarbeitete. Doch das blieb für längere Zeit die einzige neue Erkenntnis in Bezug auf die Verortung der cerebralen Funktionen.

Ein Blick nach vorn

Der Philosoph Emanuel Swedenborg (1688–1772) erscheint auf den ersten Blick als recht unwahrscheinlicher Kandidat für neue Erkenntnisse auf dem Gebiet der Neurowissenschaft. Zunächst studierte er nämlich Theologie, weil er sich für den lutherischen Glauben interessierte. Erst danach begann er seine Arbeit als Naturwissenschaftler und Erfinder. So entwarf er u. a. Pläne für eine Flugmaschine und ein U-Boot.

Da Swedenborg sich für Naturwissenschaften und Religion interessierte, versuchte er, der Biologie der Seele auf die Spur zu kommen. Seiner Ansicht nach stand die Seele in enger Verbindung mit dem Körper, woraus er schloss, dass sie einen materiellen Träger haben musste, den man studieren konnte. Also begann er, ausgiebige Untersuchungen an Gehirn und Nervensystem anzustellen. Seine Überlegungen nahmen dabei viele Dinge vorweg, die später die Wissenschaft bestätigen sollte. 1743 gab er dann seinen Beruf auf, um ein 17-bändiges Werk über die Anatomie des Gehirns in Angriff zu nehmen. Im Jahr darauf allerdings hatte er eine Vision, in der Christus ihm sagte, er werde ihm die wahre Bedeutung jedes einzelnen hebräischen Bibelverses enthüllen. Das war natürlich wichtiger als die Gehirnforschung.

Emanuel Swedenborg gab seine Erforschung der Seele nach einem Offenbarungserlebnis auf.

Neubewertung des Kortex

Zu jener Zeit ging man davon aus, dass der Kortex bei den Gehirnfunktionen keine besondere Rolle spielte. Seine Aufgabe sei es vielmehr, die Blutgefäße in die wichtigen inneren Teile des Gehirns zu leiten, wo die eigentliche Arbeit erledigt wurde. Der Schweizer Physiologe Albrecht von Haller (1708–1777) bestärkte diese Sicht noch. Er hatte nämlich verschiedene Körpergewebe auf deren „Reizempfindlichkeit" getestet und festgestellt, dass der Kortex nicht auf äußere Reize reagierte. In Experimenten an Hunden stimulierte er die Gehirnrinde mit einem Skalpell, mit ätzenden Substanzen und mit allem, was seiner Ansicht nach Schmerz hervorrufen müsste, doch die Hunde reagierten (glücklicherweise) darauf nicht. Erst wenn Haller seine Instrumente tief ins Gehirn trieb, kam es zu Schmerzäußerungen. So sah er den Kortex wirklich als bloße Rinde ohne sensorische, motorische oder gar höhere Funktionen.

Swedenborg studierte die zu diesem Thema vorliegenden Arbeiten, gelangte aber zu einem völlig anderen Schluss. Seiner Ansicht nach war

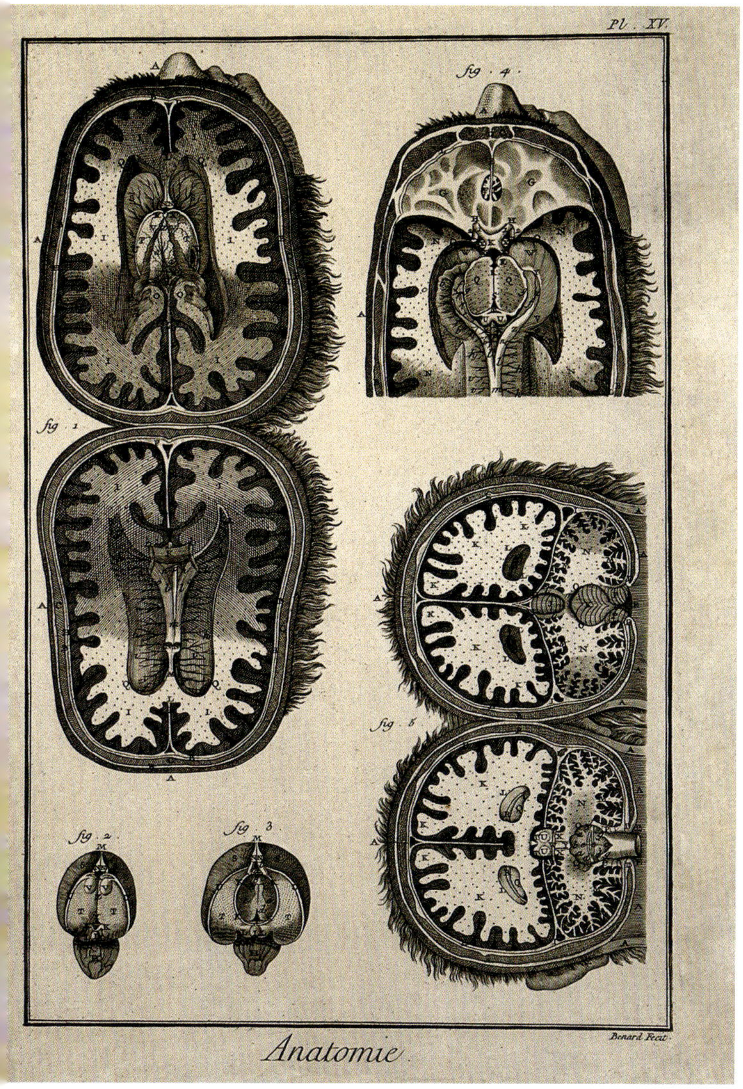

Querschnitte durchs Gehirn, spätes 18. Jahrhundert

der Kortex das Zentrum, in dem sensorische Informationen verarbeitet und motorische Reaktionen durch Willenskraft eingeleitet wurden: „Die kortikale Substanz [...] schenkt Leben, also Empfindung, Wahrnehmung, Einsicht und Willenskraft. Und sie verleiht Bewegung, d. h. die Fähigkeit, im Einklang mit Willen und Natur zu handeln."

Der italienische Biologe Marcello Malpighi (1628–1694) war der Erste, der den Kortex mithilfe eines Mikroskops untersuchte. Er berichtete, dass er aus vielen kleinen Drüsen oder „Kügelchen" bestünde, von denen Fasern ausgingen (siehe Seite 68). Die „Kügelchen" waren allerdings, wie man später feststellte, eine optische Täuschung, verursacht durch Malpighis Mikroskop bzw. seine Art, Gewebe zu präparieren. Swedenborg konzentrierte sich also auf die „Fasern" und stellte die Theorie auf, dass sie unabhängige Elemente (die Kügelchen) verbinden. Diese seien *cerebellula*, also Mini-Gehirne. Die Idee, dass diese klar unterscheidbaren Elemente nur zusammen funktionieren, nahm die spätere Lehre vom Neuron (Gehirnzelle) vorweg, die erst um 1890 (siehe Seite 89) aufkam.

Die Fasern, so Swedenborg, laufen durch den Kortex. Sie bilden die weiße Substanz. Sie sind im Rückenmark zu finden und verzweigen sich dann in die peripheren Nervenbahnen. Diese Fasern lieferten dem Gehirn die Informationen der Sinnesorgane und veranlassen dann willentliche Handlungen.

EIN NICHT GANZ KLARER BERICHT

Domenico Mistichelli, Professor für Medizin an der Universität Pisa, entdeckte den kontralateralen Effekt, den Gehirnverletzungen hatten, ein Jahr vor François Pourfour du Petit, aber seine Schilderung ist weit weniger aufschlussreich:

„Die *Medulla oblongata* ist von Fasern durchzogen, die den Zöpfen eines Weibes gleichen [...] viele Nerven, die sich auf einer Körperseite ausbreiten, entspringen auf der anderen. So können jene Nerven, die sich in den rechten Arm ausbreiten, ihre Wurzeln gut in den linken Fasern der Hirnhäute haben. Dasselbe gilt natürlich auch umgekehrt [...] Es ist also klar, wenn auf der rechten Seite [...] durch unterdrückende Säfte, Krämpfe, Strangulation oder eine andere Behinderung der Durchfluss der animalischen Flüssigkeit [Geist] durch die kleinsten Zwischenräume eingeschränkt wird, so wird der Arm oder das Bein oder jeder andere Körperteil auf der linken Seite, der mit diesen Nervenfasern verbunden ist, entweder krampfen oder lahmen oder jeglicher Sinneswahrnehmung bzw. Bewegung beraubt sein, denn die Nerven dieses Teils erhalten nicht mehr die nötige Versorgung mit animalischem Geist vom gegenüberliegenden Part, der verletzt wurde."

« Ich habe [das Studium des Gehirns] einzig verfolgt, um die Seele zu entdecken. Wenn ich also etwas Nützliches zur Anatomie oder Medizin beigetragen habe, dann stimmt mich dies zufrieden. Doch es wäre mir noch weit lieber, hätte ich dadurch Licht auf die Entdeckung der Seele geworfen. »

Emanuel Swedenborg

Swedenborg war sicher, dass die Sinneswahrnehmungen im Kortex verarbeitet werden, denn dort hatten die Nervenfasern ihren Anfang oder ihr Ende. Er war sich nicht klar, ob unterschiedliche Sinne in unterschiedlichen Gehirnarealen lokalisiert waren. Die motorische Kontrolle des Fußes allerdings ordnete er (korrekt) dem hinteren Kortex zu, während die Steuerung von Gesicht und Kopf dem vorderen (frontalen) Kortex obliege. Diese Einsicht wurde erst 1870 wieder aufgenommen.

Swedenborg fiel außerdem auf, dass eine Verletzung des vorderen Kortex die „inneren Sinne – Imagination, Gedächtnis, Denken" schädigte: „Der Wille selbst stumpft ab." Eine Verletzung am hinteren Gehirnteil hätte nicht dieselben Auswirkungen. Die Zirbeldrüse hielt er für „die Krone des gesamten chemischen Labors im Gehirn." Auch diese Einsicht wurde im 20. Jahrhundert bestätigt. Das Corpus callosum erlaubte laut Swedenborg den beiden Gehirnhälften, miteinander zu kommunizieren (was richtig ist). Das Corpus striatum hingegen soll die motorischen Funktionen lenken, wenn die Bewegung „zur zweiten Natur wird".

Ein Rufer in der Wüste

Trotz seiner bahnbrechenden Einsichten übte Swedenborg keinerlei Einfluss auf die Neurowissenschaften aus, vielleicht weil er seine physiologischen Erkenntnisse immer vor dem Hintergrund seiner Suche nach der Seele präsentierte. Die Wissenschaft nahm ihn einfach nicht ernst. Erst als Gustav Fritsch und Eduard Hitzig in den 1880er-Jahren den motorischen Kortex entdeckten (siehe Seite 49) kam wieder Interesse an Swedenborgs Arbeit auf, das jedoch ebenso schnell wieder erlosch.

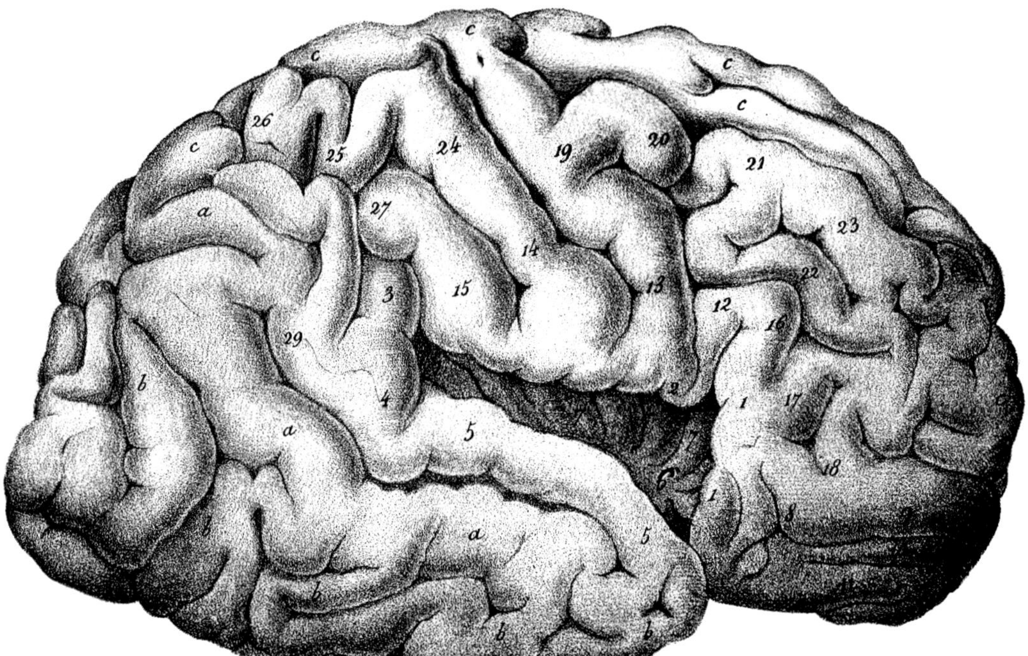

Das Gehirn mit der gefurchten Großhirnrinde (Kortex), ca. 1819.

Der langsame Fortschritt

Die Mainstream-Forschung hingegen kam bei dieser Frage ewig nicht vorwärts. Man verbrauchte Tausende von Versuchstieren, um herauszufinden, wie das Gehirn funktioniert. 1760 entfernte der französische Physiologe Antoine Charles de Lorry Klein- und Großhirn bei Hunden und berichtete, dass diese noch 15 Minuten lang weiteratmeten. Daraus schloss er, dass die unverletzte *Medulla oblongata* (Verlängertes Rückenmark) für die Aufrechterhaltung der Lebensfunktionen verantwortlich ist.

1806 führte Julien-Jean-César Legallois Experimente durch, um herauszufinden, wo in der Medulla das Atemzentrum lag. Er entfernte bei jungen Kaninchen das Kleinhirn, dann Scheibe für Scheibe zuerst das Mittelhirn, dann die *Medulla*. Erst beim Durchtrennen der *Medulla* auf Höhe des 8. Hirnnervs hörten die Kaninchen auf zu atmen. Also siedelte er das Atemzentrum dort an. Marie-Jean-Pierre Flourens konnte es 1851 noch genauer lokalisieren und gab an, es sei bei Kaninchen nicht größer als ein Stecknadelkopf. Legallois' Entdeckung sorgte dafür, dass die Vorstellung, die einzelnen Gehirnfunktionen seien auf bestimmte Areale konzentriert, allgemein Anerkennung fand. Gleichzeitig wurde die Vermessung des Gehirns lahmgelegt, indem man sie mit der Suche nach Persönlichkeitsaspekten oder psychischen Funktionen überfrachtete.

Marcello Malpighi ist bekannt für seine Entdeckung der Kapillaren, der kleinsten Blutgefäße.

Höcker und Vertiefungen

Wenn man die Frage nach der frühen Vermessung des Gehirns stellt, stößt man unweigerlich auf Franz Gall (1758 – 1828), einen deutschen Arzt und Anatomen, der zunächst in Wien tätig war, aber von der österreichischen Regierung auf Druck seitens der Kirche ausgewiesen wurde. In Paris florierte seine neue Lehre prächtig, wie die vielen öffentlichen Demonstrationen zeigen.

Gall war der Begründer einer Pseudo-Wissenschaft, nämlich der Phrenologie. Diese versucht, Charaktereigenschaften aus der Form des Schädels abzuleiten. Galls Theorie war, dass die Gehirnrinde in 27 unterschiedliche „Organe" aufgeteilt sei, die jeweils eigene Funktionen ausübten. Die Größe dieser „Organe" bestimmte darüber, welches Gewicht die zugehörige Eigenschaft in der Persönlichkeit habe. Gall ging davon aus, dass diese Organe wachsen und dabei den Schädel verformen. Der zugehörige Höcker könne daher vermessen werden. Seine Studien am Schädel nannte er „Organologie". Er untersuchte eine Reihe von Schädeln und Schädelabgüssen und ordnete stark ausgebildete Charakterzüge den größten Höckern zu. Das Organ der Güte zum Beispiel sollte darüber bestimmen, wie nett jemand war. Die Phrenologie stellte sich bald als Unsinn heraus, doch sie verankerte ein für alle Mal die Vorstellung von den lokal begrenzten Gehirnfunktionen. Dass selbst persönliche Charakterzüge im Gehirn aufgefunden werden können, ist eine Annahme, die durch die modernen bildgebenden Verfahren erneut in der Neurowissenschaft herumspukt.

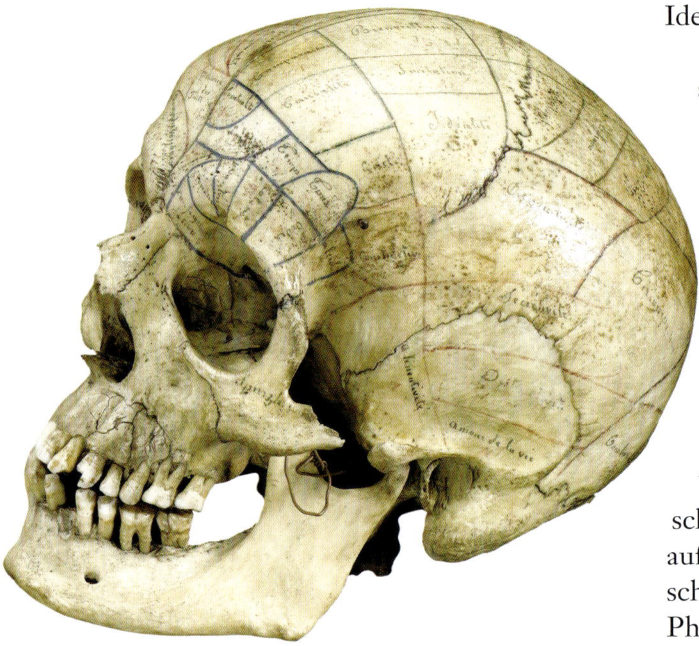

Ein Schädel, auf dem die Areale eingezeichnet sind, die die Phrenologen mit bestimmten Charaktereigenschaften in Verbindung brachten.

Aufstieg und Fall der Phrenologie

1800 stellte Gall Johann Spurzheim als Assistenten ein, einen Arzt, der sich bald ausschließlich mit dem phrenologischen Projekt beschäftigte. Gall sah ihn als seinen Nachfolger und nannte ihn als Mitautor seiner Bücher. Gall und Spurzheim aber gerieten 1812 in Streit, und Spurzheim machte sich selbstständig. Er erhöhte die Anzahl der „Organe" auf 35 und führte eine Hierarchie in das System ein. Auch er tourte mit öffentlichen Veranstaltungen durch ganz Europa und wurde enorm erfolgreich.

Ironischerweise verdankte die Phrenologie ihre enorme Bekanntheit einem vernichtenden Urteil, das 1815 in der Edinburgh Review veröffentlicht wurde. Dort bezeichnete man die Phrenologie als „Quacksalberei von vorne bis hinten". Spurzheim aber antwortete und gewann so bald neue Anhänger, zum Beispiel den Edinburgher Anwalt George Combe. Combe wurde wegen seines Atheismus und seines Materialismus heftig kritisiert, doch ließ er sich davon nicht beeindrucken. In *Constitution of Man* schreibt er: „Geistige Qualitäten werden von Größe, Form und Beschaffenheit des Gehirns bestimmt. Diese werden auf dem Vererbungsweg weitergegeben." Diese Ansicht klang kontrovers und sehr modern, setzte sie doch auf die prä-evolutionären Ideen unter fortschrittlichen Naturwissenschaftlern.

Eine Weile erfreute sich die Phrenologie so starken Zuspruchs, dass manche Arbeitgeber eine phrenologische Überprüfung in ihr Bewerbungsverfahren aufnahmen. Die Phrenologenbüsten fanden weite Verbreitung, und immer mehr Menschen boten phrenologische Dienste an. Manche fühlten die Höcker mit der Hand, wie Gall es tat. Andere hingegen verwendeten Greifzirkel, um zu genaueren Daten zu kommen.

Mitte des 19. Jahrhunderts flaute die phrenologische Begeisterung dann ab. Aber Totgesagte leben bekanntlich länger. Die Britische Phrenologische Gesellschaft wurde erst 1967 aufgelöst. Zu jener Zeit war sich die Neurowissenschaft bereits sicher, dass zwei Grundannahmen der Phrenologen richtig waren: dass bestimmte Eigenschaften in bestimmten Gehirnarealen zu orten waren. Und dass die wiederkehrende Übung dieser Eigenschaft das Gehirnareal vergrößert. Dass sich dies jedoch auf die Form des Schädels auswirken sollte, ist eine vollkommen haltlose Annahme.

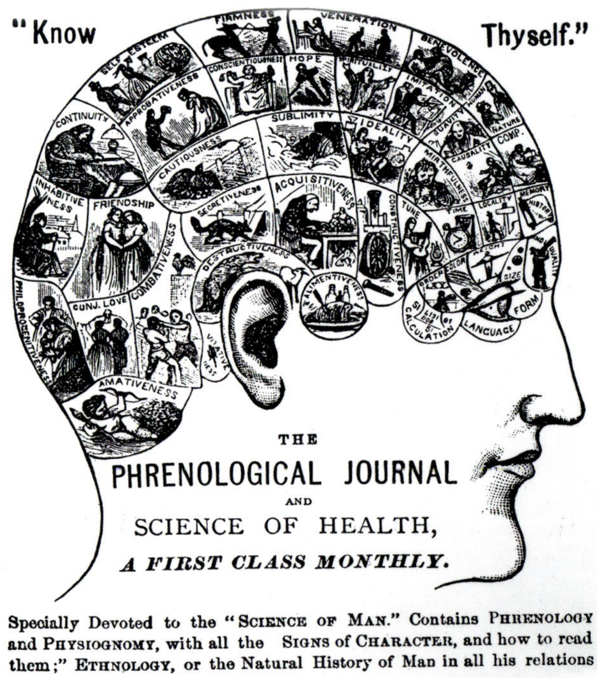

Eine phrenologische Karte, die bestimmten Schädelpartien genau umgrenzte Charaktereigenschaften zuschreibt.

FRANZ GALL (1758–1828)

Franz Gall kam in Baden zur Welt, das heute zu Deutschland gehört. Er studierte Medizin in Straßburg und in Wien, wo er sodann eine Tätigkeit in einer Nervenheilanstalt aufnahm. Dort entwickelte er die Idee, dass die Größe bestimmter Hirnregionen die Persönlichkeit bestimmte. Diese sollte sich an der Form des Schädels ablesen lassen. Gall behauptete, dies habe er schon als Neunjähriger begriffen. Ihm sei damals aufgefallen, dass ein Schulfreund mit hervorquellenden Augen ein sehr viel besseres Gedächtnis für Worte hatte als er selbst. Später habe er diese körperliche Eigenart auch bei anderen Menschen entdeckt, die eine gewisse Leichtigkeit im Umgang mit Worten zeigten. Aus diesem Grund sei er auf die Idee gekommen, dass das Sprachzentrum im frontalen Kortex liege. Diese so gut entwickelte Region drücke dann die Augen aus den Höhlen.

Gall eröffnete eine Privatpraxis und hielt öffentliche Vorträge, in denen er seine Theorien erläuterte. Diese waren zwar beim Publikum beliebt, nicht jedoch bei den Behörden. Man wies ihn aus Österreich aus, er ging zuerst nach Deutschland und dann nach Frankreich. Gegner seiner „Organologie" kritisierten diese als unwissenschaftlich, unmoralisch und areligiös. Europäische Anthropologen des 19. und 20. Jahrhunderts aber nahmen Galls Vorstellungen begeistert auf, da sie die Überlegenheit der Europäer gegenüber anderen Völkern zu belegen schienen. Die Phrenologie aber diente zur Entschuldigung der schlimmsten Grausamkeiten, die die Kolonialmächte dieser Zeit begingen. Daher waren Galls Theorien auch vorzugsweise in Großbritannien, Frankreich und den USA beliebt.

Dabei machte Gall einige wirklich spannende Entdeckungen. Er stellte als Erster fest, dass die graue Substanz funktionales Nervengewebe war und dass die Großhirnrinde so viele Furchen aufwies, um eine möglichst große Oberfläche in einem „Behältnis" mit begrenztem Platz unterzubringen. Außerdem wies er nach, dass die motorischen Nervenfasern sich am Übergang zwischen Nachhirn und Rückenmark überkreuzen: in der Pyramidenkreuzung oder *Decussatio pyramidum*.

Der motorische Kortex

Gall trug mit seiner Lokalisationstheorie viel dazu bei, dass die Neurowissenschaft sich in die richtige Richtung bewegte. Der eigentliche Fortschritt aber ergab sich nicht aus Galls Verortung psychischer Eigenschaften, sondern aus den Untersuchungen zur Bewegungssteuerung. Der französische Physiologe Marie-Jean-Pierre Flourens entdeckte das Atemzentrum eines Kaninchens. Flourens war ein entschiedener Gegner Galls und seiner Anhänger und zutiefst davon überzeugt, dass alle Fähigkeiten über das gesamte Gehirn verteilt waren.

Flourens' Überzeugung gründete auf seinen Tierexperimenten. Wenn bei seinen Versuchstieren (meist Vögeln) ein Teil der Hirnrinde verletzt war, erholte das Tier sich entweder vollständig oder gar nicht. Dies ließ ihn vermuten, dass es keine Lokalisation einzelner Gehirnfunktionen gäbe. In seinen Augen war das Kleinhirn für koordinierte Bewegungen zuständig und die *Medulla oblongata* für die Vitalfunktionen. Der Kortex war seiner Ansicht nach funktional nicht unterteilt.

Ein Hund beweist das Gegenteil

Damit aber lag Flourens falsch. Der Psychiater Eduard Hitzig und der Anatom Gustav Fritsch veröffentlichten 1870 in Deutschland die Ergebnisse ihrer Tierversuche an Hunden. Sie hatten den Kortex der Tiere mittels Strom gereizt.

Diese Frau hat ihre Perücke abgelegt, damit Gall mit seinem Greifzirkel ihren Kopf vermessen kann.

Hitzig hatte ein Gerät entwickelt, um seinen Patienten leichte Elektroschocks zu verabreichen. Wenn er dieses am Hinterkopf anlegte, bewegten sich gewöhnlich die Augäpfel. Dieses Resultat erwies sich außerdem als reproduzierbar, was ihn zu weiteren Versuchen anregte. Hitzig und Fritsch legten Schwachstrom an verschiedenen Teilen der offen präparierten Hirnrinde der Hunde an und zeichneten auf, welche Körperteile sich daraufhin bewegten.

Sie konnten bestimmte Hirnareale ausmachen, bei deren Reizung sich beispielsweise die Vorderpfoten oder die Hinterbeine, das Gesicht oder der Hals bewegten. Dabei bewegten sich grundsätzlich die Gliedmaßen oder Gesichtshälften, die dem gereizten Areal gegenüberlagen. (Reizung der linken Hirnrinde führte zu Bewegungen auf der rechten Körperseite.) Sie schlossen daraus, dass nur ein Teil der Hirnrinde für die motorischen Reaktionen verantwortlich war, und dieser lag im Vorderhirn. Die für die einzelnen Körperteile verantwortlichen Zentren lagen eng nebeneinander und ließen sich durch einen sehr schwachen Strom reizen. Wenn das Hirnareal, das für die Vorderpfotenbewegung verantwortlich war, verletzt wurde, beeinträchtigte dies nicht die Sinnesempfindungen an der entsprechenden Pfote. Damit war klar, dass dieser Bereich nur zur Bewegungssteuerung diente.

Feinarbeit

Der schottische Psychiater und Neurologe David Ferrier (1843–1928) führte in den 1870er-Jahren die Arbeit der deutschen Forscher fort. Er experimentierte dabei an Affen, wobei er noch schwächere Stromimpulse verwendete. So gelangte er zu einer detaillierten Karte des motorischen Kortex im Affengehirn. Seine Experimente an Fischen, Amphibien und Vögeln erzielten keine klaren motorischen Reaktionen, weshalb er sich Flourens' Meinung über Tiere anschloss (die dieser bedauerlicherweise auf den Menschen übertragen hatte). Später entdeckte er die Hirnareale, die mit Hören und Riechen zu tun haben.

Ferriers detaillierte Karte von den Hirnarealen wurde bald von Neurochirurgen verwendet, die ihm wiederum ihre Ergebnisse zur Verfügung stellten.

Eduard Hitzig (Mitte mit Bart und Brille) und Gustav Fritsch (sitzend).

Ein Blick auf die Sprache

Mitte des 19. Jahrhunderts, also noch vor Ferriers Arbeiten, war die Meinung der Wissenschaftler geteilt. Die einen hielten eine Lokalisation für möglich, die anderen gingen davon aus, dass die menschlichen und tierischen Fähigkeiten vom gesamten Gehirn gesteuert würden. Die Lokalisations-Anhänger waren dabei ein wenig im Nachteil, weil man sie mit den Phrenologen in Verbindung brachte, die in der Medizin keinen guten Ruf genossen. Vor diesem Hintergrund machten sich einige französische Ärzte daran, eine Gehirnfunktion zu untersuchen, die sehr exakt verortet werden konnte.

Der Kampf gegen die Phrenologen

Man hatte im 19. Jahrhundert festgestellt, dass der Verlust von Sprache fast immer mit Verletzungen im Vorderhirn einherging. Der französische Arzt Jean-Baptiste Bouillaud stellte daher 1825 die These auf, dass dieser Zusammenhang sich immer und unweigerlich ergebe. Bouillaud war ein begeisterter Phrenologe gewesen, hatte sich aber von der Disziplin abgewandt. So sammelte er eine Unmenge an Daten über solche Hirnverletzungen (Er war der erste Neurowissenschaftler mit einer umfangreichen Datenbasis.) und kam zu dem Schluss, dass das Sprachzentrum im Vorderhirn angesiedelt ist. 1827 führte er ein Experiment an einem Hund durch: Er zerstörte einen Bereich zwischen dem Vorder- und dem Mittelhirn des Tieres, woraufhin dieses seine Fähigkeit zu bellen verlor.

Bouillauds frühere Begeisterung für die Phrenologie wurde ihm nun zum Vorwurf gemacht. Kritiker wiesen darauf hin, dass nicht alle Patienten mit einer Verletzung am Vorderhirn tatsächlich das Sprechvermögen verloren. 1848 lobte Bouillaud daher einen Preis von 500 Francs aus, wenn man ihm einen Menschen mit Sprachfehler zeigen würde, der kein beschädigtes Vorderhirn habe. Der Preis wurde 1865 dem französischen Anatomen Alfred Velpeau zugesprochen, der einen Patienten hatte, dessen Frontallappen beidseitig von einem Tumor zerstört worden waren, der aber gleichwohl noch sprechen konnte. Trotzdem galt das Sprachzentrum mittlerweile als klar lokalisiert.

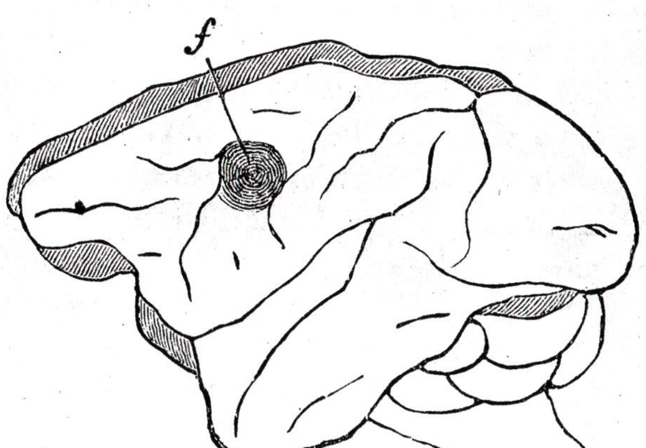

Zeichnung von Ferrier, die die linke Gehirnhälfte zeigt. Die dargestellte Läsion hatte die Lähmung des Bizeps zur Folge.

Ein verunglückter Selbstmord

1861 stellte der französische Arzt Ernest Auburtin einen Patienten vor, der sich in den Kopf geschossen hatte. Er hatte dabei einen Teil seines Schädels zerstört, blieb aber trotzdem noch einige Stunden am Leben. In dieser Zeit führte Doktor Auburtin am offenen Gehirn Experimente durch. (Die medizinische Ethik war in den Anfangstagen der Neurologie nicht besonders entwickelt.) Wenn Auburtin mit einem Spatel aufs das Vorderhirn Druck ausübte, während der Patient redete, verstummte dieser augenblicklich. Nahm er den Druck weg, sprach der Patient weiter.

Jean-Baptiste Bouillaud konnte als Erster klar nachweisen, dass das Sprechvermögen im Vorderhirn lokalisiert ist.

Groß und intelligent?

Auburtin stellte seine Resultate beim Treffen der Anthropologischen Gesellschaft in Paris vor. Er dachte, dass die klare Lokalisation einer menschlichen Fähigkeit der Debatte ein für alle Mal ein Ende setzen würde. Leider nahm man von seinem Fall wenig Notiz, denn ein anderer Anatom namens Pierre Gratiolet stieß eine andere Diskussion an. Er stellte den überdimensionierten Schädel eines Totonac-Indianers vor und löste damit einen hitzigen Streit darüber aus, ob man Intelligenz aus der Größe des Gehirns ableiten konnte.

Tote haben so einiges zu erzählen

Ein Arzt allerdings interessierte sich brennend für Auburtins Forschung: der Chirurg Paul Broca. 1861 hatte er einen dem Tode nahen Patienten mit Namen Louis Leborgne auf dem Operationstisch. Leborgne war 21 Jahre lang im Hospital von Bicêtre gelegen. Zu Broca brachte man ihn, als er Wundbrand entwickelte. Leborgne hatte seine Sprechfähigkeit schon vor 21 Jahren verloren, außerdem litt er an Epilepsie. Nach zehn Jahren im Krankenhaus verschlechterte sich seine Sehfähigkeit und seine rechte Körperseite wurde von einer Lähmung befallen. In den letzten sieben Jahren vor seiner Begegnung mit Broca war er ans Bett gefesselt gewesen. Broca interessierte sich sehr für die Sprechfähigkeit des Menschen, weit mehr als für Leborgnes Wundbrand. Er beschreibt den Fall so: „Er konnte nur eine einzige Silbe hervorbringen, die er gewöhnlich einmal wiederholte. Ganz egal, welche Frage man ihm stellte, er antwortete immer: ‚Tantan'. Dazu machte er verschiedene Gesten. Daher nennt man ihn im Hospital auch einfach ‚Tan'."

Der Verlust der Sprachproduktion ist heute als „Broca-Aphasie" bekannt. Dabei behalten die Betroffenen gewöhnlich die Fähigkeit, Sprache zu verstehen, zumindest bis zu einem gewissen Grad.

Leborgne starb bald. Als Broca die Obduktion vornahm, fand er eine Verletzung des Vorderhirns (im Gyrus zwischen dem Frontallappen und dem Temporallappen der linken Gehirnhälfte). Einige

Monate später untersuchte Broca einen weiteren Patienten, der nicht mehr sprechen konnte. Lazare Lelong war 84 Jahre alt und konnte nur noch fünf Worte sagen. Nach seinem Tod fand Broca eine Beschädigung in derselben Region wie bei Leborgne. Das zeigte Broca klar und deutlich, dass die Sprechfähigkeit in einem bestimmten Bereich des Gehirns lokalisiert war und dass man sie in mehrere Fähigkeiten unterteilen konnte: die Produktion von gesprochenen Worten, die Produktion unartikulierter Äußerungen und das Sprachverständnis. Dabei kann eine dieser Fähigkeiten gestört sein, ohne dass die anderen davon betroffen sind. Die Lokalisation konnte also zum ersten Mal exakt und spezifisch betrieben werden.

Broca veröffentlichte seine Resultate erst 1864. Bis zu diesem Zeitpunkt hatte er 25 Menschen mit Sprachstörung untersucht und war sich sicher, mit seinen Ideen richtig zu liegen. Da Broca als Arzt und Anatom hohes Ansehen genoss, wurden seine Forschungsergebnisse weitgehend akzeptiert. Er betonte außerdem immer wieder, dass der Ort der Sprache, wie er ihn sah, nicht der gleiche war, den Gall ausgemacht zu haben glaubte. Von nun an galt die Lokalisation der Gehirnfunktionen als akzeptiert. Das Sprachzentrum nennt man heute noch „Broca-Areal“.

Zwei Jahre nach Leborgnes Tod wies Broca darauf hin, dass Verletzungen, die die Sprechfähigkeit beeinträchtigten, gewöhnlich auf der linken Seite des Gehirns lagen. 1865 bestätigte er diese Erkenntnis noch einmal. Er arbeitete weiter an der Lokalisierung des Sprachzentrums, machte vier verschiedene Formen der Beeinträchtigung aus und verband die Broca-Aphasie mit einer Beschädigung des dritten Gyrus im Frontallappen der linken Gehirnhälfte.

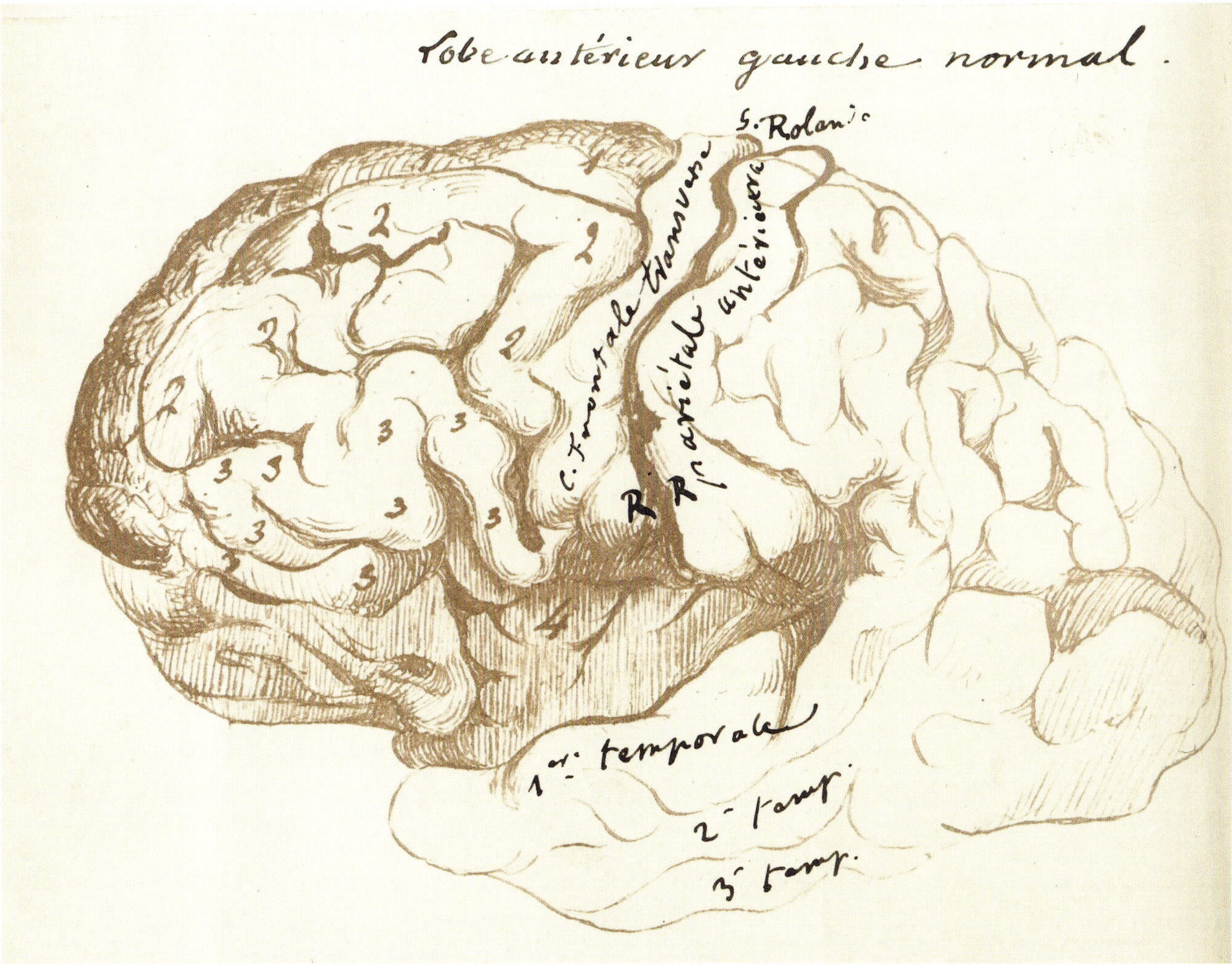

Brocas Zeichnung des Gehirns, auf denen er Anmerkungen zum Sprechvermögen gemacht hat.

Wieder lernen

Viele Aphasiker, die Broca studierte, überlebten ihre Verletzungen. Broca entdeckte, dass sie häufig innerhalb weniger Wochen wieder sprechen lernen konnten. Offensichtlich trug dazu ein anderer Teil des Gehirns bei, das die Arbeit des Broca-Areals übernahm. Broca nahm an, das sei die entsprechende Region in der anderen Gehirnhälfte. Dies waren sozusagen die ersten Hinweise auf die später entdeckte Plastizität des Gehirns.

LINKS, RECHTS, LINKS

Broca stellte fest, dass einige seiner Patienten mit Verletzungen des rechten Frontallappens auch unter Sprachverlust litten. Dafür gab es seiner Ansicht nach zwei Erklärungen: Wenn jemand eine Vorschädigung in der linken Gehirnhälfte hatte, konnte die rechte die Sprachsteuerung übernehmen. Oder das Sprachzentrum lag bei Linkshändern ohnehin in der rechten Gehirnhälfte. Mittlerweile wissen wir, dass das Broca-Areal in fast allen Fällen links lokalisiert ist, ganz egal, ob jemand Links- oder Rechtshänder ist.

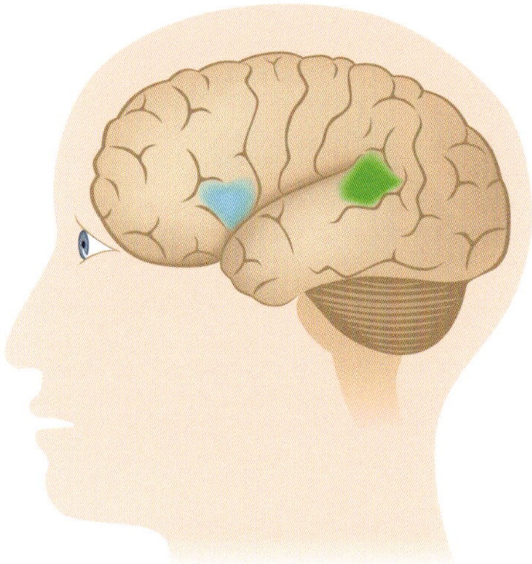

Das Broca-Areal (blau) liegt näher am Vorderhirn, das Wernicke-Areal (grün) im hinteren Teil des Gehirns.

Noch ein Areal

Mit der Zeit stellte sich heraus, dass das Sprachvermögen noch komplexer organisiert ist. Schließlich gab es ja nicht nur die Broca-Aphasie, und es war nicht immer nur der Frontallappen beschädigt. 1874 glaubte der deutsche Neurologe Carl Wernicke, ein anderes Sprachzentrum ausgemacht zu haben, das weiter hinten im Gehirn lag. Bei Beschädigung kommt es zu dem, was wir heute als „Wernicke-Aphasie“ bezeichnen. Dabei kann der Patient Worte zu plausibel klingenden Sätzen zusammenbauen, ohne jedoch Sprache verstehen zu können. Seine Äußerungen bleiben also sinnlos. So wurde klar, dass es zwei Formen von Sprachvermögen und -verarbeitung gab: Die physische Produktion von Lauten ist im Broca-Areal beheimatet, deren sinnvolle Verknüpfung im Wernicke-Areal. Wernicke zeichnete eine Verbindung zwischen Broca-Areal und dem von ihm entdeckten Zentrum (im *Gyrus temporalis superior*) auf. Neuere Untersuchungen mithilfe bildgebender Verfahren legen

DIE PLASTIZITÄT DES GEHIRNS

Die Fähigkeit des Gehirns, sich anzupassen, wird Plastizität genannt. Sie ist es, die die Erholung von Hirnschäden möglich macht. So bilden Nervenzellen neben den beschädigten Neuronen häufig neue Verbindungen entlang der ursprünglichen Verarbeitungswege aus. In manchen Fällen übernimmt der entsprechende Part auf der anderen Gehirnhälfte die Funktion des verletzten Bereichs. Zur Rehabilitation ist allerdings eine entsprechende Therapie hilfreich, die möglichst früh einsetzen muss. Wenn sie peinlich genau befolgt wird, verstärkt sie die neuen neuronalen Pfade. Bildgebende Verfahren zeigen, welche Teile des Gehirns die Aufgaben des verletzten Parts übernommen haben.

jedoch nahe, dass die Lokalisation, die Wernicke selbst vornahm, nicht hundertprozentig richtig war.

Der englische Neurologe John Hughlings Jackson (siehe Seite 35) nahm sich eines Phänomens an, das auch Broca bemerkt hatte. Aphasiker sind häufig in der Lage, fließend zu fluchen, obwohl sie ansonsten keine klar artikulierten Äußerungen mehr tätigen können. Daher vermutete er, dass es einen Unterschied zwischen „automatisierter" Sprache gab, die möglicherweise in der rechten Hirnhälfte beheimatet war, und intentionaler, logisch strukturierter Sprache, die sich wohl auf die linke Hirnhälfte konzentrierte. (Doch auch diese konnte spontane Sprachäußerungen steuern.) Das hieß, dass die beiden Gehirnhälften nicht unähnlich strukturiert waren, bei der Sprache jedoch die linke dominant war. Erlitt diese Verletzungen, so konnte die rechte zwar spontane Sprechformen meistern, bei denen die Sprache nur als Gefühlsausdruck dient, nicht aber sinnvolle Kommunikation.

Jackson entwickelte die Vorstellung, dass willensmäßige Sprachäußerungen im linken Vorderhirn lokalisiert waren, Wahrnehmung und deren sinnvolle Interpretation (beim Steuern eines Wagens zum Beispiel) jedoch eher im rechten, hinteren Teil des Gehirns beheimatet waren. Er belegte dies mit den Erfahrungen von Patienten, deren rechte Gehirnhälfte Schäden erlitten hatte und die in der Folge weder Menschen noch Orte wiedererkannten. Einer dieser Patienten starb praktischerweise, und die Autopsie ergab, dass der rechte hintere Schläfenlappen beschädigt war.

DAS GEHIRN IM WANDEL DER ZEITEN

Brocas Entschluss, das Gehirn nicht aufzuschneiden, kam späteren Wissenschaftlern zugute, wenn es auch seine eigenen Entdeckungen beschränkte. Die Gehirne von Leborgne und Lelong wurden präpariert und aufbewahrt, sodass sie von modernen Neurologen untersucht werden konnten. 2007 scannte man Lelongs Gehirn zum ersten Mal, Leborgnes zum dritten Mal. Aus den hochauflösenden MRT-Aufnahmen (siehe Seite 159) ersieht man deutlich, dass die Schäden weiter gingen, als Broca vermutet hatte. Bei beiden Gehirnen war nicht nur das Broca-Areal beschädigt, sondern auch der *Fasciculus longitudinalis superior*, ein dickes Nervenfaserbündel, das die Frontallappen mit dem hinteren Teil des Gehirns verbindet, also auch mit dem Wernicke-Areal. Daher hatten die Patienten ihr Sprechvermögen wohl nicht nur aufgrund der Beschädigung des Broca-Areals eingebüßt.

LINKE ODER RECHTE SEITE?

All dies führte zu einer heftigen Debatte darüber, ob die linke und die rechte Gehirnhälfte sich in ihrer Funktionalität unterschieden. Die frühesten Spekulationen darüber finden sich in einer anonymen Abhandlung, die sich auf die Ideen von Diokles von Karystos stützt, der im 4. Jahrhundert v. Chr. gelebt haben soll. In der Abhandlung heißt es: „Es gibt zwei Gehirne im Kopf." Das rechte sei verantwortlich für Wahrnehmung, das linke für Verstehen. (Natürlich hatte, den Glaubensvorstellungen jener Zeit in Griechenland folgend, auch das Herz mitzureden.) Bis weit ins 19. Jahrhundert hinein glaubte man, die beiden Hälften seien in Form und Funktion nahezu gleich.

1865 stellte Broca die These auf, dass die Sprache im Frontallappen der linken Hemisphäre angesiedelt sei. Damit wurden gleich mehrere Kontroversen geschürt: die Frage, ob die Funktionen im Hirn einen bestimmten Ort hätten; ob die beiden Hirnhälften sich unterschieden und wie sie miteinander in Verbindung träten.

Sprachtherapie hilft Patienten häufig, nach Hirntraumata ihr Sprechvermögen wiederzuerlangen.

Der zweifache Geist

Ende des 18. Jahrhunderts kam eine neue Idee auf. 1780 schlug Meinard Du Pui vor, dass wir nicht nur zwei Gehirnhälften hätten, sondern einen zweiteiligen Geist, so wie es auch andere paarige Organe im Körper gab. 1826 stellte Karl Burdach die These auf, die beiden Teile seien durch das *Corpus callosum* verbunden, die Brücke – ein Bündel von Nervenfasern, das tatsächlich zwischen den Hirnhälften liegt. Noch 1840 schrieb Henry Holland, Leibarzt von Königin Victoria, über die Doppelnatur des Gehirns. Die Nervenfaserbündel, die die beiden Hälften verbinden (Kommissuren genannt), sorgten dafür, dass sie störungsfrei zusammenarbeiteten. Geisteskrankheiten würden dann entstehen, wenn diese Kommunikation gestört sei. Holland interpretierte die Formen der Geisteskrankheit also als physische Fehlfunktion, nicht als Problem des Geistes.

LINKSHÄNDIGE STOTTERER?

Nachdem Philip Boswood Ballard die These aufstellte, dass Menschen, die zur Nutzung ihrer rechten Hand umerzogen wurden, zu stottern anfingen, belegten dies viele Studien zwischen 1920 und 1960. Dann wurde die Theorie als Mythos verdammt (obwohl es gute evidenzbasierte Belege dafür gab). Neuere bildgebende Verfahren hingegen scheinen diesen Zusammenhang zu belegen, denn Stottern hat wohl mit einer gestörten Signalübertragung zwischen den beiden Hemisphären zu tun.

Wer hat das Sagen?

Das Studium der beiden Gehirnhälften brachte bald eine gewisse Asymmetrie zutage, die man zur Erklärung der Links- oder Rechtshändigkeit

DR. JEKYLL UND MR. HYDE

In Robert Louis Stevensons Novelle *Der seltsame Fall des Dr. Jekyll und Mr. Hyde* (1886) geht der Autor der Möglichkeit einer doppelten Persönlichkeit nach. Während der respektable Henry Jekyll ein gütiger, moralischer und intelligenter Mann ist, ist sein Alter Ego Mr. Hyde ein grobschlächtiger, unmoralischer und brutaler Kerl, der nur seine eigenen Interessen verfolgt. Die Parallele zu Hollands Ideen liegt auf der Hand. Hyde benimmt sich wie ein Verrückter, und obwohl Jekyll ihn anfangs noch im Griff hat, übernimmt er mehr und mehr die Kontrolle, bis Jekyll ihn nicht mehr verdrängen kann.

benutzte. Mitte des 19. Jahrhunderts gelangten die französischen Physiologen Pierre Gratiolet und François Leuret zu der Auffassung, dass die linke Gehirnhälfte sich vor der rechten entwickelte und mehr wog. Daher nahmen sie an, dass sie sich als Erste herausbildete und dafür sorgte, dass die meisten Menschen rechtshändig sind.

Ende des 19. Jahrhunderts nahm man die Asymmetrie zwischen den Gehirnhälften gar als Fundament für den Anspruch weißer Europäer, die überlegene Rasse zu sein. Einige zweifelhafte Studien versuchten zu belegen, dass das Ausmaß an Symmetrie über Intelligenz und geistige Entwicklung entscheide. So hieß es, dass der Mensch zwar ein asymmetrisches Gehirn besitze, doch je weiter man in der Evolution zurückgehe zu den „weniger entwickelten“ Tieren, desto öfter stoße man auf ein symmetrisches Gehirn. „Unterlegene Rassen“ und Frauen hätten natürlich ebenfalls ein symmetrischeres Gehirn als erwachsene weiße Männer so wie Kinder ein symmetrischeres Gehirn hätten als Erwachsene. Der britische Arzt John Ogle schloss daraus, dass das symmetrische Gehirn des Kleinkindes durch Erziehung zunehmend asymmetrisch werde. (Ihm kam nicht in den Sinn, dass dies seine These von der Unterlegenheit der Frau unterminierte, da diese ja nicht dieselbe Erziehung genoss wie ein weißer Mann.)

Und so wurden wieder Schädel vermessen und Gehirne gewogen. Und tatsächlich war bei einigen die linke Hemisphäre ein wenig größer als die rechte.

Alles falsch?

Die Vorstellung, dass eine dominante und größere linke Gehirnhälfte Kennzeichen eines zivilisierten und gebildeten Menschen sei, hatte für die rechte Hemisphäre Folgen, denn daraus ging schließlich hervor, dass Menschen mit dominanter rechter Hirnhälfte ungebildete Idioten oder Wilde seien. So kam der französische Neuroanatom Jules Luys 1879 auf die Idee, dass bei Verrückten die rechte Hirnhälfte größer sei als die linke. In der rechten siedelte

Linkshänder zu sein wurde häufig zum Problem für die Betroffenen – völlig unnötigerweise.

er die niederen Instinkte an. In der Folge war allgemein anerkannt, dass die linke Hirnhälfte mit Moral und Intellekt zu tun habe, die rechte (bestenfalls) mit Melancholie und Zorn und (im schlimmsten Fall) mit völliger Amoralität einhergehe.

MEHR ALS BREIIGER MATSCH

Auch die Mikroskopie entwickelte sich weiter. Man nutzte zunehmend die Färbung von Präparaten oder die Injektion von Farbstoffen in Gefäße, um individuelle Zellstrukturen sichtbar zu machen. Und so stellten die Anatomen fest, dass der Kortex aus ganz unterschiedlichen Gewebearten bestand. Es wurden gut 200 strukturell verschiedene Regionen im Kortex gefunden. Die Entdeckung, dass das Gehirn keineswegs gleichförmig aufgebaut war, ließ es wahrscheinlich scheinen, dass diesen unterschiedlichen Strukturen ähnliche Funktionen entsprachen.

Manche Ärzte gingen davon aus, dass sich die Ungleichheit zwischen den Hirnhälften therapieren ließe. Charles-Édouard Brown-Séquard, ein Neurologe aus Mauritius, ließ Kinder die rechte und linke Hand gleichermaßen häufig benutzen, weil er glaubte, wenn die linke Körperseite öfter angesprochen werde, würde sich die rechte Gehirnhälfte moralisch und größenmäßig verbessern. Linkshändige Kinder zwang man, immer „schön" die rechte Hand zu benutzen. Der erste Ansatz wurde heftig kritisiert, z. B. von James Crichton-Browne, der meinte, man habe mit der Rechten die gesamte Zivilisation geschaffen und sei dabei immer gut gefahren. Der zweite Ansatz hingegen hielt sich bis weit ins 20. Jahrhundert, obwohl es schon 1912 wissenschaftliche Hinweise gab, dass die Umerziehung schädliche Auswirkungen hatte. Interessanterweise schlug 1906 J. Herbert Claiborne vor, bei Kindern mit Leseschwäche die Verwendung der linken Hand zu fördern, damit die rechte Gehirnhälfte jene lexikalischen Funktionen übernahm, mit der die linke offenkundig nicht fertig wurde.

Und so weiter und so fort

Nachdem klar war, dass zwischen den Hemisphären unterschieden werden musste und dass sich Gehirnfunktionen lokalisieren ließen, gab es zahllose Versuche, dies weiter voranzutreiben. Einen wichtigen Schritt auf dem Weg zum Verständnis des Gehirns stellten die Arbeiten des deutschen Neurologen Korbinian Brodmann (1868–1918) dar. Er untersuchte die Struktur des Hirngewebes und erstellte eine Karte mit 52 verschiedenen Bereichen, die man in elf Gewebetypen unterteilen konnte. Er untersuchte, welche Typen von Nervenzellen sich in den Geweben fanden und in welche einzelnen Schichten sie sich unterteilten. Dies nannte er „Cytoarchitektonische Gliederung". Neurologen nach ihm haben versucht, dieses System zu verbessern, aber die Brodmann-Areale sind bis heute für die Lokalisierung von Bedeutung. Spätere Studien ergaben, dass die einzelnen Funktionen durchaus auf verschiedene Areale verteilt sein konnten.

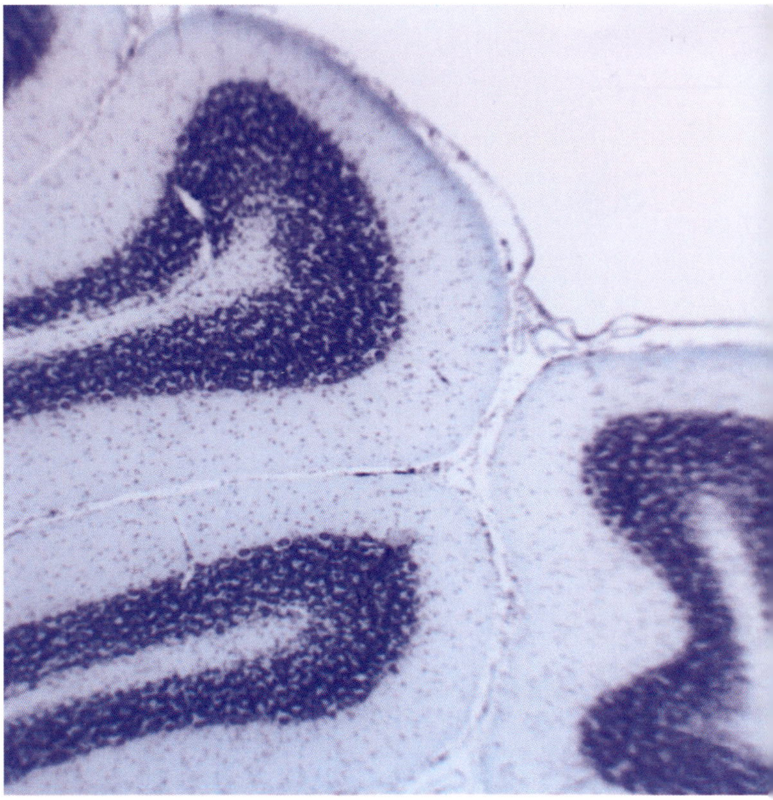

Die Nissl-Färbung im Kleinhirn einer Katze macht die Zellkörper der Neuronen klar erkennbar.

Das 19. Jahrhundert hatte auch Fortschritte gebracht, weil man Autopsien und das Studium von Fehlfunktionen heranzog, um die normale Gehirnfunktion zu erklären. Bevor es bildgebende Verfahren gab, musste man die Rückschlüsse darauf, was welche Gehirnregion tat, aus dem Ausfall oder der Verletzung dieser Region ableiten. Die Korrelation zwischen kognitiven und physischen Fehlfunktionen bot damals die einzige Möglichkeit, die Gehirnfunktion empirisch nachzuweisen. Das änderte sich erst im 20. Jahrhundert, als man mit neuer Technik neue „Karten" vom Gehirn erstellte (siehe Seite 158).

DAS FAULE GEHIRN?

Einer der weit verbreiteten Mythen über das Gehirn ist, dass wir nur 10 Prozent unserer Fähigkeiten nutzen. Woher diese Idee stammt, ist nicht klar. Sie taucht vom Beginn des 19. Jahrhunderts an immer wieder in Selbsthilfebüchern auf, meist um den „Betroffenen" irgendetwas zu verkaufen, was ihre Gehirnfunktionen optimieren soll. Doch diese Behauptung ist nichts weiter als ein Märchen. Untersuchungen mit modernen bildgebenden Verfahren haben ergeben, dass keine Gehirnregion je inaktiv bleibt, wenn sie entsprechenden Reizen ausgesetzt ist, nicht einmal im Schlaf. Gehirnschäden führen kurzfristig zu Funktionsausfällen, bis das Gehirn Wege gefunden hat, sie zu umgehen. Niemand würde schließlich auf 90 Prozent seines Gehirns verzichten, nur aufgrund der Annahme, er käme auch mit 10 Prozent zurecht. Und die Evolution würde uns sicher nicht erlauben, ein so energiebedürftiges Organ wie das Gehirn mitzuschleppen, wenn wir es nicht bräuchten: Das Gehirn macht nur 2 Prozent unseres Körpergewichts aus, doch es verbraucht 20 Prozent des von uns aufgenommenen Sauerstoffs. Irgendwas muss es doch mit all dem Sauerstoff anstellen!

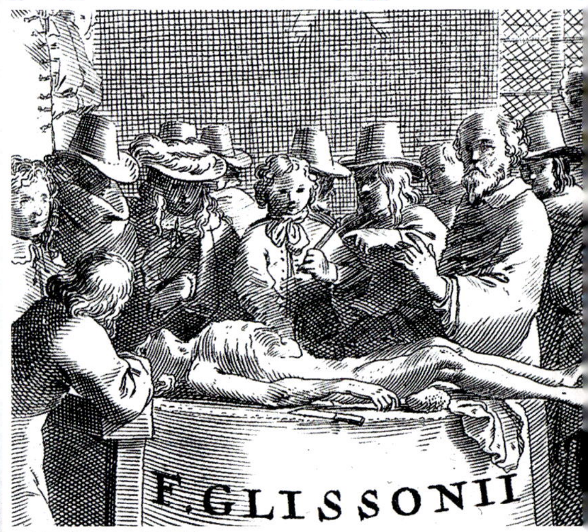
F.GLISSONII

KAPITEL 4

EIN NERVENBÜNDEL?

Wenn diese Substanz [der Nerven] überall ist und an vielen Stellen wie Fasern erscheint, dann musst du doch zugeben, dass diese Fasern höchst kunstvoll angeordnet sind, denn von ihnen hängt der ganze Facettenreichtum unserer Sinnesempfindungen und Bewegungen ab.

Nicolaus Steno, 1668

Selbst Galen war klar, dass die Nerven Informationen ins Gehirn leiteten und von ihm fort. Wie dies aber vor sich ging, war nicht so leicht festzustellen. Aus diesem Grund war es für unsere Vorfahren keineswegs klar, dass all diese Aufgaben unser Gehirn übernimmt.

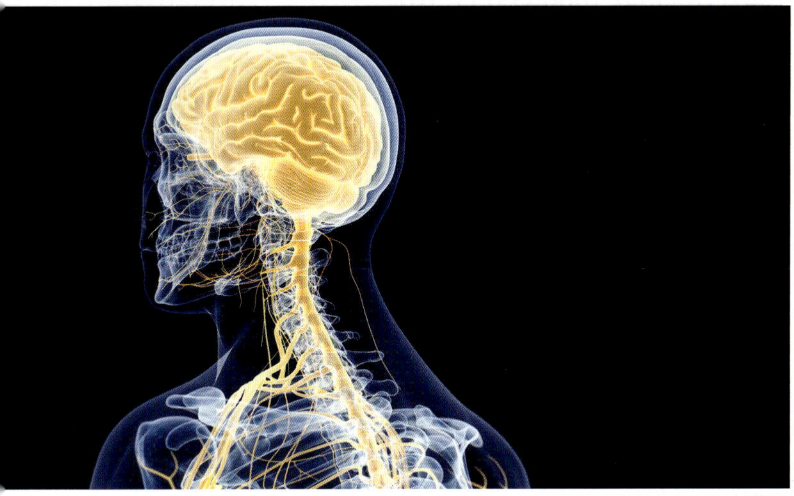

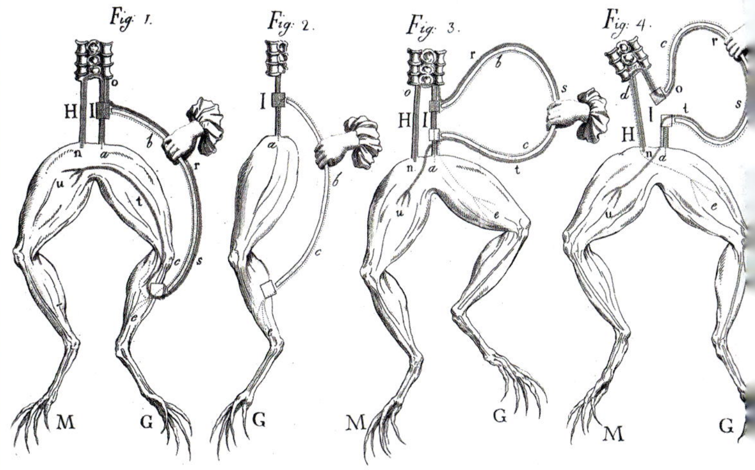

EIN NERVENBÜNDEL?

Ein Kommunikations-netzwerk

Wenn das Gehirn den Körper steuert und Informationen von den Sinnesorganen aufnimmt, muss es einen Weg geben, wie es mit dem Rest des Körpers (und mit sich selbst) kommuniziert. Dies ermöglicht das Netzwerk der Nerven, das Gehirn und Rückenmark mit allen Körperteilen verbindet. Die Nerven im Körper – das periphere Nervensystem (PNS) – sind leichter zu untersuchen als die Verbindungen innerhalb des Gehirns. Wenn man sie sorgfältig präpariert, zeigt sich schnell, dass es sich um große Bündel von Nervenfasern handelt, die man selbst mit bloßem Auge erkennen kann.

Auf der Suche nach den Nerven

Herophilos entdeckte die peripheren Nerven im 3. Jahrhundert v. Chr., Galen war es dann, der im 2. Jahrhundert n. Chr. zwischen sensorischen und motorischen Nerven unterschied. Er hielt das Rückenmark für eine Verlängerung des Gehirns und beschrieb, wie die Nerven von ihm ausgingen und sich in die Gliedmaßen erstreckten. Dort nahmen sie entweder Sinnesreize auf oder sie übermittelten den Willen des Gehirns an die Muskeln.

Galen aber glaubte fälschlicherweise, dass die Nerven hohl seien. Dies war nicht das Resultat einer Beobachtung. Galen ging vielmehr davon aus, dass die Nervenbahnen den *spiritus animalis* weiterleiteten. Also konnten sie nur hohl sein. In seinen Augen war das Gehirn eine Pumpe, die das Pneuma durch die Ventrikel vom Vorderhirn in den hinteren Teil des Gehirns und weiter in die Muskeln pumpte. Das erklärte auch die Geschwindigkeit, mit der

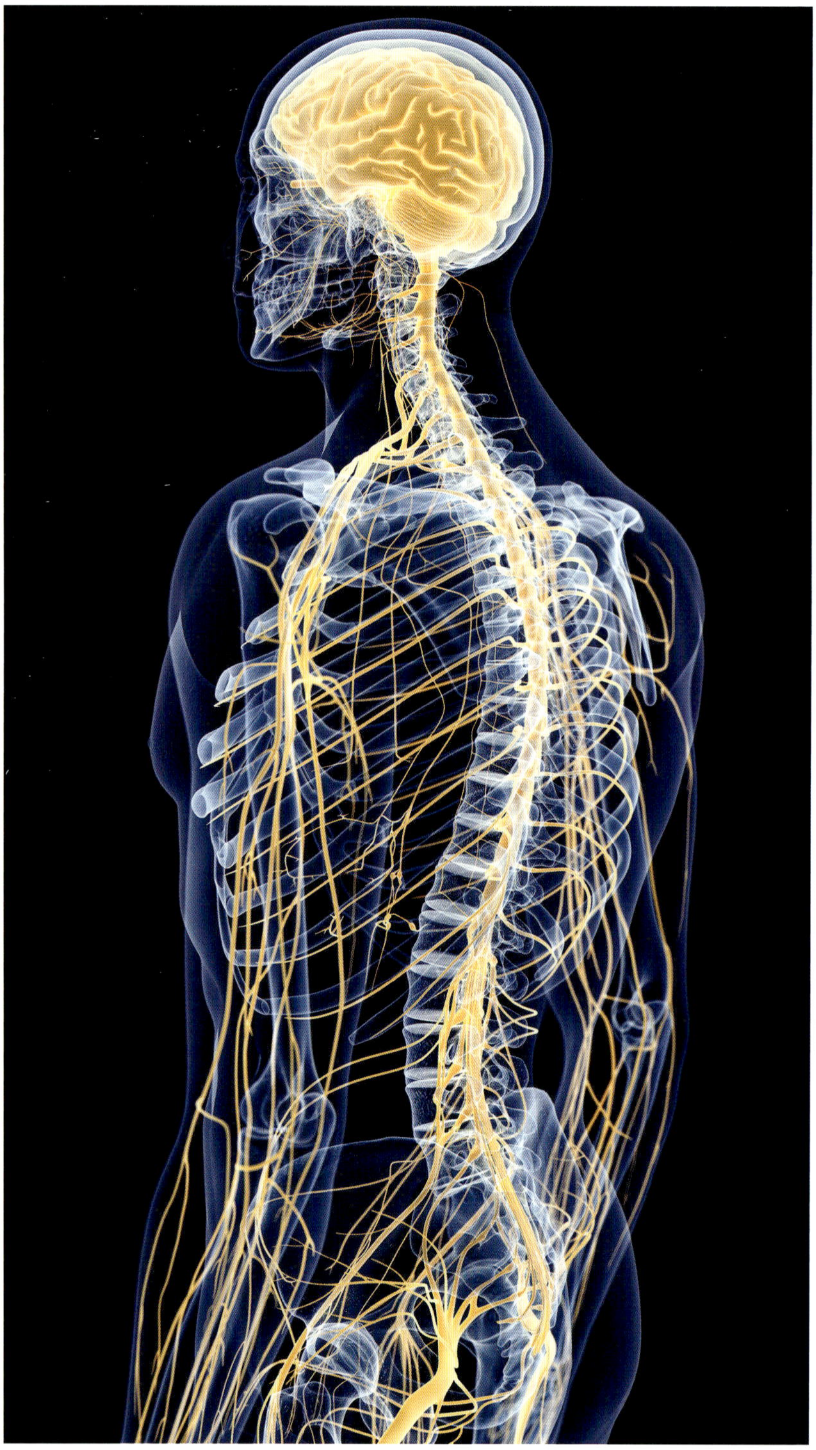

Nervenbahnen treten aus dem Rückenmark aus und regen alle Körperteile an. Dieses Netzwerk ist das Periphere Nervensystem (PNS).

VON DER ABSICHT ZUR BEWEGUNG

Moderne wissenschaftliche Untersuchungen beweisen, dass zwischen Absicht und Bewegung keinerlei Zeit vergeht. Tatsächlich scheint sich die Absicht manchmal erst nach der Bewegung zu bilden. MRT-Aufnahmen zeigen, dass das Gehirn die Bewegung schon auslöst, bevor der Betroffene überhaupt merkt, dass er sich für diese Bewegung entschieden hat (siehe Seiten 176–179).

die Nerven den Willen weiterleiteten. Es schien ja nicht die kleinste Zeitspanne zwischen einer Absicht und deren Ausführung zu liegen.

Galen bemühte sich immer wieder, die Kanäle in den motorischen Nerven zu finden – ohne Erfolg. Der einzige Hohlnerv, den Galen je fand, war der Sehnerv eines Ochsen. Und doch sollte seine Vorstellung von den Hohlnerven, in denen das Pneuma floss, die wissenschaftliche Welt gut 1500 Jahre lang prägen – ohne jeden klaren Beweis.

Beeindruckbarer Geist, Nerven aus Stahl

Galen ging auch davon aus, dass sensorische und motorische Nervenfasern unterschiedlich aufgebaut sind, da sich ihre Funktion in ihrer Struktur spiegle. Motorische Nerven seien viel härter, da sie die Willenskraft vom Gehirn in die Muskeln transportierten. Sie mussten schließlich einigem Druck standhalten, wenn das Gehirn durch Kontraktion das Pneuma durch sie hindurchpumpte. Wer den stärksten Willen hat, hat auch die härtesten Nerven („aus Stahl“?). Seiner Ansicht nach entsprangen die motorischen Nervenbahnen im hinteren Teil des Gehirns und traten dann aus dem Rückenmark aus.

Die sensorischen Nerven hingegen seien angeblich weich wie Wachs, da sie die flüchtigen Eindrücke der Sinnesorgane transportierten. Diese Eindrücke würden vom Sinnesorgan erstellt und dann zum Vorderhirn weitergeleitet. Die Eindrücke aller fünf Sinne würden sodann vom *sensus communis* verarbeitet, dem „zentralen Verstand“. Dieser schaffe dann eine Wahrnehmung des Objekts. Galen war sicher, dass die Wahrnehmung nicht im Sinnesorgan selbst stattfand. Er wusste aus Erfahrung, dass Gehirnschäden die Wahrnehmung unmöglich machten, auch wenn das Sinnesorgan selbst nicht verletzt war.

Spezielle Nerven für spezielle Aufgaben

Galens Modell behauptete sich in Europa unangefochten bis zum Mittelalter. Auch wenn Beobachtung und Obduktion mitunter als Mittel der Erkenntnis eingesetzt wurden, änderten sie nichts am gültigen Modell. Der Arzt und Philosoph Avicenna beschrieb zu Beginn des 11. Jahrhunderts die Nerven so: eine „weiße, weiche, biegsame Masse, die man nur schwer zerreißen kann“. Er versuchte, ihre Wege durch den Körper nachzuzeichnen und ihre Funktionen herauszufinden. Doch da er wie Aristoteles das Herz als Sitz des Kontrollzentrums sah, ging er von falschen Grundannahmen aus.

Meister Nikolaus hinterließ in seiner etwa um 1150 verfassten anatomischen Abhandlung eine Zusammenfassung der Vorstellungen jener Zeit. Auch sie nimmt das Galen’sche Modell zum Vorbild.

Er beschreibt, wie die Sinnesnerven in der *cellula phantastica* im Vorderhirn entspringen, die motorischen Nerven hingegen hätten ihre Wurzeln in der *cellula memorialis* im hinteren Teil des Gehirns. Dabei ging er davon aus, dass es fünf verschiedene Arten von Nerven gebe, je nach den Sinneseindrücken, die sie transportieren. Dies wurde später zum Gegenstand heftiger Debatten: Waren alle Nerven im Wesentlichen gleich und konnten sie dann verschiedene Arten von Information (oder Geist) leiten? Oder sind sie verschieden, spezialisiert auf das, was sie weitergeben? Könnte vielleicht gar die „Information“ dieselbe sein und das Gehirn sortiere sie je nach Quelle?

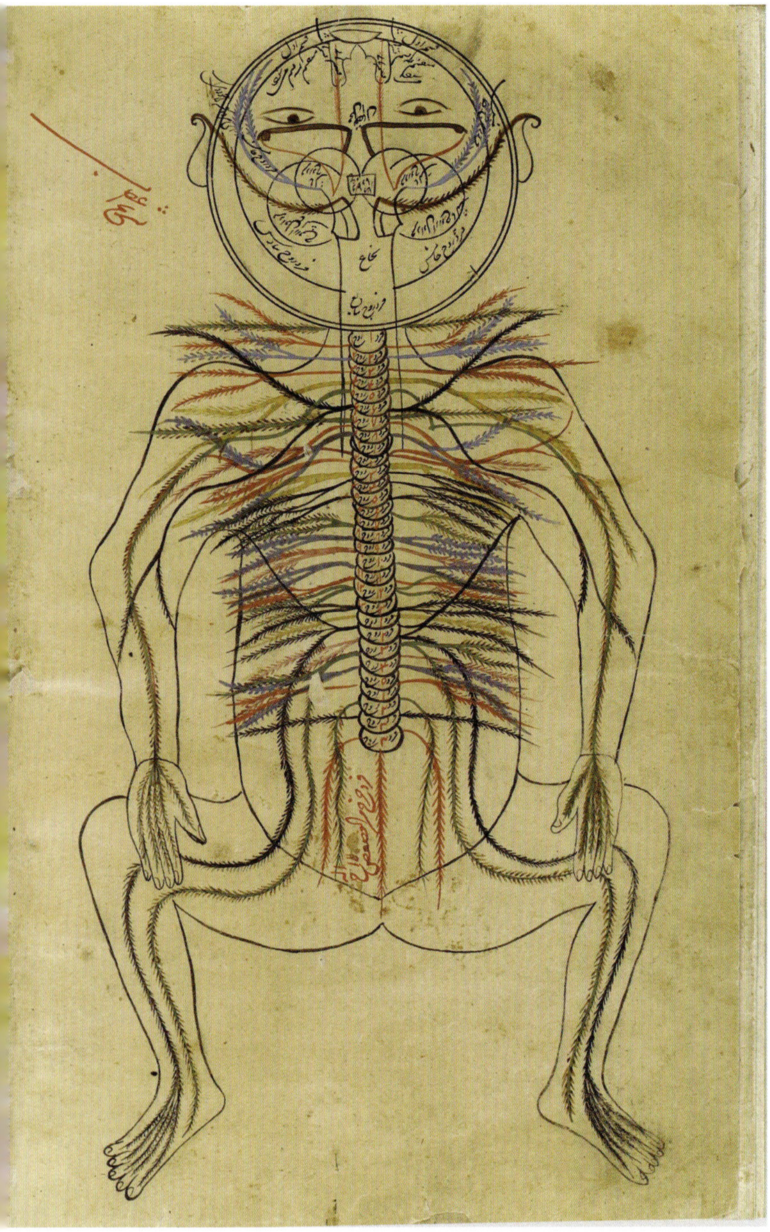

Illustration des Nervensystems in einer Abhandlung von Avicennas.

> *Die Nerven sind der Pfad der Sinne und sie verteilen sich über den Körper wie die Wurzeln und Äste eines Baumes.*
>
> **Alessandro Benedetti,** *1497*

Meister Nikolaus war sich im Klaren, dass die Nervenbahnen sich überkreuzen, sodass die auf der linken Seite des Gehirns entspringenden Nerven die rechte Körperseite anregten und umgekehrt. Er beschrieb zwei Nerven, die in der *cellula phantastica* ihren Ursprung hatten, dann zum Vorderhirn weiterliefen, wo sie sich mit demselben Nerv aus der linken Hälfte des Gehirns kreuzen. Dieser verlief sodann zum rechten Auge, während der rechtsstämmige Nerv zum linken Auge führte. Eine ähnliche Paarung existiere für die Ohren. (Er glaubte, die Nerven entsprängen in den Ventrikeln. Daher wusste er nicht, dass die linke Gehirnhälfte die rechte Körperhälfte steuert und umgekehrt.) Außerdem beschrieb Meister Nikolaus die Verzweigung der Nervenfasern. So laufe ein dicker Nervenstrang zu den Armen bzw. Beinen, dort aber verzweige er sich in immer kleinere Verästelungen bis in die Finger und Zehen.

Die motorischen Nerven, so Meister Nikolaus, dienten hauptsächlich dazu, den Körper zu bewegen. Ein gewisser Teil von ihnen habe allerdings mit der Sinneswahrnehmung durch die Haut zu tun. Auch hier stellte er eine Überkreuzung fest. Die Nerven mündeten auf der ihrem Ursprung gegenüberliegenden Körperseite. Seiner Ansicht nach gab es Nerven, die ihren Ursprung im Nackenbereich hatten und andere, die im Rückenmark wurzelten. Meister Nikolaus beschrieb auch, welche Körperteile sie versorgten. Die Nerven waren zwar seiner Auffassung nach nicht für das Sprachvermögen verantwortlich, doch sie wurden gebraucht, um jene Töne zu erzeugen, aus denen sich die Sprache aufbaut. Er glaubte, dass ein Nervenpaar im sechsten Rückenwirbel entsprang, durch die Lunge hindurchführe und sich dann zur Zunge aufschwang. Seien diese Nerven zu kurz geraten, könne die Person kein „r" aussprechen. Seien sie zu lang, würde sie lispeln. Das ist vermutlich das erste Mal, dass jemand die angeborene Beschaffenheit von Nerven für eine körperliche Fehlfunktion verantwortlich machte.

In den Jahrhunderten nach Meister Nikolaus wurde Galens Erbe zunehmend infrage gestellt. Obwohl man noch lange Zeit die Resultate von Obduktionen vor dem Hintergrund des Galen'schen Bildes der Nerven zu interpretieren versuchte, ließ sich dieses irgendwann nicht mehr aufrechterhalten.

Gedankenkanäle

Wie Informationen ins Gehirn gelangten oder Intentionen an den Körper übermittelt wurden, war nicht leicht festzustellen. Anders als das Blut, dessen Weg durch den Körper sich verfolgen lässt, haben die Nerven kein Trägermedium. Die Vorstellung, Nerven seien nur Kanäle für den Geist *(spiritus)*, hielt sich so lange, weil es keinen Grund gab, sie für unwahr zu halten. Wenn man den Körper aufschneidet, sieht man nichts, was etwa durch die Nerven hindurchginge. Aber der Geist war ja schließlich auch unsichtbar. Dass es keinen sichtbaren Kanal gab, war ein großes Hindernis, aber kein unüberwindbares. Denn was in den Nerven transportiert wurde, hielt man einfach für zu feinstofflich, als dass es mit den Augen erfasst werden konnte.

Der erfolgreiche Anatom Andreas Vesalius war der Erste, der im 16. Jahrhundert Galen offen infrage stellte.

Hohl oder nicht hohl?

Galen nahm an, dass die Nerven hohl seien, denn sonst wäre ja kein Platz für den *spiritus animalis*. Dies ist ein schönes Beispiel dafür, wie theoretische Annahmen ein Modell bestimmten, das vom Augenschein nicht bestätigt werden kann. 1520 beschrieb der italienische Arzt Alessandro Achillini die Nerven wie folgt: „Sie sind leicht, damit sie den Geist in sich halten können, und dünn, damit er schnell und leicht durch sie hindurchfließen kann. Und sie sind biegsam, damit sie in die Gliedmaßen vordringen können." Er sagt nicht explizit, dass sie hohl sind, aber er greift diese Sicht auch nicht an.

Schließlich aber brachen andere Zeiten an. Andreas Vesalius (siehe Seite 25f.) ist ein Meister der Beobachtung, was er bei zahllosen Obduktionen unter Beweis stellt. Er widersprach Galens Auffassung von den Nerven in seiner Abhandlung *De humani corporis fabrica* von 1543: „Ich habe nie einen Kanal gesehen, nicht einmal im optischen Nerv." Des Weiteren gab er an, dass es das *rete mirabile*, das Netzwerk von Blutgefäßen um den Hirnstamm, das Galen beschrieb, beim Menschen nicht gibt und dass auch die Ventrikel nicht Galens Beschreibung entsprechen. Im folgenden Jahrhundert schreibt John Moir, ein Medizinstudent an der Universität Edinburgh, dass „die Nerven keine wahrnehmbare innere Höhlung aufweisen, wie es die Venen und Arterien tun."

Doch trotz dieser Erkenntnis blieb die Idee von „hohlen" Nerven noch eine ganze Weile lebendig. Vielleicht auch, weil niemand ein glaubhaftes Gegenmodell aufstellte. Wenn die Nerven kein *pneuma psychikon* bzw. keinen *spiritus animalis* transportierten, was taten sie dann? Wie bewegten sie die Muskeln? Wie leiteten sie Sinneseindrücke weiter? Es ist schwierig, sein angebliches Wissen gegen offenkundiges Unwissen einzutauschen.

Vom Automaten zum Ballon

Wie wir gesehen haben, hielt Descartes den menschlichen Körper für einen mechanischen Automaten. Er hielt Galens Vorstellung von den Hohlnerven für richtig und wandte daher die Prinzipien der Hydraulik, die er in Versailles hatte beobachten können, auf die Nerven an:

„Wenn diese Geister in die Hohlräume des Gehirns eintreten, werden sie von dort in die Poren seiner Substanz geleitet. Von dort aus gelangen sie weiter in die Nerven, die sie durch diese und jene Poren abfließen lassen, sodass sie die Form

> *[Die Aussagen] jener Leute, die nie die Struktur des Körpers untersucht haben, der das Werk des Schöpfergottes aller Dinge ist, die sich Meinungen aus allen möglichen Ecken anmaßen, sind nichts weiter als Hirngespinste, vermischt mit Gottlosigkeit.*
>
> **Andreas Vesalius**, *1543*

der Muskeln ändern, in denen der entsprechende Nerv eingebettet ist. Auf diese Weise verursachen sie Bewegungen in allen Körperteilen. So wie man die Wasserkraft beobachten kann, die allein die verschiedenen Maschinen in den Grotten und Brunnen der Gärten unseres Königs antreibt, je nachdem, wie die Rohre ausgelegt sind, die eben dieses Wasser führen.“

Descartes ersetzte den *spiritus animalis* Galens mit einer Flüssigkeit, die den Gesetzen aller Flüssigkeiten unterworfen ist. Galen hatte die Natur der verschiedenen Pneumata ja nie erklärt – sie waren mehr eine Idee als eine tatsächliche Gegebenheit. So hielt man sie beispielsweise für masselos. Descartes hingegen stellte sich klar eine materielle Substanz vor, die Masse und Volumen besaß, eine Flüssigkeit oder vielleicht einen „Wind“ bzw. eine „feine Flamme“. Was auch immer, es folgte auf jeden Fall den Gesetzen der Hydraulik. Descartes ging davon aus, dass die motorischen Nerven diese Flüssigkeit in die Muskeln leiteten, die dementsprechend ihr Volumen vergrößerten und so die Bewegung auslösten. Wie er auf die Idee kam, ist leicht nachzuvollziehen: Wenn Sie Ihren Arm anspannen, sehen Sie, wie der Bizeps größer wird. Der kontrahierende Muskel legt an Volumen zu.

Descartes gab auch als Erster eine mögliche Erklärung für Reflexe: Ein Reiz löse das Anziehen eines winzigen Fadens aus, der im Gehirn einen Kanal eröffne. Von dort aus ergieße sich dann Flüssigkeit in die Nerven und weiter in die Muskeln, sodass der Körper sich instinktiv vom Reiz

> *Wenn Feuer A nah am Fuß B ist, haben die winzigen Teile dieses Feuers, die – wie Sie wissen – sich sehr schnell bewegen können, die Kraft, einen Teil der Haut am entsprechenden Fuß zu bewegen. Auf diese Weise ziehen sie einen kleinen Faden C, der – wie Sie sehen können – damit verbunden ist. Damit wird der Eingang zu den Poren d, e geöffnet, in die der Faden mündet […] So wird der Eingang zu Pore d, e geöffnet, und der* spiritus animalis *in der Höhlung F gelangt zum Faden und wird von dort in die Muskeln weitergeleitet, die dazu benutzt werden, den Fuß vom Feuer wegzubewegen.*
>
> **René Descartes**

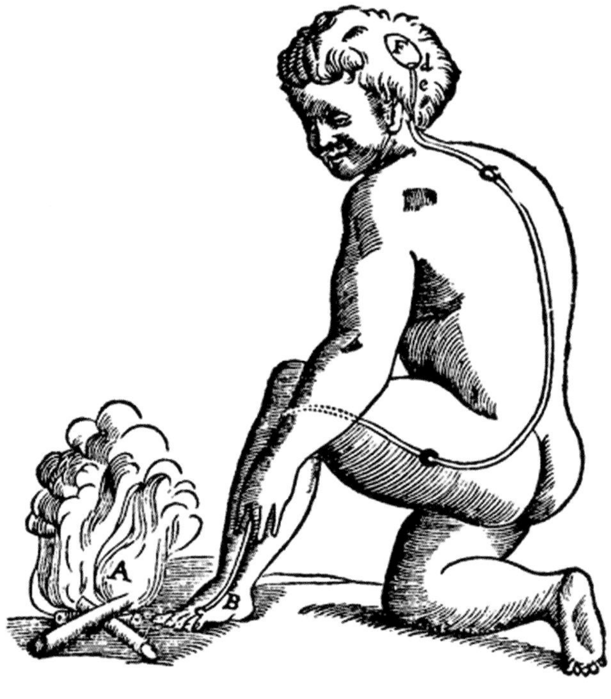

wegbewege. Der gesamte Vorgang ist in seinen Augen ein rein mechanischer. Geist oder Seele (Descartes' *res cogitans*) hatten damit nichts zu tun. Das ist eine durchaus schlüssige Beschreibung, die den Reflexbogen vorwegnimmt (siehe Seite 79). Obwohl Descartes' Beschreibung an sich falsch ist, versuchte er doch zumindest, für diesen automatischen Vorgang, der ohne Willensbeteiligung abläuft, eine Erklärung zu finden. Und das war für die Neurowissenschaft ein großer Schritt nach vorne.

Thomas Willis war für die Neurowissenschaften allerdings wichtiger als Descartes, der letztlich ja eher Philosoph als Anatom oder Physiologe war. Als Willis' Buch *Cerebri Anatome* (Anatomie des Gehirns) ins Englische übersetzt wurde, fiel dabei zum ersten Mal der Begriff „Neurologie". Obwohl Willis allerhand Entdeckungen machte und eingestand, er habe keine Belege für die „Hohlnerven" gefunden, stellte auch er sie sich vor wie „indisches Rohr", also Bambus. Sein Erklärungsmodell, wie die Nerven motorische Bewegungen auslösten, war etwas komplexer als das von Descartes. Er meinte, der *spiritus animalis* fließe in den Muskel und reagiere dort mit dem *spiritus vitalis*, um Luft hervorzubringen. Diese blase sodann den Muskel auf und verursache die Bewegung. Diese Idee wurde als „Ballontheorie" bekannt.

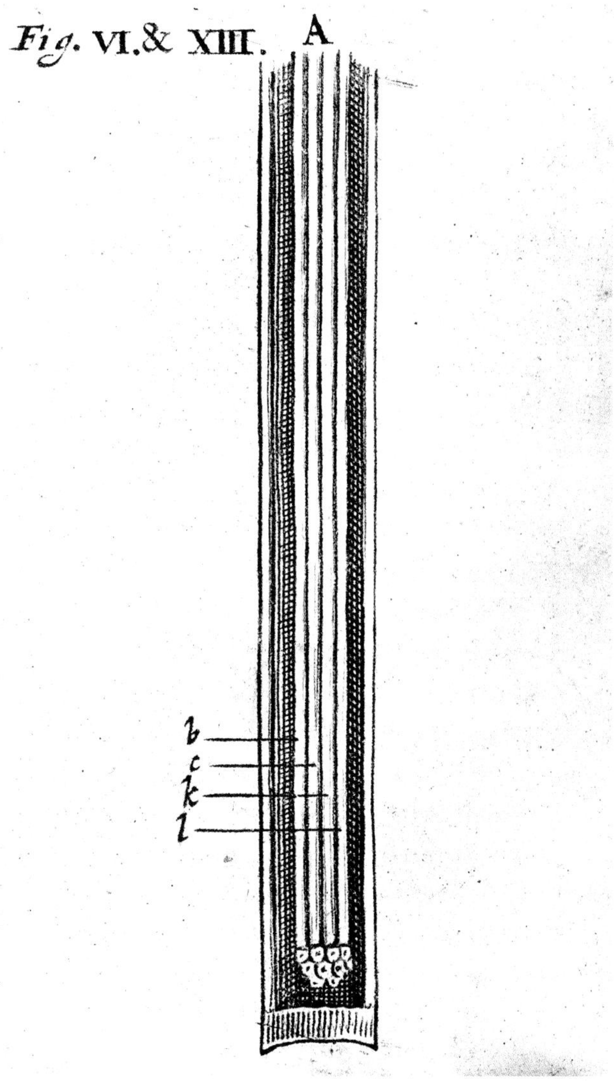

Descartes' Vorstellung vom Nerv.

Keine Löcher, kein Geist

Nur wenige Jahre nach Descartes wurden die Theorien vom Geist und vom Ballon durch ein einfaches Experiment widerlegt.

1662 sezierte Jan Swammerdam (siehe Seite 25) einen Hund. Wann immer er mit dem Skalpell einen Nerv berührte, zog sich der damit verbundene Muskel zusammen. Der Muskel stand nicht mit dem Gehirn in Verbindung, er konnte also keinesfalls irgendeinen *spiritus animalis* von dort empfangen. Er entwarf eine Versuchsanordnung, die bewies, dass Descartes falschgelegen hatte.

> *Die Nerven sind nichts weiter als Produkte der schleimigen Marksubstanz des Gehirns, durch die die animalischen Geister ausstrahlen und nicht fließen. Diese Substanz ist für Strahlen empfänglicher, als eine Höhlung es wäre, die unsere Bewegungen und Empfindungen viel unvermittelter, spektakulärer, gewaltsamer und störungsanfälliger machen würde. In Wirklichkeit empfangen die Gliedmaßen eine sanfte und stetige Erhellung, was besser zur Steuerung durch unseren Willen und zur Regulierung durch unsere Vernunft passt.*
>
> **Helkiah Crooke,**
> *Microcosmographia, 1631*

Swammerdam beschloss, die Volumenzunahme im betroffenen Muskel zu messen. Er präparierte das Herz eines Froschs aus dem Tier heraus und gab dieses mit Wasser in eine Spritze, in der am Ende auch eine Luftblase enthalten war. Da das Froschherz noch kurz weiterschlug, konnte er beobachten, wie die Luftblase sich bewegte. Also veränderte sich das Volumen des Muskels tatsächlich. Doch Descartes lag insofern falsch, als die Luftblase bei Kontraktion des Herzens nach unten wanderte. Das hieß, dass das Volumen bei Kontraktion abnahm.

Swammerdam versuchte es noch einmal mit einer anderen Technik. Diesmal legte er den Oberschenkelmuskel eines Frosches mit dessen Nerv offen und führte ihn in eine Spritze ein, wobei der Nerv durch eine Öffnung heraussah. Swammerdam wusste, dass er den Muskel mit einem metallischen Instrument an der Nervenfaser reizen konnte. Diesmal aber schien sich die Luftblase nicht zu bewegen. Wir würden das für normal halten, denn ein Muskel ändert sein Volumen ja nicht, wenn er gereizt wird. Swammerdam allerdings erwartete etwas anderes. Und so erklärte er das Resultat als nonexistent: „Dieses Experiment ist sehr schwierig durchzuführen. Es kennt so viele Voraussetzungen, die genau eingehalten werden müssen, sodass es sehr mühselig ist.“ Außerdem könne sich ein Muskel seiner Ansicht nach außerhalb des Körpers nicht normal verhalten.

Letztlich aber ließ sich das Resultat nicht einfach von der Hand weisen. Swammerdam hatte bewiesen, dass Muskeln sich nach „Irritation“ – durch einen einfachen äußeren Reiz – zusammenziehen. Mit einem *spiritus animalis*, der angeblich durch die Nerven floss, hatte das Ganze nichts zu tun. Seine Resultate hatten aber noch weiterreichende Konsequenzen. Immerhin hatte er gezeigt, dass man einen Teil des Organismus isolieren und aus dessen Untersuchung Rückschlüsse auf das Ganze ziehen konnte. Indem er zeigen konnte, dass Verhaltensweisen eine Reaktion auf einen Reiz sind, prägte er spätere Theorien des Lernens, von Pawlows Arbeiten über Konditionierung bis zu den Behavioristen.

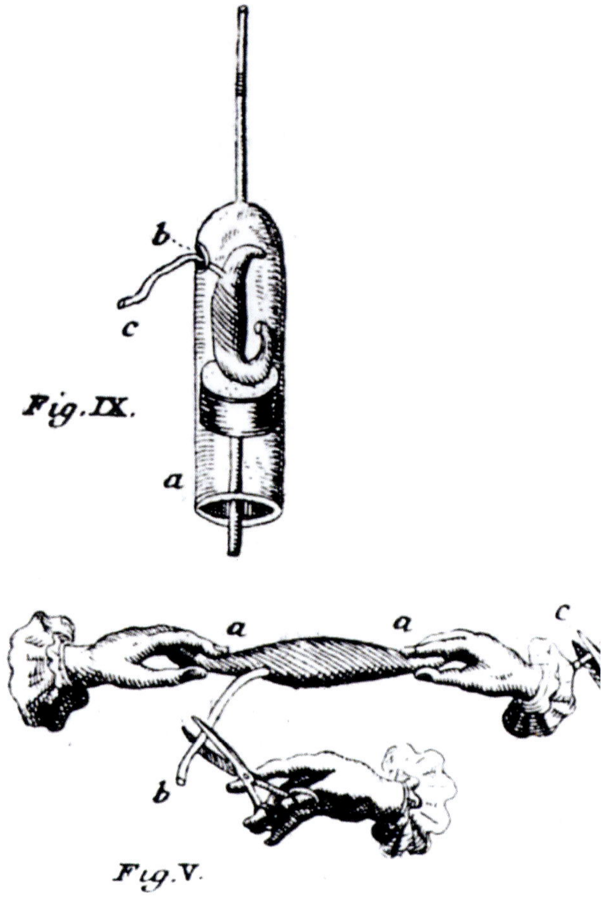

Swammerdam beschrieb ein Experiment, bei dem er einen Froschmuskel so stimulierte, dass dieser sich zusammenzog: „Wenn Sie jede Sehne (a/a) mit der Hand halten, und den herunterhängenden Nerv (b) mit einer Schere oder einem anderen Instrument reizen, dann gewinnt der Muskel seine Beweglichkeit zurück, die er verloren hatte. Sie werden sehen, dass er sich kontrahiert und die Hände, die ihn halten, zusammenzieht.“

GEIST, FLUIDUM ODER LUFT?

Galen ließ sich über das Pneuma bzw. den *spiritus animalis* in den Nerven nicht näher aus, aber man stellte sich dieses mit einiger Sicherheit als materielle Substanz, wenn auch von sehr feiner Beschaffenheit, vor. Für die frühen christlichen Denker hingegen war der Geist immateriell, eher eine Art Äther. Malpighis Beobachtung von „Kügelchen“ ließ die Idee von einem drüsigen Gehirn aufkommen, weshalb man den „Geist“ als flüssig ansah. Dieser sollte aus dem Blut destilliert werden, was angeblich zunächst Äther ergab, dann Nitro-Äther und dann den *spiritus animalis*. (Die Chemie war damals noch nicht weit genug entwickelt, um hier Sinnvolles beizutragen.) Erstaunlicherweise ging man zwar davon aus, dass dieser „animalische Geist“ in den Ventrikeln sitze. Trotzdem wurde die Flüssigkeit, die sie füllte, der Liquor, erst im 18. Jahrhundert untersucht.

DAS BEWEGLICHE GEHIRN

Wenn das Geist- oder Nervenfluidum in den Nerven fließt, dann muss es etwas geben, was es bewegt. Galen behauptete, das Gehirn ziehe sich aktiv zusammen, um den *spiritus* in die hohlen Nerven zu pumpen. Diese Bewegung wurde im 16. Jahrhundert unter Anatomen heftig diskutiert. Einige hielten sie für richtig und meinten, das Gehirn pulsiere, um den Geist anzutreiben. Andere gingen davon aus, dass die *dura mater* (die härteste der Hirnhäute) sich verengt, um den Geist in Bewegung zu versetzen. Andere meinten, wenn sich eine Bewegung im Gehirn beobachten ließe, dann ginge diese vom Blutfluss durch die Arterien aus. Einige der Anatomen glaubten gar, die Bewegung des Gehirns werde vom Mond gesteuert. Erst Thomas Reid konnte 1785 nachweisen, dass das Gehirn sich nicht autonom bewegt.

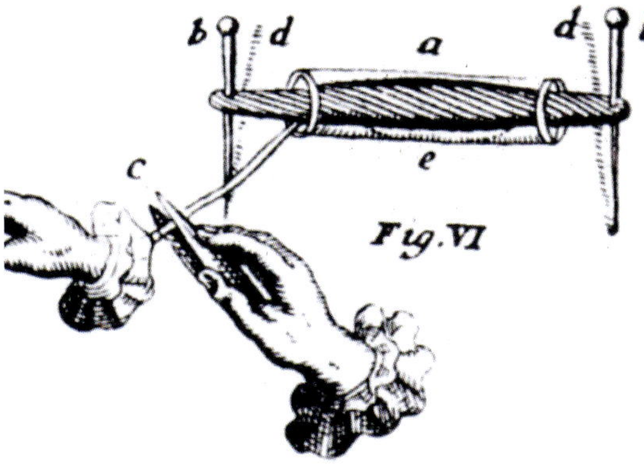

Swammerdam: „Wer genau beobachten will, bis zu welchem Ausmaß der Muskel sich bei der Kontraktion verdickt und wie weit die Sehnenansätze sich aufeinander zubewegen, der muss den Muskel in ein Glasröhrchen (a) geben, und zwei feine Nadeln (b, b) durch die Sehnenansätze stechen, und zwar genau dort, wo die Sehne vorher von den Fingern gehalten wurden, und diesen Punkt dann anzeichnen."

Swammerdams Resultate wurden durch weitere Experimente bestätigt. Der Physiologe Francis Glisson (ca. 1599–1677) bewies, dass ein Muskel, der unter Wasser kontrahiert, das Wasservolumen nicht zum Ansteigen bringt. Das zeigte einmal mehr, dass der Muskel nicht an Volumen zunahm. Giovanni Borelli (1608–1679), der Vater der Biomechanik, belegte dies durch ein Experiment: Er schlitzte den Muskel eines lebenden Tieres unter Wasser auf. Wäre er mit gasförmigem *spiritus animalis* gefüllt gewesen, hätten sich Luftbläschen gezeigt.

Ende des 17. Jahrhunderts war endgültig nachgewiesen, dass Nerven nicht hohl sind und dass sie keinen wie auch immer gearteten Geist in Form einer Flüssigkeit transportierten. Bessere Mikroskope belegten das Fehlen von Hohlräumen in Nervenfasern. Der holländische Naturforscher Antoni van Leeuwenhoek präparierte 1674 den Sehnerv eines Ochsen. Er berichtete: „Schravesande erwähnte mir gegenüber, dass es seit unvordenklicher Zeit eine Kontroverse unter den Gelehrten gebe, ob der Sehnerv etwa hohl wäre … Daraufhin dachte ich, ich könnte diese Höhlung entdecken … Ich untersuchte eingehend drei Sehnerven von Kühen, konnte aber keine Höhlung finden." Wie also arbeitete ein Nerv?

IRRITABILITÄT UND SENSIBILITÄT

Bevor wir uns nun anderen Erklärungsmustern für die Informationsweiterleitung im Nerv zuwenden, wollen wir uns noch kurz mit dem Begriff der „Irritation" befassen, den Swammerdam verwendete. Denn das Prinzip der Irritation – was hier nur eine einfache Stimulation meint – und der Empfänglichkeit für diese wurde zum wichtigen Merkmal, wonach man zwischen motorischen und sensorischen Fasern unterschied.

Francis Glisson, der zeigte, dass das Volumen des Muskels sich bei Reizung am Nerv nicht ändert, prägte die Begriffe „Irritabilität" und „Sensibilität". Das Phänomen der Irritabilität ist nicht auf Nerven

> *Aus diesen Experimenten geht meiner Ansicht nach klar hervor, dass nur eine einfache, natürliche Bewegung oder Reizung des Nervs nötig ist, um muskuläre Bewegung zu verursachen, ob diese ihren Ursprung nun im Gehirn, im Rückenmark oder sonstwo hat.*
>
> **Jan Swammerdam**

beschränkt, sondern lässt sich im gesamten Körper und in allen Gewebearten feststellen. Irritabilität meint letztlich nur die Fähigkeit, auf einen Reiz *(stimulus)* zu reagieren.

Glisson unterteilte den Prozess der Reizung in drei Phasen: Wahrnehmung – die Faser registriert den *stimulus*; Appetit – die Faser „will" auf den Reiz reagieren; Ausführung – die Faser reagiert dem Reiz entsprechend. Des Weiteren unterteilte er Reiz und Reaktion in drei verschiedene Kategorien, je nachdem, wie bewusst wir uns des Geschehens sind.

Vielfach merkt der Körper nämlich gar nicht, dass er auf einen Reiz reagiert. Bei der Verdauung zum Beispiel reagiert der Verdauungstrakt automatisch und korrekt: Er transportiert die Nahrung durch den Körper und sorgt für die Aufnahme der Nährstoffe. Dies nannte Glisson die „natürliche Wahrnehmung". Hier werden Wahrnehmung und Reaktion lokal gesteuert, von den betroffenen Organen bzw. Geweben. Bei der sinnlichen Wahrnehmung hingegen sei das Gehirn beteiligt, was eine Kommunikation zwischen diesem und dem Körper via Nervensystem voraussetzt. Trotzdem handle es sich dabei nicht um eine bewusste Reaktion. Auf der höchsten Stufe, der der „animalischen Wahrnehmung", sind Bewusstsein und Wille beteiligt. Auf diese Weise unterschied Glisson erstmals zwischen dem somatischen Nervensystem, das mit willensmäßiger Bewegung befasst ist; und dem autonomen Nervensystem, das Reaktionen wie Atmung und Herzfrequenz steuert.

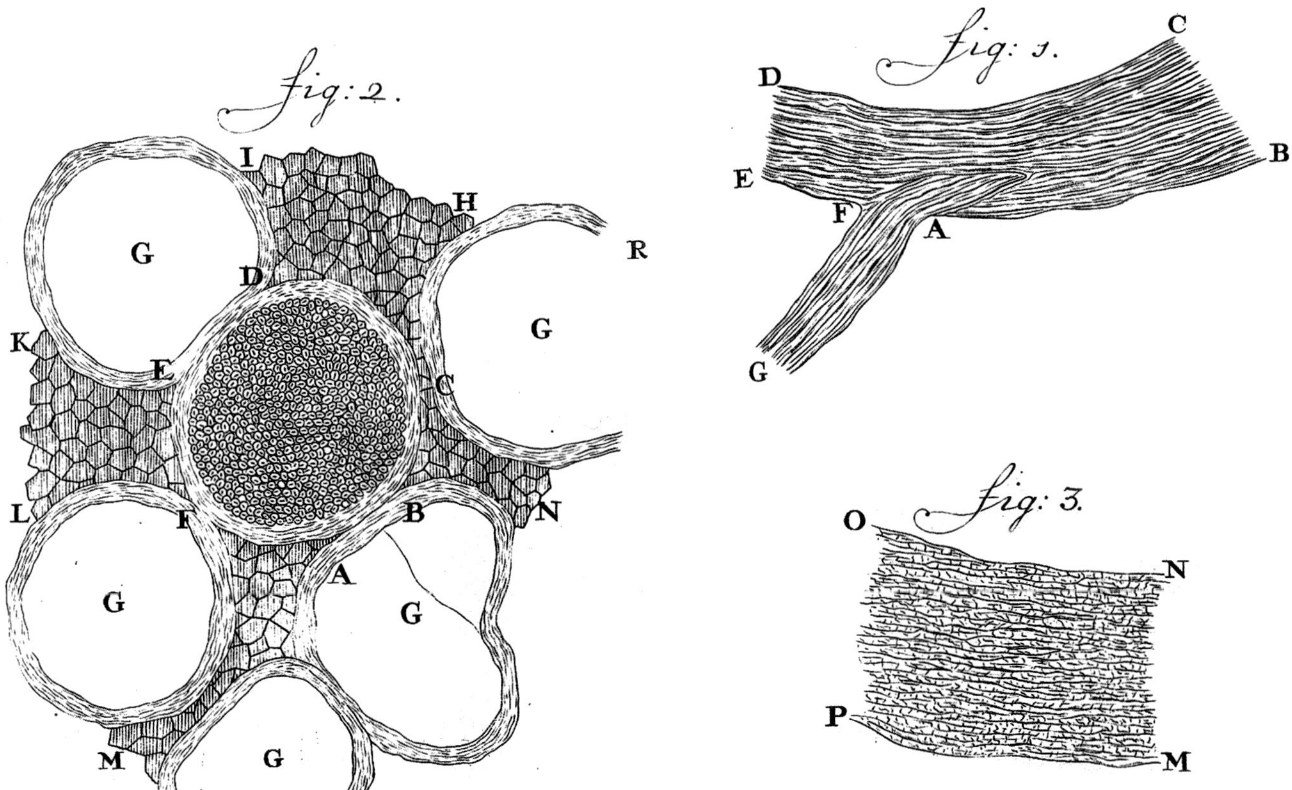

Antoni van Leeuwenhoeks Querschnitt durch einen Nerv, der die einzelnen Fasern sehr schön zeigt.

Glissons Erkenntnisse zeigten leider keine großen Auswirkungen auf die wissenschaftliche Welt, weil in seinen Augen die Faser selbst wahrnahm und einen Appetit auf die Reaktion entwickelte. Auf diese Weise stattete er einfache Nervenfasern oder Organe mit Fähigkeiten aus, die diese nicht besitzen. Das Modell der Irritabilität bzw. Sensibilität wurde erst akzeptiert, als man von den Nervenfasern als treibende Kraft absah. Auf Glissons Arbeit baute vor allem der Schweizer Physiologe Albrecht von Haller (1708–1777) auf. Haller war ein brillanter Wissenschaftler. Wo Glisson sich von Spekulationen davontragen ließ, ließ Haller sich einzig von experimentellen Resultaten leiten. Er verließ sich ganz auf sein Skalpell und sein Mikroskop. Dementsprechend verbesserte er Glissons Theorien, indem er das Phänomen der Irritabilität nur Muskeln zusprach, die Sensibilität nur Nerven. Außerdem ging er nicht mehr davon aus, dass Körperteile ein Bewusstsein ihres Reizes erlangen mussten. Für ihn ging es bei seinen Forschungen ausschließlich um einen physikalischen Reiz und die Reaktion darauf. Irritabilität und Sensibilität definierte er wie folgt: „Ich nenne jenen Teil des menschlichen Körpers irritabel, wenn er sich nach Berührung verkürzt; sehr irritabel, wenn er sich schon nach leichter Berührung verkürzt; und das Gegenteil, wenn er sich bei starker Berührung kaum verkürzt. Ich nenne jenen Teil des menschlichen Körpers sensibel, der nach einer Berührung den Eindruck an die Seele weitergibt. Bei gröberen Organismen, bei denen die Existenz einer Seele nicht klar ist, nenne ich jene Teile sensibel, deren Irritation bei dem Tier eindeutige Zeichen von Schmerz oder Unruhe auslöst. Und im Gegenteil nenne ich alles unsensibel, was nach Verbrennung, Riss, Stich oder Schnitt, ja beinahe Auslöschung kein Zeichen von Schmerz oder Krampf zeigt oder überhaupt irgendeine Veränderung im Körper.“

Die Sensibilität der Nerven

Haller führte Experimente durch, bei denen unterschiedliche Gewebearten und -strukturen verschiedenen Reizen wie Schneiden, Verbrennen, ätzenden Chemikalien und Explosionen ausgesetzt wurden. Diese Arbeit führte er meist an Katzen und Hunden

Glisson führt eine Obduktion durch, die ihm wohl auch erlaubte, die Irritabilität von Körpergeweben zu untersuchen.

Albrecht von Haller führte zahlreiche Tierversuche durch, um herauszufinden, welcher Teil des Körpers auf äußere Reize reagierte.

durch. Jedenfalls fand er so heraus, dass nur die Nerven sensibel waren, und zwar in enormem Maße. Dabei erwiesen sich die Körperteile mit den meisten Nervenenden als die „sensibelsten". Wurde ein Nerv durchtrennt, reagierte das dahinterliegende Nervengewebe nicht mehr auf Reize. Die Weiterleitung war also gestört.

Die Irritabilität der Muskeln

Haller fand heraus, dass die Reizung eines Nervs dazu führte, dass der damit verbundene Muskel sich zusammenzog. Dasselbe geschah, wenn die Verbindung zwischen Nerv und Gehirn durchtrennt war oder das Tier längst tot war. Erstaunlicherweise entdeckte er, dass „Irritabilität nicht von einem Nerv ausgeht, sondern im Gewebe des irritablen Körperteils begründet liegt." So kann ein Muskel gereizt und zur Kontraktion gebracht werden, selbst wenn er nicht mit einem Nerv verbunden ist. Seine Schlussfolgerungen waren: Die am wenigsten irritablen Körperteile sind die sensibelsten und umgekehrt. Die Nerven waren nötig, um Sinnesempfindungen zur „Seele" zu bringen. Einen Nerv zu reizen wirkt sich auf den mit ihm verbundenen Muskel aus, zieht im Nerv selbst aber keine Veränderung nach sich. Wenn man einen Nerv durchtrennt, sterben alle Sinnesempfindungen unterhalb der betroffenen Stelle ab. Trotzdem sind die Muskeln unterhalb dieser Stelle immer noch irritabel. Daraus folgte: „Irritabilität hat nichts mit dem Willen oder der Seele zu tun."

Hallers Arbeit war wertvoll, weil er die Reaktionen von Muskeln und Nerven beschrieb. Er unterschied zwischen der „Irritabilität" von Muskeln und der „Sensibilität" von Nerven. Wie der Nerv aber Informationen weitergab, darüber wusste auch Haller nichts auszusagen. Jedenfalls wandte er sich gegen die Vorstellung, dies habe mit „Vibrationen" zu tun und lieferte am Ende keine Alternative zu der bisherigen Vorstellung, dass eine Art Geist oder Flüssigkeit durch die Nerven wandert.

„In undurchdringlicher Dunkelheit versunken"

Swammerdam vermutete, dass die Funktion der Nerven „in undurchdringlicher Dunkelheit versunken" bleiben müsse. Viele Gelehrte waren nicht gewillt, sich vom *spiritus animalis* zu verabschieden, solange es keine plausible Alternative gab. Der holländische Arzt Hermann Boerhaave meinte, das Nervenfluidum bestehe aus winzigen Partikeln, viel kleiner als die, aus welchen der restliche Körper bestand. Auf diese Weise könnten sie durch winzig kleine Kanäle fließen.

Borelli, der bewiesen hatte, dass aus einem aufgeschnittenen Muskel kein Gas entweicht, kam auf die Idee, dass im Muskel eine Art chemische Explosion stattfinden müsse, so ähnlich wie das Entstehen von Luftblasen, wenn man Essig mit Natron mischt. Diese Explosion würde von einem Tropfen „nervösen Fluidums" oder *succus nerveus* aus den Nerven ausgelöst. Seiner Ansicht nach waren die Nerven nicht hohl, sondern mit einer Art Schwammgewebe gefüllt, welches das Nervenfluidum aufsog. Würde der angeschwollene Nerv dann gereizt, trete ein Tropfen des Fluidums aus und leitete die „Explosion" ein, die für die Muskelkontraktion sorgte.

Vibrationen und „Vibratiunkeln"

Swammerdam selbst fragte sich, wie die Kommunikation in den Nerven so ungeheuer schnell vor sich gehen könne, wie Vibrationen, die sich durch eine Saite fortsetzen, die an einem Ende in Schwingung versetzt wird. Doch es gab auch noch andere, die Vibrationen als Erklärung ins Spiel brachten. Borelli meinte, wenn die Sinnesnerven angeschlagen oder zusammengedrückt würden, dann pflanze sich eine „Schwingung" durch die Nerven fort bis ins Gehirn. Leeuwenhoek schlug etwas Ähnliches vor, nachdem er im Sehnerv „Kügelchen" entdeckt hatte. Seiner Ansicht nach verhielt sich der Eindruck, den ein Gegenstand auf das Auge machte, genauso wie ein Finger, der Wasser berührt. Diese Berührung versetze die „Kügelchen" in eine Schwingung, die sich wellenförmig fortsetze, bis sie von der Netzhaut ins Gehirn gelangte. Der englische Philosoph David Hartley (1705–1757) meinte, dass Sinnesempfindungen das Resultat einer Schwingung in den kleinsten Bestandteilen der Nerven seien, die von diesen bis ins Gehirn getragen werde. Sachte Vibrationen würden als angenehm wahrgenommen, starke hingegen durchbrächen die Kontinuität der Nervenfasern und würden als Schmerz empfunden. Nachdem die Sinnesempfindung, das Bild o. ä. verhallt sei, bleibe die Schwingung noch eine Weile im Gehirn bestehen. Diesen Nachhall nannte er „Vibratiunkeln". Diese seien auch Grundlage der Erinnerung.

Doch wie der Anatom Alexander Monro 1781 (und auch Haller) ausführte, erlaubt die Struktur der Nerven keine Schwingung oder Wellenbewegung. Eine Saite könne auch nur schwingen, wenn sie gespannt sei. Die Nerven aber seien, so Monro, „eher weich und klebrig". Also brauchte man ein anderes Modell.

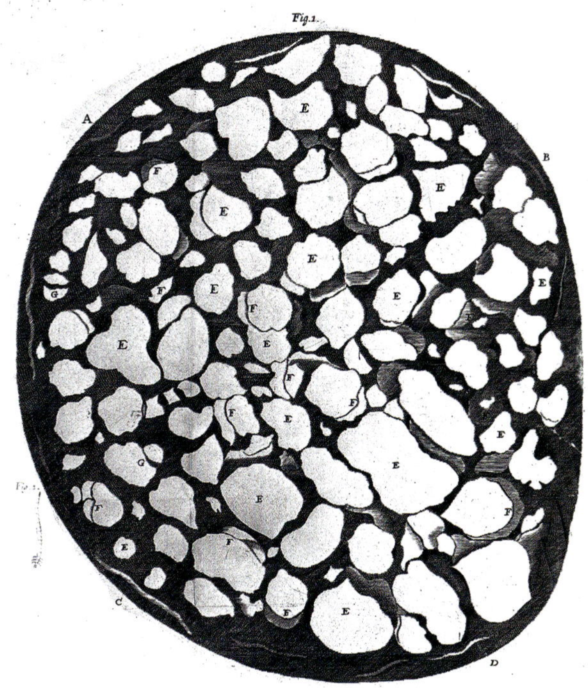

Leeuwenhoeks Bild des Sehnervs mit den entdeckten „Kügelchen", die seiner Ansicht nach Bilder ans Gehirn übermittelten.

Froschsuppe und Gewitter

Die Vorstellung des *spiritus animalis* war also definitiv vom Tisch. Doch es gab bald eine andere Entdeckung – die Elektrizität –, die so manchen Physiologen zu der Vermutung verleitete, es könne ja ein „elektrisches Fluidum" in den Nervenbahnen fließen. Albrecht von Haller gehörte zu jenen, die schon aufgrund der Geschwindigkeit, mit der die Reizleitung funktionierte, Elektrizität für den möglichen Auslöser hielten. Der englische Physiologe Stephen Hales stellte diese These schon 1732 auf, doch konnte diese Theorie sich erst weiterentwickeln, als Luigi Galvani (1737–1798) im Jahr 1780 einen Unfall mit einem toten Frosch hatte.

Natürlich gibt es mittlerweile mehrere Versionen dieser Geschichte, doch die unterhaltsamste ist zweifellos, dass Galvanis Frau Froschsuppe zubereitete. Als sie mit ihrem Messer das Bein eines toten Frosches berührte, zuckte dieses plötzlich. Galvani fing an, mit den Froschschenkeln herumzuexperimentieren und kam bald dahinter, dass die Muskeln im Bein kontrahierten, wenn sie mit Kupfer- und Eisendraht berührt wurden.

Sein wohl bizarrstes Experiment führte er während eines Gewitters durch. Er ordnete Froschschenkel mit der entsprechenden Apparatur im Garten an und sah zu, wie sie zusammenzuckten, sobald ein Blitz herniederging. Dabei nahm er einen eben erst getöteten Frosch, verband dessen Nerven mit einem Metalldraht, dessen anderes Ende er am First seines Hauses befestigte. Dass der Froschschenkel bei Blitzen zuckte, bewies Galvani zufolge, dass Muskeln und Nerven Elektrizität innewohne. Diese Elektrizität könne nach dem Tod des Tieres durch die elektrisch geladene Atmosphäre bei einem Gewitter ersetzt werden. Diese elektrische Kraft sei für die Muskelkontraktion verantwortlich. Sie werde von den Nerven durch den Körper geleitet. Er nannte die neu entdeckte Kraft „tierische Elektrizität". Seine Experimente waren die ersten elektrophysiologischen Versuche der Neurowissenschaft.

Doch Galvanis Theorie stieß bei der Wissenschaftsgemeinde auf einigen Widerstand. Sein Landsmann Alessandro Volta widersprach der Vorstellung der „tierischen Elektrizität" und wies darauf hin, dass die Elektrizität einfach dadurch entstünde, dass zwei verschiedene Metalle durch die Nerven verbunden würden. Galvani antwortete mit noch mehr Experimenten. Nun berührte er frei präparierte Nerven zusammen, die mit Muskeln zusammenhingen, und löste eine Kontraktion aus, ohne dass Metalle oder die Elektrizität in der Atmosphäre beteiligt waren. Er führte folgendes Experiment 1797 durch: Er nahm zwei Froschbeine, deren Ischiasnerv freigelegt war und oben hervorstand. Dann berührte er beide Nerven und brachte die Muskeln beider Beine zum Zucken. Seiner Ansicht nach waren die Nerven nicht leitende Umhüllung, die elektrischen Impulse flössen in ihnen und drängen durch winzige Löcher in den Muskel ein. Das war, wie wir noch sehen werden, erstaunlich vorausschauend.

« *Ich werde von zwei ganz unterschiedlichen Gruppen angegriffen – den Wissenschaftlern und den Unwissenden. Beide verlachen mich und nennen mich den „Frosch-Tanzmeister". Und doch weiß ich, dass ich eine der stärksten Kräfte der Natur entdeckt habe.* »

Luigi Galvani

Siegeszug der Elektrizität

Der Beweis, dass es tatsächlich Elektrizität ist, die den Muskel stimuliert, erfolgte Mitte des 19. Jahrhunderts durch den deutschen Physiologen Emil du Bois-Reymond (1818–1896). Er war Materialist und wenig geneigt, Geister als biologische Kräfte zu akzeptieren: „Es sind im Organismus keine Kräfte am Wirken als die, die wir aus Chemie und Physik kennen." Wenn man durch Untersuchung der bekannten Kräfte keine Antwort finde, dann sei es nur logisch anzunehmen, dass eine noch nicht beobachtete Kraft am Werk ist, doch nur eine „von derselben Natur als die physikalisch-chemischen, die in der Materie wirken".

Sein Interesse an der „tierischen Elektrizität" setzte schon früh ein. Seine Doktorarbeit machte er über „Elektrische Fische". Diese Arbeit führte er von den 1840er bis zu den 1880er-Jahren fort. Dabei setzte er auf die Arbeit des italienischen Physiologen Carlo Matteucci, der 1830 die Elektrizität in Froschschenkeln mit einem Galvanometer zu messen begann. Matteucci zeigte, dass verletztes, erregbares Gewebe einen elektrischen Strom erzeugt. Er konnte diese Versuchsanordnung wie eine Batterie nutzen und entwarf einen sogenannten

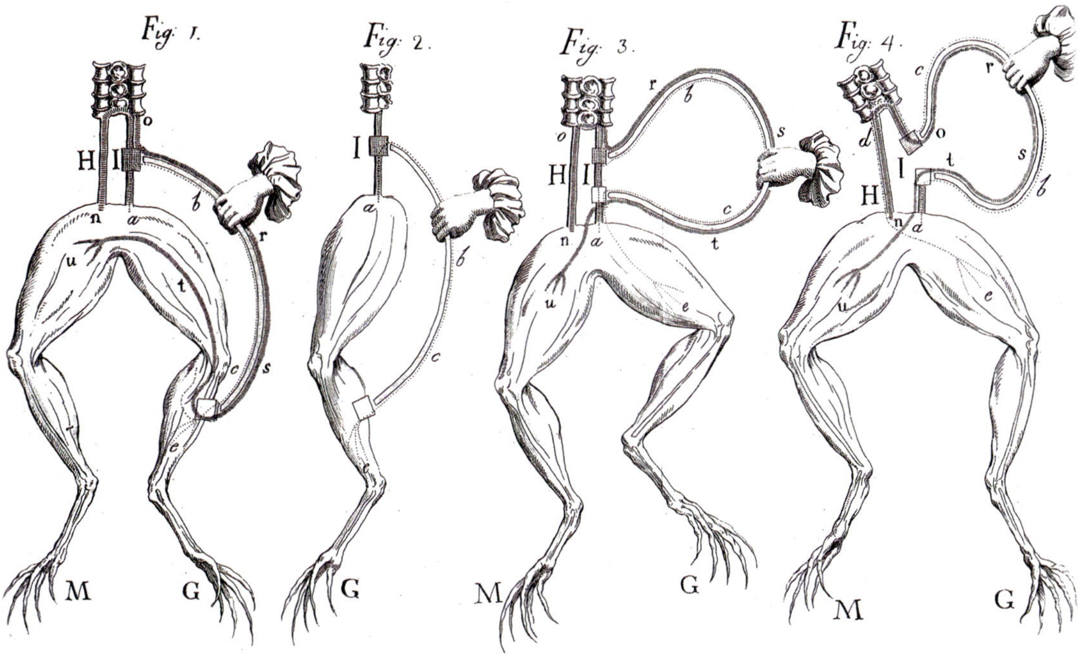

Galvani führte verschiedene Experimente und Demonstrationen am Ischiasnerv von Froschschenkeln durch. Er legte am Nerv einen Reiz an, um den Muskel zum Kontrahieren zu bewegen.

„rheoskopischen Frosch", ein Frosch-Galvanometer, mit dem er elektrischen Strom feststellen konnte (siehe Kasten Seite 76).

Du Bois-Reymond ersann seine eigene Ausstattung, zu der auch „nicht polarisierbare" Elektroden gehörten, ein Generator und ein „Potentiometer", mit dem er seinen Versuchsobjekten verschieden starke Stromstöße versetzen konnte. Ein Galvanometer maß den Strom, den er erzeugte. Auf diese Weise fand er 1848 das, was wir heute „Aktionspotenzial" nennen.

Dass er dazu neigte, seine Erkenntnisse in aufsehenerregenden öffentlichen Demonstrationen vorzuführen, war vermutlich der Grund, dass sie in der Öffentlichkeit bekannt wurden. Seine berühmteste Vorführung ist ein Selbstversuch: Er verband die Enden des Galvanometers mit seinen Armen, steckte die Finger jeder Hand in wässrige Salzlösung und wartete, bis die Nadel des Galvanometers stillstand. Dann spannte er einen seiner Arme an, wodurch die Nadel des Galvanometers wild ausschlug. Es war eine verblüffende Vorführung, die er damit erklärte, dass sein Körper Strom produzierte, wenn die Nerven die Muskeln zum Anspannen bewegten.

Das blitzschnelle Denken

Du Bois-Reymonds Vorführungen waren zwar überzeugend, doch war seine Erklärung der Nervenfunktion nur eine unter vielen. Erst 1850 wurde

VOM FROSCH ZUR BATTERIE

Alessandro Volta führte seine eigenen Experimente durch und fand heraus, dass es die Verwendung zweier verschiedener Metalle war, die in Galvanos erstem Froschexperiment den Strom erzeugte. (Der Froschmuskel zeigte nur, dass Strom floss.) Volta ersann auch die erste Batterie und nannte sie „Volta'sche Säule". Er schichtete Scheiben von zwei verschiedenen Metallen übereinander und legte dazwischen mit Salzwasser getränkte Leder- oder Pappescheiben.

die Frage endgültig geklärt, als es dem deutschen Arzt und Physiker Hermann Helmholtz gelang, die Geschwindigkeit zu messen, mit der ein Impuls im Nerv weitergeleitet wurde. Auch er verwendete dazu einen Frosch (wie üblich) und fand heraus, dass der Impuls 1,5 Millisekunden brauchte, um die Strecke von 50 bis 60 Millimetern zurückzulegen. Das entsprach einer Geschwindigkeit von 30 Metern pro Sekunde. Die moderne Forschung gibt für Froschnerven eine Geschwindigkeit von 7 bis 40 Metern pro Sekunde an. Diese Messungen waren natürlich nur möglich, weil der Impuls auf eine bestimmte Weise weitergeleitet wurde. Wie genau, das sollte sich erst im 20. Jahrhundert zeigen.

Gefühle und Handlungen in neuem Licht

Am Anfang dieses Kapitels haben wir uns mit Galens Unterscheidung zwischen sensorischen und motorischen Nerven beschäftigt, wobei er Erstere als weich, Letztere als hart sah. Diese Vorstellung hatte sich lange gehalten, doch da sie nun als widerlegt galt, gab man mit ihr auch die Unterscheidung zwischen den beiden Nerventypen auf.

Ende des 18. Jahrhunderts war klar, dass die Nerven ins Rückenmark ein- bzw. daraus austreten, um mit anderen Teilen des Körpers zu kommunizieren. Man nahm allerdings an, dass die Nerven im Rückenmark beide Aufgaben erledigten: Information zum Gehirn zu leiten und Impulse zu den Muskeln. Zwei Männer, die zur selben Zeit an diesem Problem arbeiteten, zeigten jedoch, dass dies nicht der Fall sein konnte: der Neurologe Charles Bell in Schottland und der Physiologe François Magendie in Frankreich.

1807 schrieb Bell seinem Bruder, dass es einen Unterschied zwischen sensorischen und motorischen Nerven gibt, die in unterschiedlichen Partien des Gehirns endeten. 1811 berichtete er ihm in einem

DAS FROSCH-GALVANOSKOP

Das Frosch-Galvanoskop entstand aus Galvanis Experimenten, wurde jedoch später von Matteucci verbessert. Es besteht im Wesentlichen aus einem enthäuteten Froschschenkel, bei dem der Ischiasnerv freigelegt wurde. Wenn Strom angelegt wird, beginnt der Muskel zu zucken. Wenn der Stromkreis unterbrochen wird, zuckt das Bein erneut. So konnte man nachweisen, dass Strom floss. (Messen allerdings ließ er sich so nicht.) Tatsächlich ist das Frosch-Galvanoskop hochempfindlich, sodass es noch benutzt wurde, lange nachdem man mechanische Galvanometer erfunden hatte. 1848 berichtete der Arzt Golding Bird, das Frosch-Galvanoskop sei 56 000 Mal empfindlicher als eine nicht-biologische Alternative.

Zu dessen Herstellung wird das Bein eines Frosches abgetrennt, wobei ein Teil des Ischiasnervs erhalten bleibt. Dann wird das Bein gehäutet und in eine Glasröhre gesteckt. Man legt zwei Elektroden am Nerv an, entweder eine an jedem Ende, oder (was praktischer ist) beide am oberen Ende, aber an unterschiedlichen Stellen. Das Galvanoskop funktioniert am besten mit einem frischen Bein, denn nach gut 40 Stunden muss man das Bein ersetzen. (Bitte machen Sie das nicht nach. Es war schon damals grausam und ist heute schlicht verboten!)

Fig. 8.

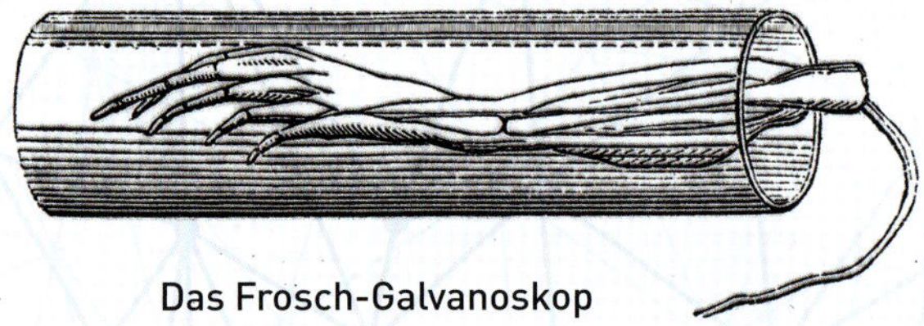

Das Frosch-Galvanoskop

neuen Brief: Wenn er die Wurzeln der Spinalnerven offenlege, könne er den hinteren Teil durchtrennen, ohne dass es zu einer Auswirkung im Rücken käme. Durchtrenne er aber den vorderen Teil, fingen die damit verbundenen Muskeln an zu krampfen.

Bell machte, was seine Karriere anging, zwei schwere Fehler. Er publizierte seine Resultate nicht wie üblich, sondern schilderte sie nur in Briefen an seinen Bruder und in einer von ihm selbst gedruckten Broschüre. Und er machte nicht klar, dass die Hinterwurzeln *(dorsal)* sensorische Nerven seien. So entstand die spätere Debatte darüber, wer diese Entdeckung als Erster gemacht hatte, als nämlich Magendie seine Ergebnisse publizierte.

Grausame Beweise

Magendie führte ein Experiment an acht Hundewelpen durch, die man ihm gebracht hatte. Offensichtlich nicht gerade die Art von Mensch, dem man einen Hund geben sollte. 1821 legte er die Spinalnerven bei den Tierchen frei und schnitt eine oder mehrere der vorderen bzw. hinteren Nervenfaserbündel durch. Dann versuchte er, durch Gaben von Brechnuss *(Nux vomica)* Krämpfe auszulösen. Sein Experiment bewies, dass es unterschiedliche Nerventypen gab: „Die Vorder- und die Hinterwurzel der Nerven, die aus dem Wirbelkanal austreten, haben verschiedene Funktionen. Die hinteren Wurzeln scheinen mit der Sinneswahrnehmung zu tun zu haben, die vorderen mit der Bewegung des Körpers."

BIO-BATTERIEN

Weitere Verwendung erfuhren die Froschschenkel in Bio-Batterien, für die sich vor allem Matteucci stark machte. Seine beste Batterie bestand aus mehreren halben Froschschenkeln (aus der unteren Hälfte des Schenkels), aber er machte auch Batterien aus Ochsenköpfen, Aalen, halben und ganzen Fröschen, Kaninchen und Tauben – einmal sogar aus lebenden Tauben.

Fig. 12.

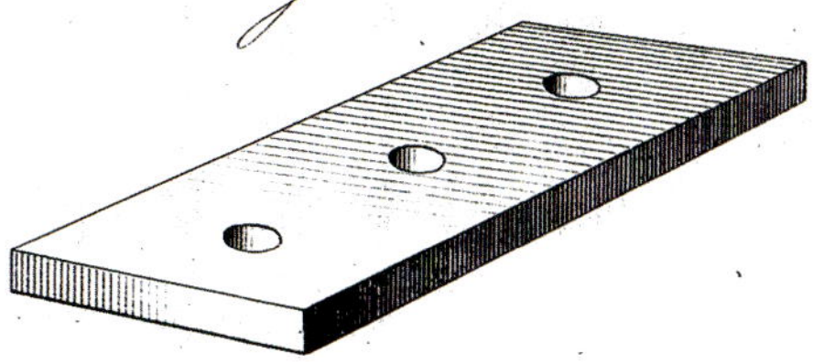

Die halben Schenkel (unten) werden hintereinander angeordnet und auf ein Holzbrett (links) gelegt, die Zwischenräume mit Wasser beträufelt, damit dann an jedem Ende Elektroden angelegt werden können.

Fig. 13.

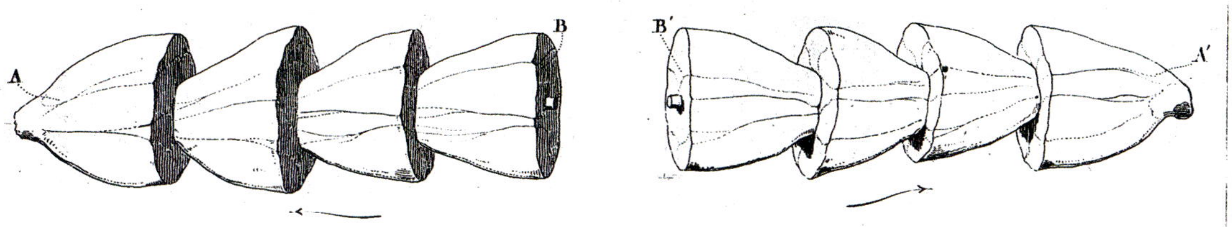

Magendies Experimente an den Welpen waren reine Tierquälerei und wurden allgemein kritisiert. Trotzdem wiederholte er sie immer wieder bei Vorträgen, ohne je neue Erkenntnisse zu erzielen. Seine Missachtung des Leids, das er seinen Versuchstieren antat, führte zu neuen Gesetzen gegen Tierversuche. Andere Wissenschaftler kritisierten seine Arbeit als „abscheulich".

Magendie beanspruchte den Ruhm, die unterschiedlichen Nervenfunktionen entdeckt zu haben, für sich ganz allein. Bell sei der Klärung der funktionellen Teilung der Spinalnervenwurzeln „zwar nahegekommen", mehr aber auch nicht. Seine Wissenschaftskollegen mochten ihm darin aber nicht folgen. Am Ende wurde daraus das Bell-Magendie-Gesetz.

Weitere Entdeckungen zum Unterschied zwischen motorischen und sensorischen Nerven gab es erst gegen Ende des 19. Jahrhunderts, als man anfing, die Zellen zu untersuchen, aus denen das Nervengewebe aufgebaut war. Dabei stellte sich heraus, dass Galen recht hatte: Die beiden Nerventypen sind strukturell unterschiedlich, wenn auch nicht in der Weise, wie er sich das vorstellte.

Der schottische Arzt und Anatom Charles Bell erhob Einwände gegen die brutalen Tierversuche von Leuten wie Magendie.

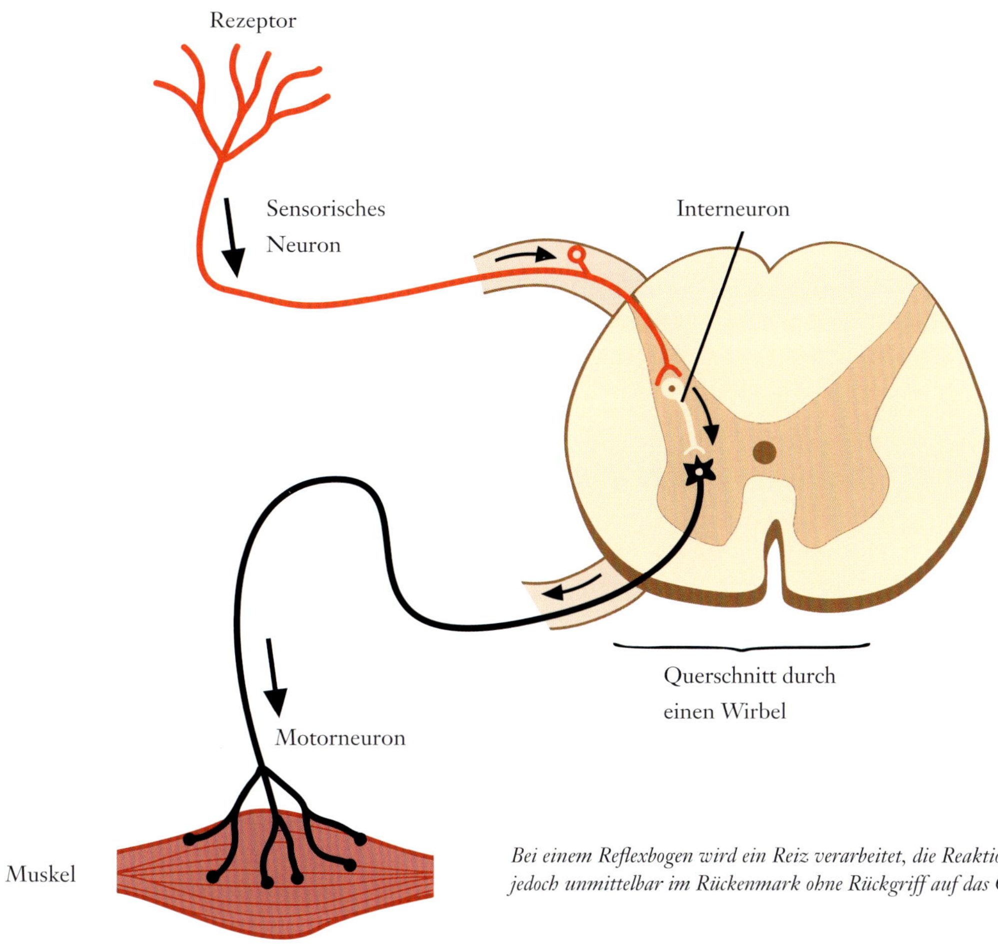

Bei einem Reflexbogen wird ein Reiz verarbeitet, die Reaktion erfolgt jedoch unmittelbar im Rückenmark ohne Rückgriff auf das Gehirn.

DER REFLEXBOGEN

Marshall Hall entdeckte, dass ein geköpfter Molch sich noch bewegte, wenn er in seine Haut zwickte. Dies führte ihn zur Theorie vom Reflexbogen, bei dem Reiz und Reaktion nur vom peripheren Nervensystem ausgehen, ohne Zwischenschaltung des Gehirns (das ja bei dem Molch ohnehin nicht mehr vorhanden war). Seine Erklärung lautete: „Das Rückenmark besteht aus einer Kette von Elementen, und jedes dieser Elemente funktioniert als eigener Reflexbogen. Die Funktion dieses Reflexbogens entsteht aus der Aktivität von sensorischen und motorischen Nerven in dem Bereich des Rückenmarks, in dem diese Nerven austreten. Diese Bögen sind miteinander verschaltet. Sie reagieren untereinander. Das Gehirn kann dann koordinierte Bewegungen daraus machen."

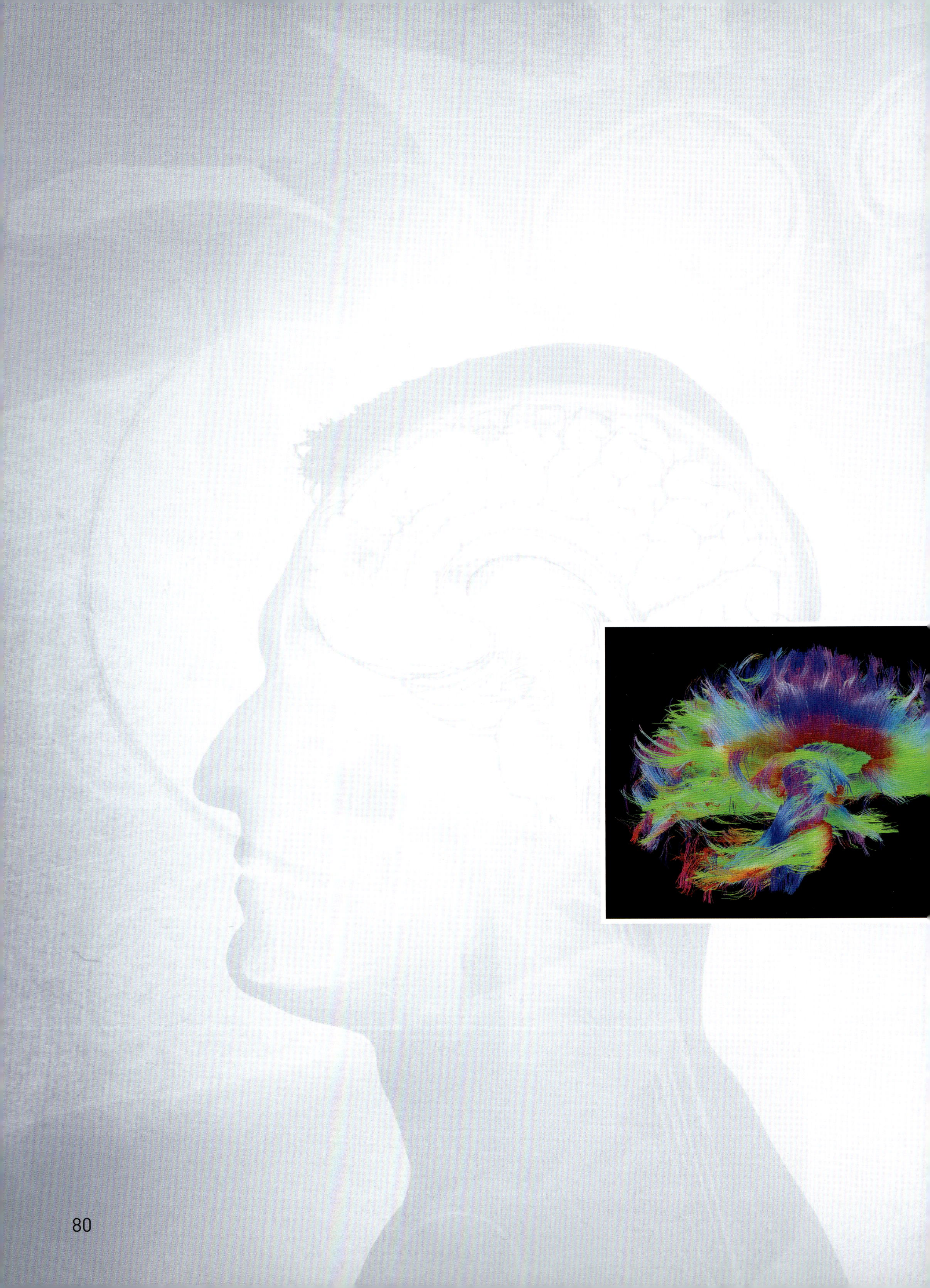

KAPITEL 5

VON DER FASER ZUR ZELLE

Häufig und mit großer Freude konnte ich die Struktur der Nerven beobachten: Sie bestehen aus hauchdünnen Gefäßen von unglaublicher Feinheit, die längs verlaufen und die Nervenfaser bilden.

Antoni van Leeuwenhoek, 1719

Seit der Zeit Galens und bis weit ins 18. Jahrhundert hinein untersuchte man die Nerven im peripheren Nervensystem, die ins Rückenmark führten und schließlich ins Gehirn. Doch als die Mikroskope sich allmählich verbesserten, konnte man ihre Bestandteile erforschen – die Nervenzellen. Am Ende fand man diese sogar im Gehirn.

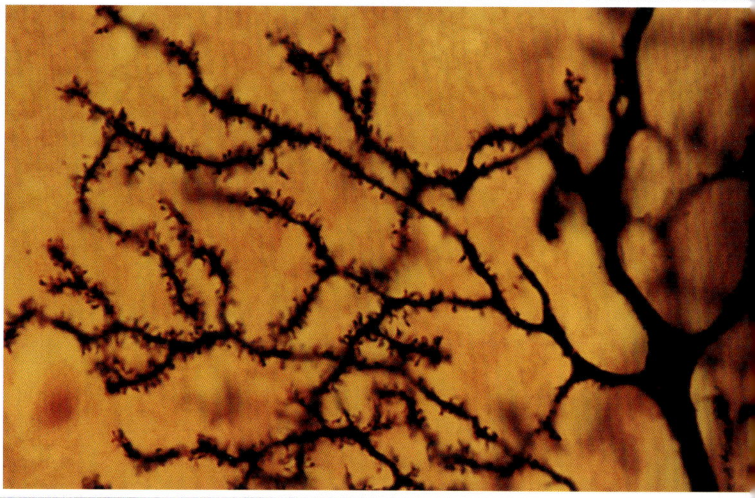

VON DER FASER ZUR ZELLE

Zellen sehen

Mit den Fortschritten in der Mikroskopie kam allmählich die wahre Natur der Nerven ans Licht. Trotzdem gibt es noch 1842 Lehrbücher, die sie als hohle Kanäle darstellen.

Fasern und Kügelchen

Zu Beginn des 18. Jahrhunderts beschrieb Antoni van Leeuwenhoek die Nerven als Faserbündel. Diese Entdeckung wurde durch weitere mikroskopische Untersuchungen bestätigt. 1732 schrieb Alexander Monro, die „nervösen Fibrillen“ seien „wie viele dünne, klar unterscheidbare Fäden, die parallel nebeneinanderliegen. Von Röhren ist nichts zu sehen.“ Wenn man allerdings quer in die „Zwischenräume und Membranen“ hineinschneide, ließen sich Öffnungen sehen, die den Beobachter „dazu verleiteten“, an hohle Gefäße zu glauben. 1776 beschrieb der italienische Naturphilosoph Della Torre die peripheren Nerven als „Fadenreihen“.

Der Sohn von Alexander Monro (der denselben Namen trägt) vermaß den Durchmesser von Nervenfasern und gab ihn mit 3000 Nanometern an. Seiner Ansicht nach schien der Nerv nicht hohl zu sein. Genauere Untersuchungen konnte man erst vornehmen, als sich die Mikroskopie verbesserte – man bessere Geräte und bessere Techniken des Präparierens bzw. Färbens entwickelte.

Bis zu diesem Punkt stand das periphere Nervensystem im Mittelpunkt der Aufmerksamkeit. Der Erste, der Gehirngewebe untersuchte, war Marcello Malpighi, der dort „Kügelchen“ fand, die er als Drüsen interpretierte und dünne weiße Fäden.

Leeuwenhoek untersuchte Gewebe vom Gehirn verschiedener Tierarten und meinte ebenfalls, er sehe kleine Kügelchen darin, viel kleiner als die, die er im Blut (Blutkörperchen) entdeckt hatte. Da das Gehirn häufig als Drüse beschrieben wurde, nahm man die Kügelchen für Mini-Drüsen. Es sollte noch gut 100 Jahre dauern, bevor das Nervengewebe im Gehirn korrekt beschrieben werden konnte. Tatsächlich war es schwierig zu erforschen, weil es schnell in Verwesung übergeht und die Gewebestrukturen im Gehirn sehr fein sind. Selbst als die Zellen in anderen Gewebearten längst deutlich beschrieben waren, ließ ein derartiger Fortschritt beim Nervengewebe noch auf sich warten.

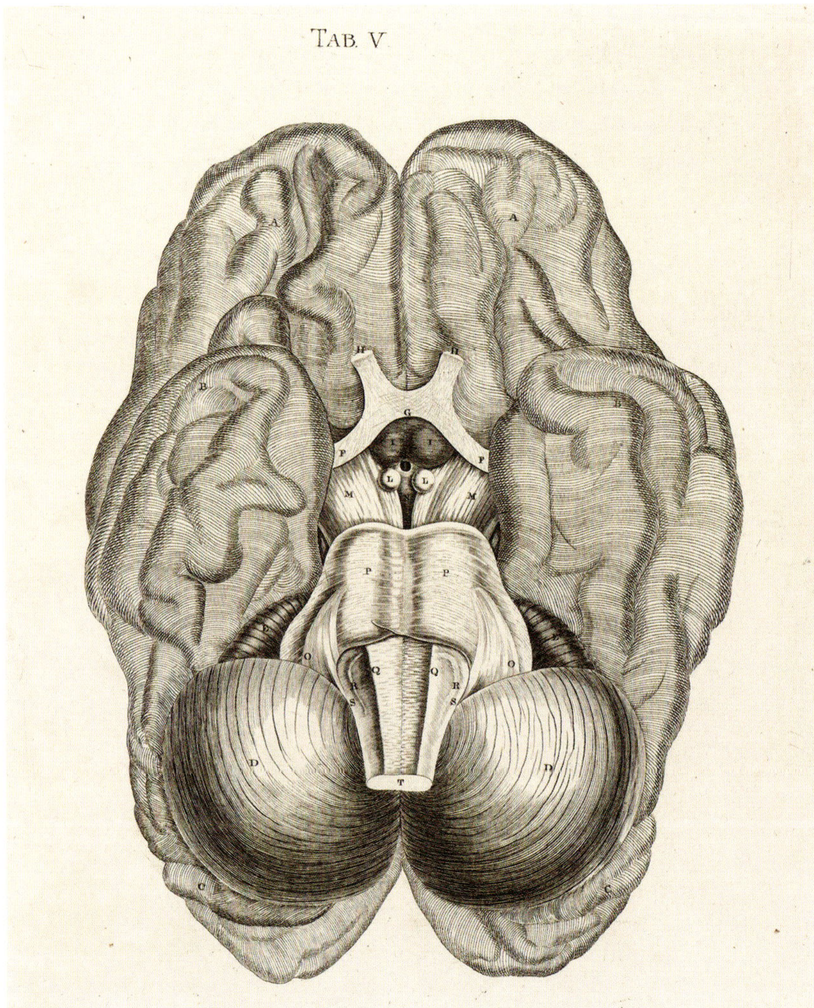

Das menschliche Gehirn in einer Darstellung von Alexander Monro dem Jüngeren (1783)

GEHIRN IN SCHEIBEN

Damit Gewebe durch ein Lichtmikroskop untersucht werden kann, muss es dünn genug sein, um das Licht durchzulassen: höchstens einen zehntel Millimeter dick. Mit der Hand sind solche feinen Scheiben schwer zu schneiden, vor allem, wenn das Gewebe faserig und elastisch ist wie die Nervenfasern. Die Entwicklung des Mikrotoms zur Herstellung dünner Schnittpräparate war also ein entscheidender Schritt vorwärts.

Das erste Mikrotom wurde 1770 hergestellt, aber bald verbessert. Man fixierte das Schnittgut in einem Zylinder und schnitt mit einer Handkurbel an dessen Oberfläche feine Scheiben ab. Um 1870 entstand dann ein Präzisions-Mikrotom, bei dem die Proben in Paraffin oder Celloidin (Dinitrocellulose) eingelegt wurden. Ein mechanisches Messer schnitt davon dann sehr dünne Scheiben ab. Mit dieser Art der seriellen Präparatebildung ließ sich zeigen, wie die untersuchten Strukturen sich auch der Länge nach entwickelten. Dies war gerade für die Erforschung des Gehirns vonnöten.

Ein Mikrotom zerteilt tierische oder pflanzliche Proben in dünne Scheiben, damit sie unter dem Mikroskop eingehend studiert werden können. Dabei ist wichtig, dass die feinen inneren Strukturen erhalten bleiben.

Die Zelltheorie

Dass Tiere und Pflanzen aus einzelnen Zellen aufgebaut sind, wurde schon in den 1830er-Jahren diskutiert. Dabei waren sie schon sehr viel früher entdeckt worden. Robert Hooke hatte bereits 1653 die Zellen von Kork gezeichnet und sie mit den Zellen der Mönche in einem Kloster verglichen. Damals war allerdings noch nicht klar, dass die Zelle die grundlegende Struktur allen Lebens ist. Diese Entdeckung wurde dann tatsächlich um 1830 gemacht.

Zwei deutsche Wissenschaftler, der Botaniker Matthias Schleiden und der Zoologe Theodor Schwann, stellten 1837 fest, dass sie unabhängig voneinander zu demselben Schluss gekommen waren: dass jeder Körper in ihrem Fachgebiet aus Zellen aufgebaut war. Schwann veröffentlichte diese Theorie 1839: Er stellte die Zelle als „Elementartheil" des Lebens dar und behauptete, alle Organismen bestünden aus Zellen.

Doch Nervengewebe schien eben nichts zu enthalten, was sich mit menschlichen oder tierischen Zellen vergleichen ließ. Man hatte Nerven eingehend untersucht, doch was sie verband, war mit den Techniken der 1830er-Jahre nicht festzustellen. Daher hielt man das Nervensystem für die Ausnahme von der Regel, derzufolge alles Leben aus Zellen besteht.

Zum Verständnis des Neurons

Nervenzellen – Neuronen – existieren in vielfacher Gestalt, in allen möglichen Größen und Formen. Dieser Facettenreichtum verzögerte die Erkenntnis, dass all diese Formen vergleichbar waren.

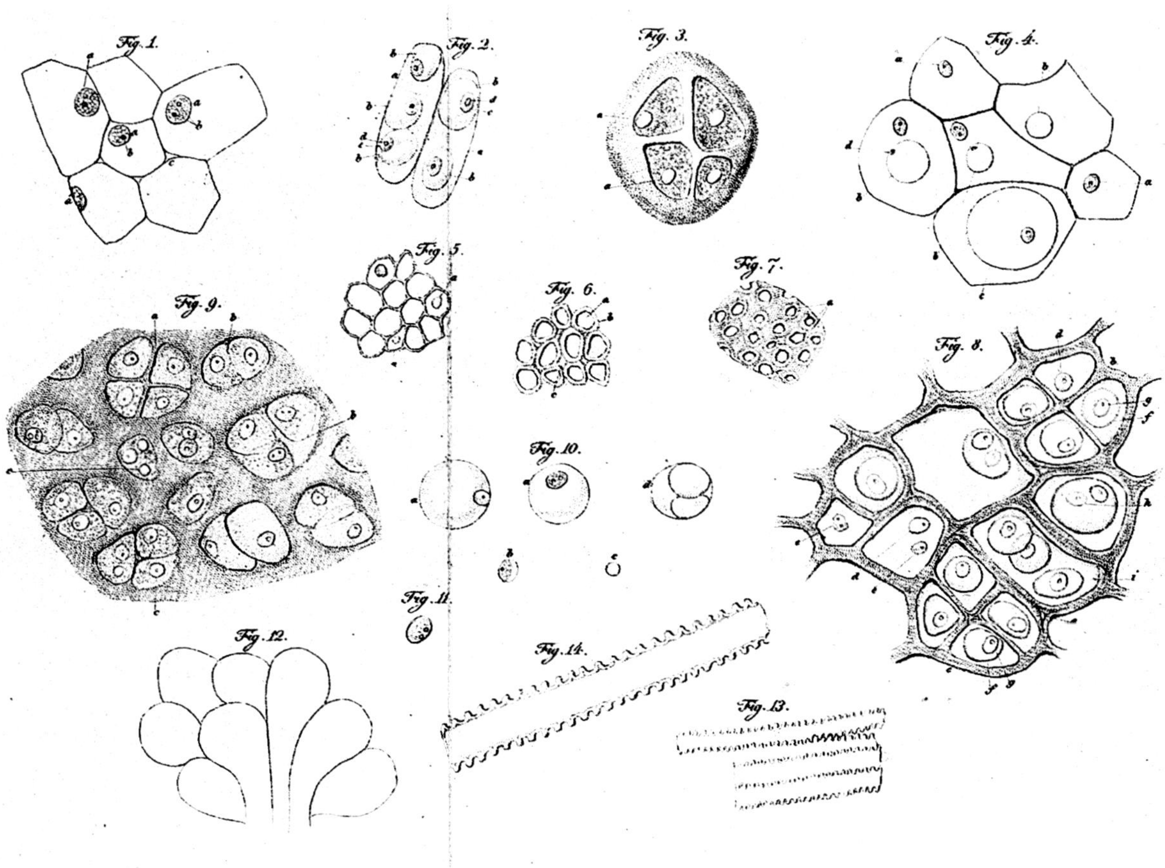

Schwanns Darstellungen von Zellen, die er 1839 veröffentlichte. Damit stellte er die Zelltheorie auf, doch Nervenzellen fanden sich in seinen Zeichnungen nicht.

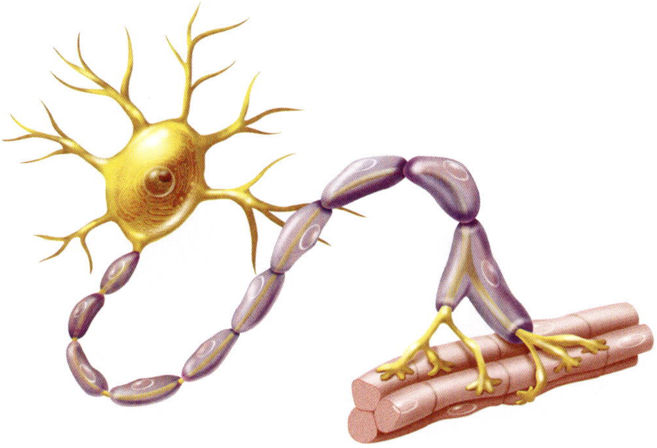

Ein Motoneuron (motorische Nervenzelle), die mit einer Muskelfaser verbunden ist.

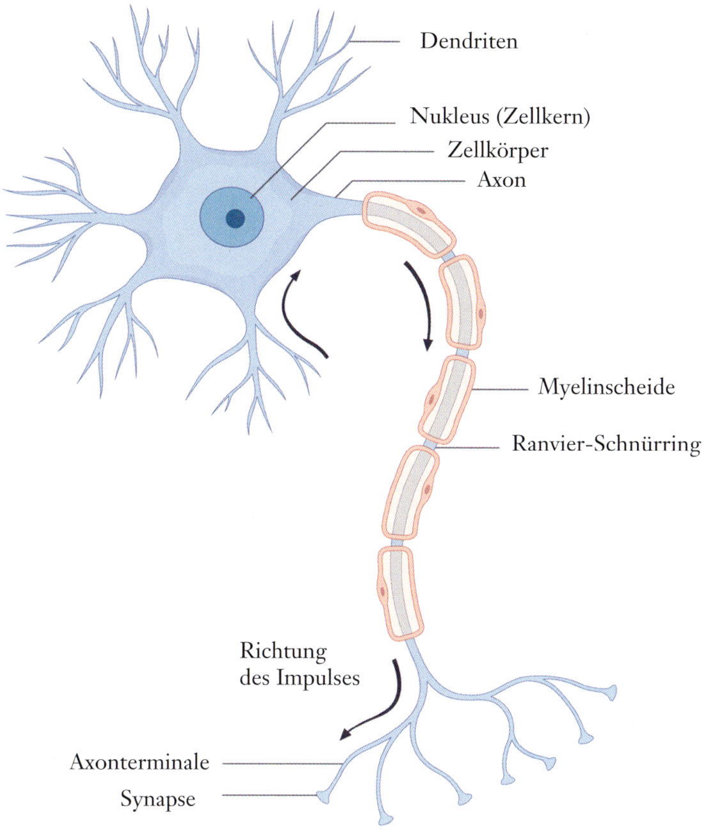

Eine Nervenzelle in ihrer ganzen Struktur, einschließlich Myelinscheide.

Eine „typische" Nervenzelle hat einen Zellkörper mit einem Zellkern, Dendriten (Zellfortsätze, die sich verzweigen) und ein Axon (ein langer Nervenfortsatz, der mit dem Zellkörper verbunden ist). Dieses endet in verzweigten Axonterminalen (Endknöpfchen). Doch die meisten Nervenzellen gleichen eben nicht diesem „typischen" Modell.

Der Zellkern (Nukleus) umfasst die wichtige „Maschinerie" der Zelle und sitzt im Zellkörper. Die Axonterminale enden am Muskel (bei einem motorischen Nerv) oder in einem Sinnesorgan (bei einem sensorischen Nerv). Das Axon kann kurz oder lang sein. Der Impuls vom Nerv durchläuft das Axon, entweder vom Sinnesorgan zu den Dendriten oder von den Dendriten zur Muskelfaser.

Das Axon kann eine Myelinscheide besitzen, die wir uns wie die Ummantelung eines Kabels vorstellen müssen: Sie isoliert das Axon, sodass der Nervenimpuls seine gleichmäßige Stärke behält. Myelin wurde 1854 von Rudolf Virchow entdeckt, einem deutschen Arzt. Das Myelin gehört nicht zum Neuron, sondern wird von den sogenannten Schwann-Zellen gebildet, die sich um das Axon legen. Die Lücken zwischen den Schwann-Zellen bilden die sogenannten Ranvier-Schnürringe, die für eine besonders schnelle Erregungsleitung sorgen.

Die Formen von Neuronen sind von ihrer Funktion und ihrer Lokalisierung im Körper abhängig. Es gibt drei grundlegende Kategorien, aber bis zu 10 000 verschiedene Typen von Nervenzellen. Diese Kategorien sind: das Motoneuron, das Informationen vom Gehirn/Rückenmark zum Muskel leitet und für Bewegungen verantwortlich ist; das sensorische Neuron, das Informationen von den Sinnesorganen zum Gehirn trägt und Interneuronen, die Informationen zwischen den Nervenzellen weiterleiten.

Ein Blick auf die Nerven

Der deutsche Physiologe Gabriel Valentin war der Erste, der 1836 ein Neuron teilweise beschrieb und zeichnete. Nun wurde das Gehirn nicht länger als mehr oder weniger uniforme Masse, nur unterschieden durch graue und weiße Substanz, betrachtet. Man erkannte, dass es aus Neuronen bestand.

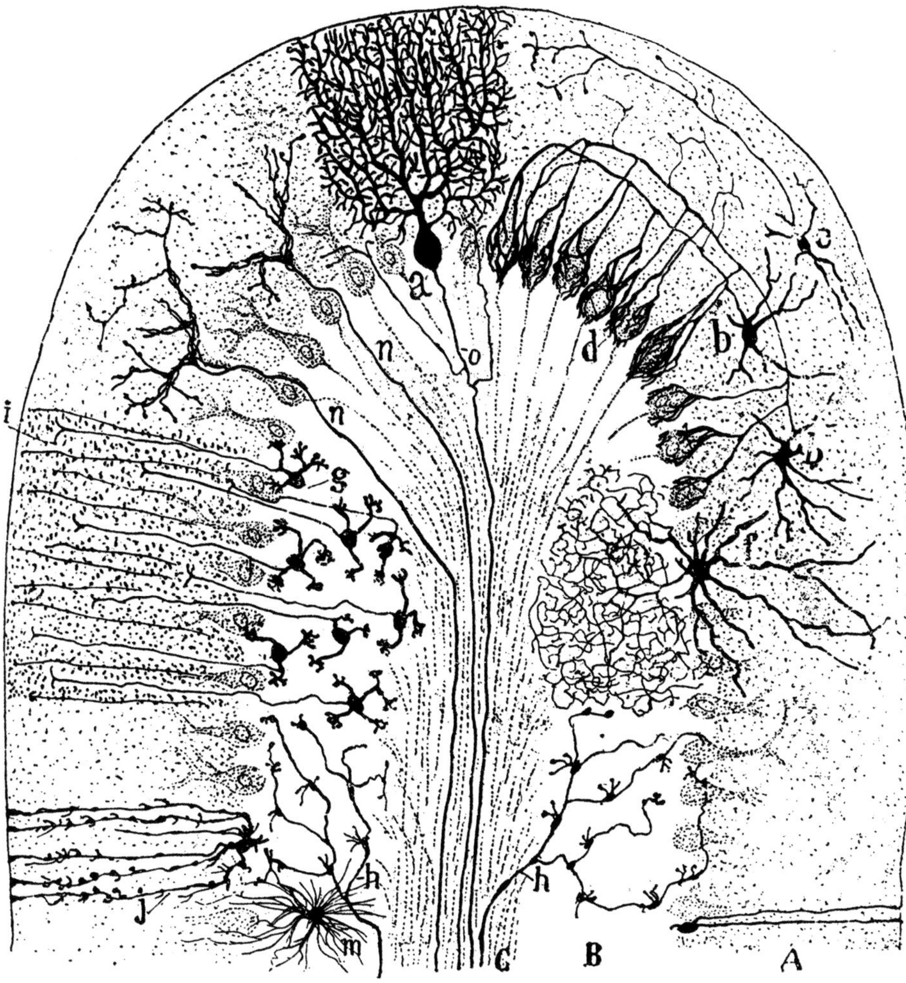

Diese Zeichnung des spanischen Histologen Santiago Ramón y Cajal (1894) über die verschiedenen Arten von Neuronen im Kleinhirn von Säugetieren, zeigt einige der vielfältigen Formen von Nervenzellen.

Valentins erste Zeichnung zeige einen Zellkern und einen „kleinen Kern“ (*nucleolus*), der wieder mal „Kügelchen“ bildete. Doch Valentin fand auch die feinen Fasern, die diese Kügelchen miteinander zu verbinden schienen.

Im selben Jahr unterschied ein anderer deutscher Physiologe namens Robert Remak zum ersten Mal zwischen Fasern mit und ohne Myelinscheide, obwohl das Myelin als solches noch gar nicht bekannt war. Er entdeckte nur, dass einige Fasern eine Ummantelung besaßen, andere nicht. Und dass das Nervengewebe ein Netzwerk zu sein schien.

Der böhmische Physiologe Jan Evangelista Purkinje (1787–1869) hatte weit gespannte Interessen. Er war der Erste, der bemerkte, dass Menschen individuelle Fingerabdrücke besaßen. Und einer der Ersten, der Zeichentrickfilme herstellte (weil er Forschungen zur Mechanik und zum Licht anstellte). Berühmt wurde er aber für seine Erkenntnisse in Bezug auf das Nervensystem. 1837 beschrieb Purkinje tropfenförmige Zellen, die von feinen Fasern umgeben waren – dieselben, die Remak entdeckt hatte. Remak ging davon aus, dass Zellen und Fasern miteinander verbunden seien, ja dass die Fasern aus den Zellen hervorwuchsen. Die Mikroskopie konnte dies mangels entsprechender Geräte zu jenem Zeitpunkt noch nicht bestätigen.

Die Zellen, die Purkinje zeichnete, sind heute als Purkinje-Zellen bekannt. Sie gehören zu den größten Neuronen und sind daher leichter zu sehen. Er beschrieb sie eingehend: „Korpuskeln, die die gelbe Substanz (zwischen der grauen und der weißen Substanz) in großer Zahl umgeben, kann man in den Schnittpräparaten der Kleinhirnrinde sehen. Jedes dieser Korpuskeln weist nach innen, während die stumpfen, rundlichen Enden in die gelbe Substanz reichen. Und es zeigt in seinem Körper den zentralen Nukleus mit seiner Korona. Die schwanzähnlichen Enden weisen nach außen. Die Doppelenden jedes Korpuskels verschwinden

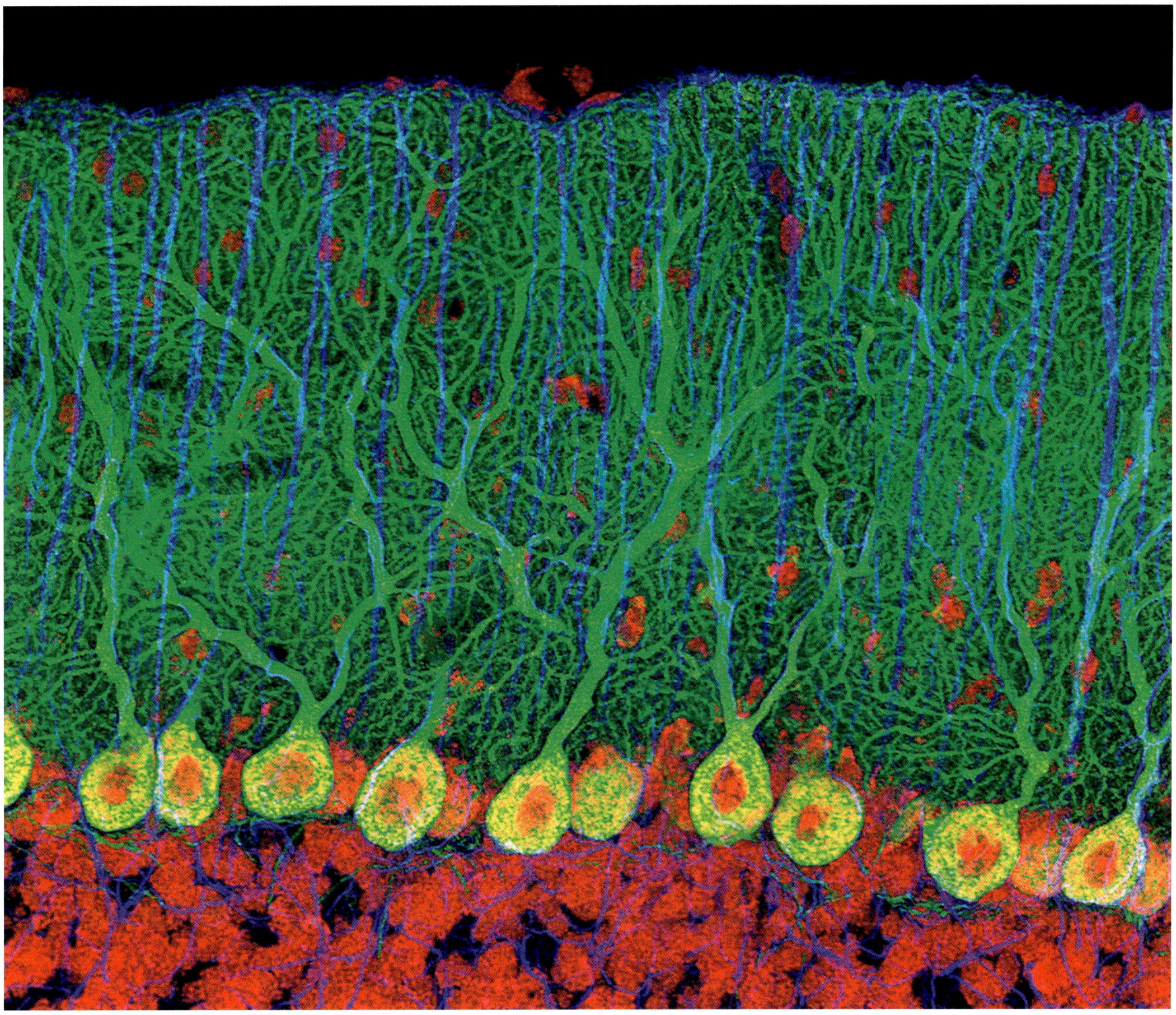

Eine Falschfarbendarstellung, die die Purkinje-Zellen im Kleinhirn sehr schön zeigt.

fast gänzlich in der grauen Substanz, die bis nah an die Oberfläche reicht, die von der Pia Mater (der innersten Membran der Hirnhäute) umgeben ist."

Der Teil, der „fast gänzlich verschwindet", sind die Dendriten, die Purkinje nicht sehen konnte und die auf seinen Zeichnungen auch fehlen. Auf Aufnahmen eines Elektronenmikroskops können wir auch diese erkennen.

Lang und faserig

Es ist schwierig, in einer fast durchsichtigen Masse aus gräulicher und weißlicher Materie etwas zu erkennen, selbst unter dem Mikroskop. So konnte sich die Neurobiologie erst entwickeln, als im 19. Jahrhundert hochauflösende Mikroskope und bessere Mikroskopiertechniken zur Verfügung standen.

Die Entwicklung des Mikrotoms versprach entscheidende Fortschritte, doch es blieb schwierig, in den fast gleich aussehenden Geweben etwas zu erkennen. Etwa um 1863 entwickelte Otto Deiters ein neues Verfahren zur Färbung der Präparate, bei dem er mit Chromsäure und Karminrot arbeitete. So konnte er zum ersten Mal ein ganzes Neuron ansehen. Er identifizierte verschiedene Verzweigungsmuster. Ein Typ mit kurzen, baumähnlichen Verzweigungen hatte, was Deiters „protoplasmatische Fortsätze" nannte, weil die Verzweigungen vom Protoplasma des Zellkörpers auszugehen schienen. Heute nennen wir sie „Dendriten", ein Name, den Wilhelm His geprägt hat. Dann sah Deiters einen langen, etwas dickeren Fortsatz, den er als „Axis-Zylinder" bezeichnete. Heute nennen wir dies „Axon". Deiters meinte, die langen Fäden mit ihren „unmessbar feinen Enden" würden sich mit denen ihrer Nachbarn verbinden, um ein großes, ununterbrochenes Netzwerk zu schaffen. Es war ein Unglückstag für die Wissenschaft, als dieser vielversprechende junge Mann 1863 mit 29 Jahren an Typhus starb.

Die Welt in Schwarz und Weiß

Deiters Färbemethoden trugen viel zu neuen Entdeckungen bei, für die feinen Verästelungen im Gehirn aber führten auch sie nicht zu aussagekräftigen Ergebnissen. Camillo Golgi, ein italienischer Physiologe mit einem ausgeprägten Interesse an der Erforschung des Nervensystems, sollte 1873 den Durchbruch schaffen.

Golgi arbeitete bei Kerzenlicht in der Küche des Krankenhauses von San Matteo, in dem chronisch Kranke behandelt wurden. Dort entwickelte er eine Färbetechnik, die er die „Schwarze Reaktion" nannte. Dabei wurden die Proben zuerst mit Kaliumdichromat und Ammoniak gehärtet, bevor man sie mit Silbernitrat einfärbte. Das Silbernitrat fällt in den verschiedenen Teilen des Nervengewebes unterschiedlich aus und färbt es nicht durchgehend gleich. Dadurch konnte man die verschiedenen Zellstrukturen besser erkennen. So wurde Golgi klar, dass Zellkörper, Axon und Dendriten alle Teil einer Nervenzelle waren.

Netzwerke oder selbstständige Neuronen?

Dass Golgi die Struktur des Neurons offengelegt hatte, trug leider nicht unbedingt zum Verständnis seiner Funktion bei. Golgi ging davon aus, dass die Dendriten für die Ernährung der Nervenzelle zuständig seien. Als er entdeckte, dass in der grauen Substanz des Gehirns die Axone zu einem dichten Netz verflochten waren, nahm er an, dass die Nervenzellen ein kontinuierliches Netzwerk bildeten. Als er 1873 seine ersten bildlichen Darstellungen von Neuronen veröffentlichte, stellte er auch diese Theorie vor. Da er von einer anastomotischen Struktur ausging, bei der die Teile so miteinander verschmolzen sind, dass sie ein großes Ganzes

PURKINJE-ZELLEN UND AUTISMUS

Man bringt die Purkinje-Zellen heute mit einer ganzen Reihe von Funktionen in Verbindung, u. a. feinmotorischer Kontrolle, Gleichgewicht und Propriozeption (die Wahrnehmung des eigenen Körpers im Raum). Die Verbindungen zwischen den Purkinje-Zellen sind verantwortlich für motorische Fähigkeiten, wie man sie zum Spiel eines Musikinstrumentes braucht oder zum 10-Finger-Blindschreiben auf der Tastatur.

Nahezu 80 Prozent aller Kinder, die eine Störung des autistischen Formenkreises aufweisen, haben Probleme mit der motorischen Kontrolle. 2014 stellte eine Studie fest, dass in diesen Fällen die Purkinje-Zellen auf atypische Weise verbunden sind. Dies lässt vermuten, dass zumindest die motorischen Beeinträchtigungen auf eine Störung in den Purkinje-Zellen zurückgehen.

bilden, glaubte er nicht an die lokale Begrenztheit der Gehirnfunktionen. Zwar könnten Signale in einem bestimmten Teil des Gehirns verarbeitet werden, doch da alles miteinander verknüpft war, schien eine Lokalisierung unwahrscheinlich. 1871 erweiterte der deutsche Physiologe Joseph von Gerlach diese Theorie, indem er das Gehirn als „protoplasmatisches Netzwerk" bezeichnete, ein „Retikulum" von Nervenfasern. Von da an war das Netzwerkmodell des Gehirns in weiten Teilen der Wissenschaftsgemeinde anerkannt.

Andere Physiologen aber fanden, vor allem im Tierversuch, Belege, die dem Netzwerkmodell widersprachen. Wilhelm His studierte die Entwicklung des Nervensystems beim Embryo und kam zu der Schlussfolgerung, dass Nerven eigene Zellen sind wie alle anderen Körperzellen. Die Vorstellung vom funktionell und anatomisch selbstständigen Neuron wiederum ließ sich gut für eine Erklärung lokal begrenzter Gehirnfunktionen heranziehen. Die Frage, ob Neuronen selbstständige Einheiten darstellen oder nur im Verbund funktionieren konnten, wurde so untrennbar mit der Frage verknüpft, ob sich Gehirnfunktionen in bestimmten Arealen lokalisieren ließen oder nicht.

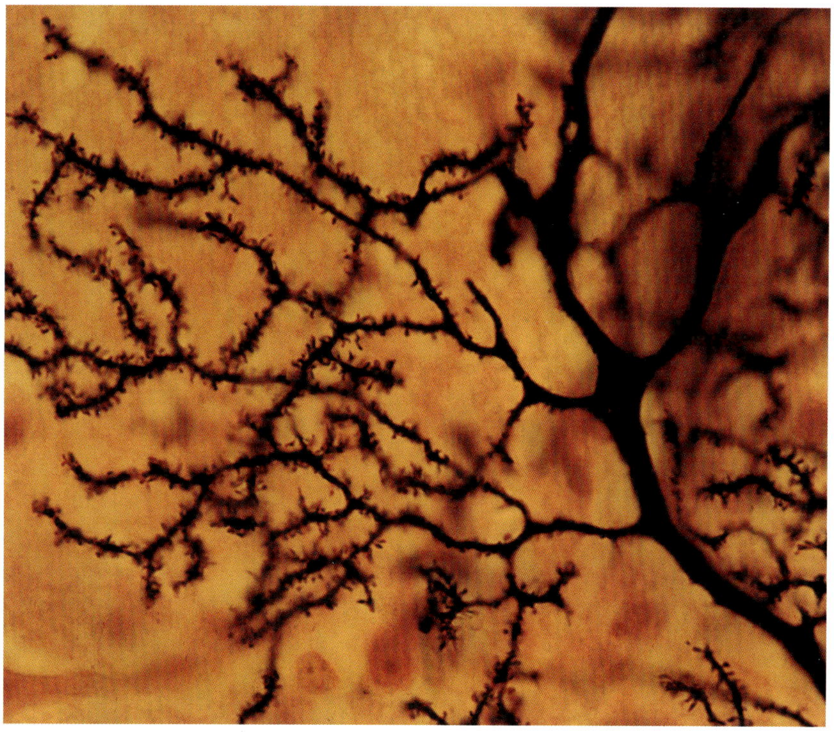

Dendriten, die mithilfe der Golgi-Methode geschwärzt wurden.

Die Neuronentheorie

Den Durchbruch in dieser Frage erzielte der spanische Anatom Ramón y Cajal, der 1887 zum ersten Mal mit der Golgi-Methode gefärbte Neuronen unter dem Mikroskop sah. Cajal hatte Golgis Methode verbessert: Er färbte das Gewebe zweimal mit Silbernitrat. Das ergab klar erkennbare Strukturen, die er in detaillierten Illustrationen festhielt. (Er war schon in seiner Jugend ein begabter Zeichner gewesen.) Seine Darstellungen zeigten, dass Neuronen die unterschiedlichsten Formen annehmen konnten.

Aus Ramón y Cajals Forschung entstand die Neuronentheorie, die er 1894 veröffentlichte: Der grundlegende anatomische und physiologische Baustein des Nervensystems ist das Neuron. Die miteinander verbundenen Neuronen sorgten für die Signalweiterleitung im Nervengewebe. Wobei der Begriff „Neuron" erst 1891 von dem deutschen Anatomen Wilhelm von Waldeyer geprägt wurde, der sich voll hinter Ramón y Cajals Theorie stellte. Er lernte sogar Spanisch, um Cajals Veröffentlichungen im Original studieren zu können.

Interessanterweise bekamen Ramón y Cajal und Camillo Golgi 1906 gemeinsam den Nobelpreis für Medizin für ihre Arbeiten über das Nervensystem, obwohl sie völlig gegensätzliche Theorien vertraten. Golgi widersprach Cajals Theorie, nach der die Nervenfasern aus selbstständigen Zellen bestünden, vehement. Außerdem war er der Auffassung, dass die Dendriten ausschließlich der Ernährung der Zelle dienten. Die Anerkennung, die Cajal zuteilwurde, überschattete in Golgis Augen die eigene Leistung, denn ohne seine Färbemethoden wären die Neuentdeckungen gar nicht möglich gewesen.

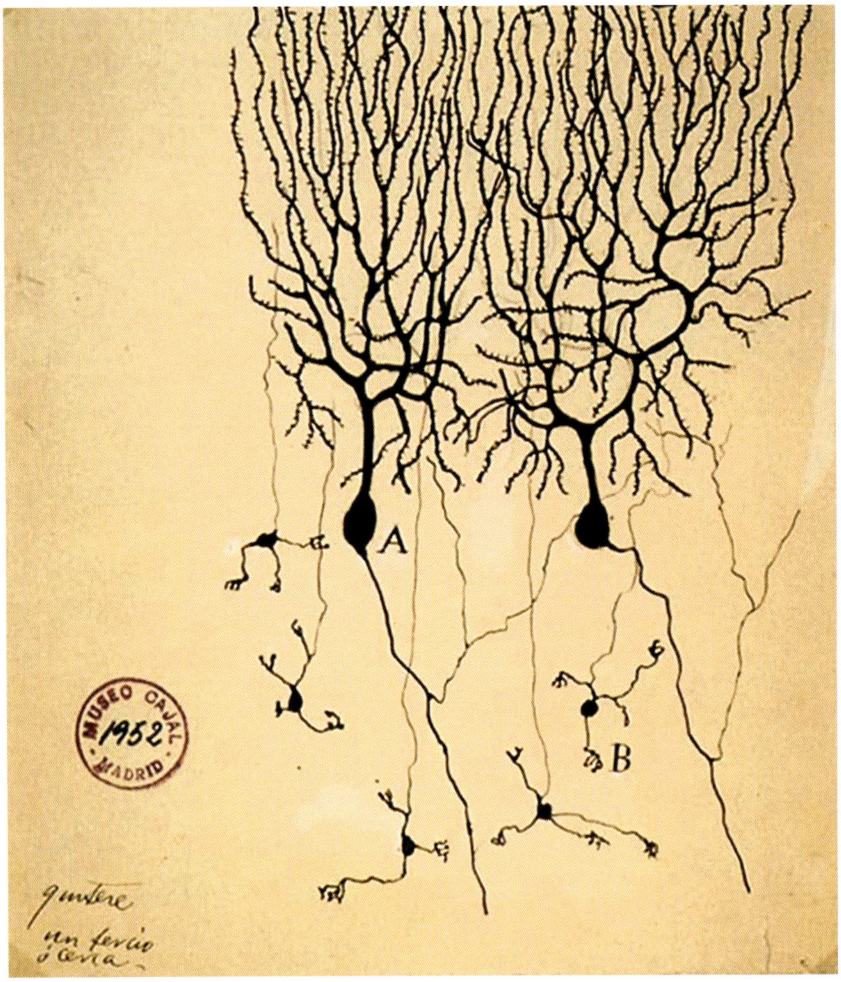

Ramón y Cajals Darstellung einer Purkinje-Zelle. Purkinje hatte allerdings nur den Zellkörper entdeckt. Cajal hingegen konnte die Zelle mit all ihren Verästelungen darstellen.

Von der Lücke zur Synapse

Ein Grund dafür, dass Golgi das Netzwerkmodell vorzog, war, dass sich Nervenfasern mit Myelinscheiden schlecht färben ließen. So konnte er einzelne Neuronen im Netzwerk nicht kenntlich machen. Ramón y Cajal verbesserte nicht nur die Technik, er verwendete auch Präparate von Tiergehirnen, vor allem von Vögeln, die weniger myelingeschützte Zellfortsätze besitzen. (Golgi beschränkte sich auf menschliches Nervengewebe.)

« *Ich drückte mein Erstaunen darüber aus, dass die wunderbar erhellende Kraft der Chrom-Silber-Reaktion in der wissenschaftlichen Welt nicht begeistert begrüßt wurde.* »

Ramón y Cajal,
1917

NEURONEN, NERVEN UND NERVENFASERBÜNDEL

Neuronen sind einzelne Nervenzellen. Ein Nerv besteht aus vielen, an ihren Enden miteinander verknüpften Neuronen. Üblicherweise sitzen die Dendriten am Ende des Neurons, die in engem Kontakt mit den Axonen eines anderen Neurons stehen (ohne damit verbunden zu sein). So bilden sie eine Kette, die vom Sinnesorgan zum Gehirn, vom Rückenmark zum Muskel oder von einer Gehirnregion zu einer anderen verläuft. Nervenfasern sind meist gebündelt. Und so waren es diese Faserbündel, die als Erstes beobachtet wurden: von Herophilos mit bloßem Auge, von den späteren Forschern mit dem Mikroskop.

Bei der Untersuchung des Kleinhirns entdeckte Cajal kleine Lücken zwischen den Korbzellen des Kleinhirns (Interneuronen) und den Zellkörpern der angrenzenden Purkinje-Zellen. Das machte deutlich, dass die Zellen keineswegs miteinander verschmolzen waren. Er fand noch andere gute Gründe für sein Modell: Wenn ein Neuron verletzt wird, setzt der Abbau der Zelle sich nicht an anderen Zellen fort. Bildeten sie aber eine Einheit, wäre dies unvermeidlich.

Von nun an war klar, dass Nervenzellen keine physische Verbindung zueinander hatten, sich aber nichtsdestotrotz sehr nahe kommen. Der Spalt zwischen den Neuronen, den man 1897 Synapse taufte, erfüllt bei der Signalübertragung eine mindestens ebenso wichtige Funktion wie die Nervenzelle selbst. Wie diese funktioniert, wurde allerdings erst in den 1950er-Jahren geklärt, als das Elektronenmikroskop stärkere Vergrößerungen ermöglichte.

Ein Elektronenmikroskop, das statt Licht einen Elektronenstrahl benutzt, um die Präparate abzubilden. Da damit viel geringere Wellenlängen eingesetzt werden können, kann das Elektronenmikroskop stärker vergrößern und detailliertere Bilder liefern.

SANTIAGO RAMÓN Y CAJAL (1852–1934)

Als Junge galt Cajal als rebellisch, ungehorsam und schwierig. Im Alter von elf Jahren sperrte man ihn kurze Zeit ein, weil er das Gartentor eines Nachbarn mit einer selbst gebastelten Kanone zerstört hatte. Er war ein guter Schüler und ein hervorragender Zeichner. Doch offensichtlich wusste man sein Talent nicht zu schätzen, denn er wurde zu einem Schuhmacher und Barbier in die Lehre gegeben. Später hoffte der Vater allerdings, seinen Sohn zum Arzt ausbilden zu können, indem er ihn auf Friedhöfe mitnahm, um nach Knochen zu suchen, die er untersuchen konnte. Cajal fing an, die Knochen zu zeichnen, und entschied sich für eine medizinische Ausbildung. Zunächst diente er als Sanitäter in der spanischen Armee, für die er 1874–1875 in Kuba war, wo er Malaria und Tuberkulose bekam. Er verließ daraufhin die Armee und fing an, in Valencia Anatomie zu lehren.

Zunächst erforschte er Krankheiten und Epithelzellen (aus denen das Deckgewebe im menschlichen Körper besteht). Nachdem er 1887 Golgis Färbemethode entdeckt hatte, wandte er sich dem Nervensystem zu. Ramón y Cajals künstlerische Fähigkeiten trugen viel zu seinem Erfolg bei. So war er in der Lage, Strukturen dreidimensional darzustellen und untersuchte, wie die einzelnen Schnittpräparate zusammenpassten.

Da er mit der Neuronentheorie eine wichtige Grundlage für das weitere Studium des Nervensystems lieferte, bezeichnet man ihn heute häufig als „Vater der Neurowissenschaften".

Elektrizität ist chemisch

Ende des 19. Jahrhunderts standen also zwei Theorien fest, doch irgendwie mussten sie noch verknüpft werden: die von Emil du Bois-Reymond, derzufolge Nerven elektrische Impulse weitergeben; und die, dass das Nervensystem aus einzelnen Zellen namens Neuronen besteht, die in großer Zahl im Gehirn und im Rückenmark vorkommen.

Es gab gewisse Spannungen zwischen den Forschern, die ein mechanistisches Modell propagierten, und jenen, die Raum für etwas Ätherisches wie zum Beispiel die Seele lassen wollten. Letztere waren durchaus bereit, der Elektrizität eine gewisse Rolle zuzugestehen, da sie physikalisch ja noch nicht erklärt war. Erstere hingegen untersuchten den Spalt zwischen den Nervenzellen nach einem Modus der Signalübertragung, die letztlich chemisch erfolgen musste.

Vergiftete Pfeile

Der erste Hinweis kam von einem französischen Physiologen namens Claude Bernard (1813–1878). Er wollte die Wirkung von Curare erforschen, einem Gift, das Indianerstämme in Südamerika benutzten. Ein Tier oder Feind, der von einem in Curare getränkten Giftpfeil getroffen wurde, reagierte zunächst mit Lähmung, der dann später das Ersticken folgte. 1844 konnte Bernard zeigen, dass das Gift die Signalübertragung an den motorischen Nerven blockierte, was er als „Vergiftung des Nervs" bezeichnete. Sein Schüler, der französische Histologe Alfred Vulpian, wies nach, dass Curare an der Verbindung zwischen Nerv und Muskel wirkte. Vulpian stellte daher die These auf, dass es eine Lücke zwischen den Nervenenden und den Muskelzellen geben müsse, und zwar noch bevor Ramón y Cajal dieselbe gefunden hatte. Vulpian meinte, der Impuls vom Nerv zum Muskel würde chemisch übertragen. Und eben diese Übertragung würde das Curare stören.

Brechnuss (Strychnos toxifera), *die Pflanze, aus der das Pfeilgift Curare gewonnen wird.*

NERVENGIFTE

Curare ist ein sogenanntes „Neurotoxin" (Nervengift). Neurotoxine blockieren oder stören die Signalweiterleitung durch die Nervenzellen. Curare wirkt als Inhibitor an den Rezeptoren der Nervenzelle: Es besetzt die Bindungsstellen für einen Neurotransmitter (in diesem Fall nikotinisches Acetylcholin) an dem Spalt zwischen einem Motoneuron und einer Muskelzelle. So können die Natriumionen, die für die Kontraktion des Muskels wichtig sind, nicht mehr in die Muskelzellen gelangen. Dadurch wird jede Muskelbewegung im Körper verhindert, was auch für die Atemmuskulatur gilt. Heute wird Curare in niedriger Dosierung für die Entspannung der Muskulatur genutzt.

Ein chemisches „Druckmittel"

Curare ist nicht der einzige Stoff, der sich auf Nerven und Muskeln auswirkt. Im späten 19. und frühen 20. Jahrhundert experimentierte man mit einem Extrakt der Nebennieren, den ein polnischer Physiologe namens Napoleon Cybulski 1895 entdeckt hatte. Dieser enthielt den Stoff, den wir heute als „Adrenalin" oder „Epinephrin" kennen. Letzteres erwies sich im Tierversuch als massiv blutdrucksteigernd. Der deutsche Neurologe Max Lewandowsky fand heraus, dass der Extrakt, wenn er ihn einer Katze injizierte, zum Zurückziehen der Nickhaut (einer schützenden Membran im Auge) führte. Später entdeckte er, dass sich derselbe Effekt einstellte, wenn er die Verbindung der Nickhaut zum Gehirn durchtrennte, den Extrakt aber dann lokal auftrug. Dies bewies, dass die Substanz direkt auf den Muskel einwirkte und nicht über den Nerv.

Der englische Physiologe John Langley zeigte 1901, dass eine elektrische Stimulation der Sympathikus-Nerven dieselbe Wirkung hervorrief wie die Injektion des „Druckmittels" Adrenalin. Die Resultate von Lewandowsky und Langley zusammengenommen bewiesen, dass der elektrische Impuls auf den Muskel chemisch übertragen wurde. Der englische Physiologe Thomas Renton Elliott stellte 1905 die Theorie auf, dass die Stimulation der Sympathikus-Nerven dazu führte, dass diese an ihren Enden das „Druckmittel" freisetzten, welchem er den Namen „Adrenalin" gab. Dieses löse dann im Muskel den physiologischen Effekt aus. In den 1960er-Jahren zeigten Bernard Katz und Paul Fatt, dass durch die Freisetzung von Acetylcholin Ionenkanäle in der Muskelwand geöffnet wurden. Dies wiederum verursacht einen elektrischen Strom, der den Muskel zum Kontrahieren veranlasst.

Vom „Vagusstoff" zum Neurotransmitter

Das entscheidende Experiment erfolgte 1921 und wurde von dem deutschen Physiologen Otto Loewi durchgeführt. Loewi meinte, die Idee dazu sei ihm im Traum gekommen. Er wachte nachts auf und schrieb sie nieder. Leider konnte er am Morgen das Geschriebene nicht mehr lesen. Als er denselben Traum wieder hatte, marschierte er mitten in der Nacht in sein Labor und probierte es aus. Sein Experiment bewies, dass chemische Stoffe und bioelektrische Impulse für die Reizweiterleitung in den Nerven verantwortlich waren. Wie so oft, traf es auch hier wieder die unglücklichen Frösche.

Loewi wusste, dass die Herzfrequenz eines Froschs abfiel, wenn er dessen Vagusnerv stimulierte. Dagegen stieg sie an, wenn er den Sympathikus anregte. Seine These war, dass der Reiz die Nerven dazu veranlasste, einen chemischen Stoff auszuschütten, der im Falle des Vagus (Parasympathikus) für Verlangsamung, im Falle des Sympathikus für Beschleunigung des Herzschlags sorgte. Loewi stimulierte also den Vagusnerv eines Frosches in einer Kochsalzlösung, bis das schlagende Herz sich beruhigte. Dann legte er in dieselbe Lösung ein zweites Froschherz, dessen Verbindung zum Vagus und Sympathikus durchtrennt war. Auch der Herzschlag

Das Nervensystem des Sympathikus kontrolliert automatische Reaktionen wie zum Beispiel den Kampf-oder-Flucht-Impuls.

dieses Herzens beruhigte sich. Damit war klar, dass dafür ein chemischer Stoff verantwortlich war, den Loewi zunächst „Vagusstoff" nannte. Dieser wurde später als Acetylcholin identifiziert, der wichtigste Neurotransmitter (Botenstoff) des Nervensystems.

Loewi hatte Glück, dass sein Experiment funktionierte. Er hatte eine Froschart gewählt, die im Vagusnerv sowohl inhibitorische (hemmende) als auch exzitatorische (anregende) Fasern besitzt. Loewi führte sein Experiment im Winter durch, wenn die inhibitorischen Fasern aktiver sind. Und es war kalt im Labor, sodass das Enzym, das das Acetylcholin abbaut, nur langsam wirkte. Es blieb also genug Acetylcholin übrig, um auch das zweite Herz zu stimulieren. Hätte er das Experiment im Sommer durchgeführt, hätte er wohl keinen Erfolg gehabt.

Von Nerv zu Nerv

Der Mechanismus, der ein Neuron in die Lage versetzt, ein Signal auf einen Muskel zu übertragen, gibt über den Synapsenspalt auch Signale an andere Neuronen weiter. Obwohl Acetylcholin zunächst nur an der Schnittstelle zwischen Nervenenden und Muskeln nachgewiesen wurde, entdeckte man bald, dass es auch zwischen Neuronen wirkte. Leider lehnten viele Physiologen die Vorstellung von Neurotransmittern ab und glaubten, nur Bioelektrizität sei für das Funktionieren der Nerven von Bedeutung.

UND ES GIBT SIE DOCH ... DIE FESTE VERBINDUNG

Erst im 21. Jahrhundert kam ans Licht, dass manche Synapsen im Gehirn fest mit anderen verbunden sind, sodass sie als Einheit wirken und bei der Signalübertragung keine Neurotransmitter ausgeschüttet werden. Manchmal aber wird an der präsynaptischen Endigung auch mehr als ein Neurotransmitter frei. Die Kommunikation zwischen den Nervenzellen scheint also komplexer und flexibler zu sein als ursprünglich gedacht.

TÖTEN ODER HEILEN

Viele chemische Stoffe können in den Übertragungsprozess von Synapse zu Synapse eingreifen. Tatsächlich ist dies der kritischste Moment in der Signalübertragung. Ein solches Nervengift ist zum Beispiel Sarin, dessen Herstellung und Verwendung mittlerweile weltweit verboten ist (Chemiewaffenkonvention). Sarin hemmt die Aktivität der Acetylcholinesterase, die den Neurotransmitter abbaut, sobald er seine Arbeit getan hat. Wenn dieses Enzym gehemmt wird, nimmt das Acetylcholin im Körper überhand. Dann kommt der Muskel nicht mehr aus der Kontraktion heraus. Auch hier kommt es am Ende zur Atemlähmung, obwohl der Effekt der gegenteilige ist wie der des Curares. Schmerzmittel hingegen wirken zu unserem Vorteil. Das Aspirin zum Beispiel blockiert die Produktion von Prostaglandinen, die Schmerzsignale an das Gehirn senden. So nimmt unser Gehirn nicht wahr, dass wir Schmerzen haben.

Bei einem Terrorangriff in der U-Bahn von Tokio wurde 1995 Sarin eingesetzt. Zwölf Menschen starben.

Rettende Kalmare

1939 testeten die englischen Physiologen Alan Hodgkin und Andrew Huxley das Modell des „Aktionspotenzials“ an den großen Axonen des

Der Gemeine Kalmar (Loligo vulgare) *ist aufgrund seiner großen Axone für die Erforschung des Aktionspotenzials wunderbar geeignet.*

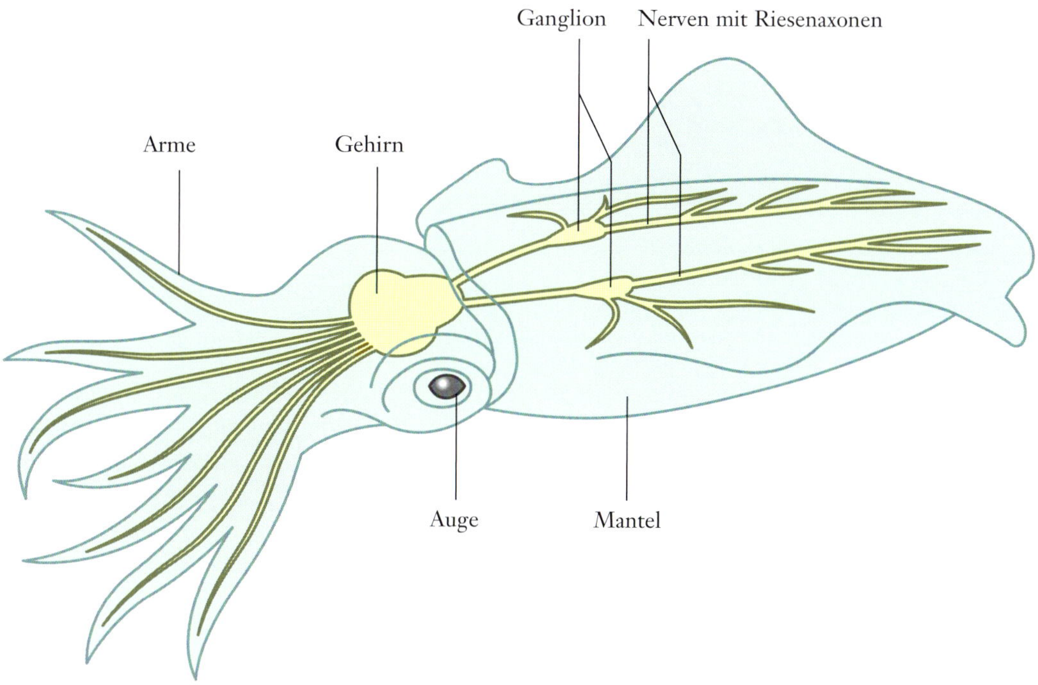

NEGATIVE UND POSITIVE IONEN

Anders als bei der Leitung von Elektrizität in einem Kabel ist das Nervensignal oder der „Impuls" anfangs rein chemischer Natur. Er beruht auf dem Übergang von Ionen in die Zellmembran. Ionen sind Moleküle mit elektrischer Ladung, die entweder negativ oder positiv ist. In Ruhestellung (das Neuron trägt keinen Impuls) existiert ein Unterschied in der Konzentration von negativen und positiven Ionen innerhalb und außerhalb der Nervenzelle. Das Innere des Neurons weist eine positive Ladung auf, während die Zellflüssigkeit außerhalb negativ geladen ist. An der Membran entsteht also ein Potenzial: Man nennt es das „Ruhepotenzial" des Neurons.

Die Bewegung der Ionen wird durch Proteine in der Zellmembran gesteuert, die man auch „Ionenkanäle" oder „Ionenpumpen" nennt. Nur dort können Ionen die Zellwand passieren. Durch diese Passage ändert sich die Polarität der Zelle. Sie geht vom „Ruhepotenzial" zum „Aktionspotenzial" über. Die Vorstellung, dass eine selektiv permeable Membran das Neuron umgibt und das Ruhe- bzw. Aktionspotenzial bestimmt, stammt von dem deutschen Physiologen Julius Bernstein, der sie 1902 veröffentlichte.

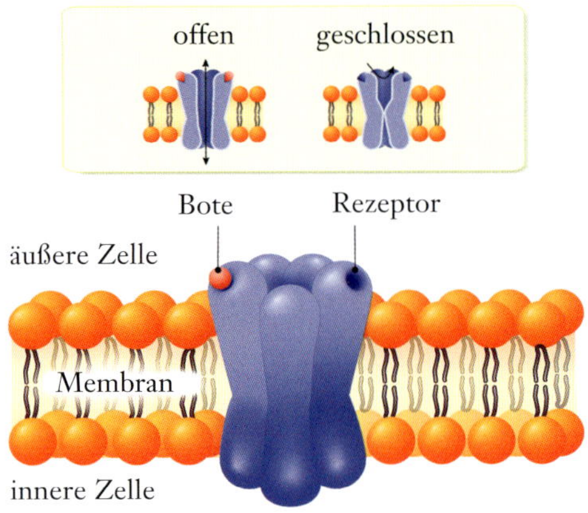

Gemeinen Kalmars (siehe Seite 95). Diese Axone besitzen einen Durchmesser von nahezu 1 Millimeter und sind daher mit bloßem Auge sichtbar.

Das Prinzip, demzufolge elektrischer Strom durch eine Nervenfaser fließt, wurde bereits von Galvani Ende des 18. Jahrhunderts beschrieben. Seine Theorie der „elektrischen Erregung" sieht das ruhende Gewebe im „Ungleichgewicht" – daher ist es fähig, auf äußere Reize mit elektrischen Signalen zu reagieren. Galvani verglich dies mit einer Leidener Flasche, die statische Elektrizität zwischen ihren inneren und äußeren Schichten speichert. Die „tierische Elektrizität" von Galvanis Modell ist das Resultat von positiven bzw. negativen Ladungen an den inneren und äußeren Oberflächen von Muskel- bzw. Nervenfaser. Galvani meinte, dass wassergefüllte Kanäle die Oberfläche der Fasern durchdringen und den Fluss der Ladungen ermöglichen, der für die elektrische Erregung sorgt. Wie bei der Leidener Flasche solle es außen eine isolierende Schicht geben, die jedoch Löcher aufweist, die an bestimmten Stellen die Ladung durchlassen.

Huxley und Hodgkin fanden den Mechanismus, den Galvani über seine Arbeit mit den riesigen Axonen des Kalmars beschreibt. Sie versuchten, die produzierte Spannung zu messen und die Ionen zu identifizieren, die das Aktionspotenzial auslösten. Da das Kalmar-Axon so groß ist, konnten sie einen Draht hindurchführen und es an Elektroden anschließen. So konnten sie die Spannung an der Zellmembran messen. Die Technik der „Spannungsklemme" (später „Patch Clamp") ist bis heute ein wichtiges Instrument der elektrophysiologischen Forschung.

Damit ein Neuron einen elektrischen Impuls produzieren kann, muss die Spannung innerhalb und außerhalb der Zelle unterschiedlich sein. Dann können geladene Ionen entlang des Konzentrationsgradienten in das Axon eindringen oder aus dem Axon herausgelangen. Dies führt zu einem plötzlichen Spannungsumschlag – das Aktionspotenzial. Die Spannungsklemme misst die Spannung am Axon und liefert genug Strom, um es auf dem Niveau zu halten, das der Forscher vorgegeben hat. Da die Klemme die Spannung ständig

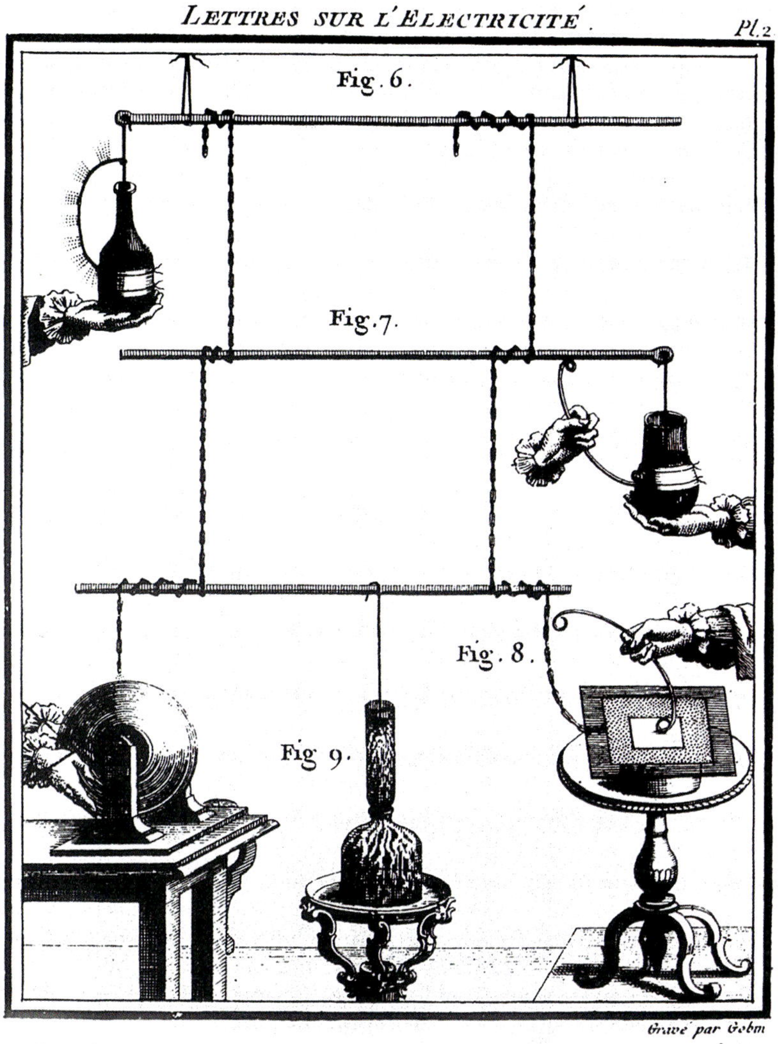

Eine Leidener Flasche speichert statische elektrische Ladung durch Drehen einer Glaskugel (unten links). Diese Elektrizität kann dann einen Funken aussenden oder einen Schlag versetzen, wenn der Stromkreis zwischen dem Inneren der Flasche und den äußeren leitenden Schichten wieder geschlossen wird.

ausgleichen muss, um die Auswirkungen des Ionentransfers an der Membran auszugleichen, zeigt die Aufzeichnung dieser Spannungswechsel sehr schön, wie die Ionen wirken. (Sie erzeugen einen gleich starken, aber entgegengesetzt gerichteten Strom im Vergleich zu dem, den die Spannungsklemme hält). So konnten Hodgkin und Huxley die veränderliche Spannung beim Aktionspotenzial in der Zelle messen. Sie veröffentlichten ihre Resultate 1952.

1961 führten Peter Baker, Alan Hodgkin und Trevor Shaw ein Experiment durch, bei dem sie die Zellflüssigkeit in einem Kalmaraxon durch andere Ionenlösungen ersetzten. So stellten sie fest, dass die Ionen, die das Aktionspotenzial erzeugten, Natrium (Na+) und Kalium (K+) waren. In Ruhe lässt die Neuronenmembran hauptsächlich Kaliumionen durch. Wenn das Aktionspotenzial „verfeuert" ist, wird die Membran durchlässiger für Natrium.

SIND NERVEN ALSO DOCH HOHL?

Nach all den Bemühungen zum Beweis, dass die Nervenfaser nicht hohl ist, stellte sich heraus, dass das Nervengewebe aus Neuronen besteht, die letztlich flüssigkeitsgefüllt sind. Doch die Flüssigkeit fließt nicht von einem Ort zu einem anderen – sie bleibt im Neuron. Was fließt, ist der elektrische Strom innerhalb der Flüssigkeit des Neurons.

Verbindungen und Konnektome

Ende des 20. Jahrhunderts hatte der Mensch also ein grundlegendes Verständnis für die Arbeitsweise des Nervensystems erworben. Es war klar, dass die Impulse als Aktionspotenzial durch die Nervenzellen geleitet wurden, die wiederum durch die elektrische Ladung von Ionen ausgelöst wurden. Der Synapsenspalt wird überwunden durch chemische Stoffe, die dort frei werden. Diese lösen wiederum das elektrische Signal im nächsten Neuron aus oder veranlassen einen Muskel zur Kontraktion. Nun blieb nur noch, das unglaubliche Netzwerk aus zahllosen Verbindungen auf seine Funktion hin zu untersuchen.

HIRNSUPPE

Eine winzige Menge menschlichen Hirngewebes kann Millionen Neuronen enthalten. Wie viele haben wir davon also in unserem Gehirn? Bis 2012 wusste das niemand so genau. Dann nahm die brasilianische Neurowissenschaftlerin Suzana Herculano-Houzel Proben aus dem Gehirn von Männern, die an nicht-neurologischen Erkrankungen gestorben waren, und stampfte sie zu Brei. Dann zählte sie die Neuronen in einer gewissen Menge dieser „Hirnsuppe". Davon ausgehend schätzte sie die Anzahl von Neuronen in einem durchschnittlich großen Gehirn und kam auf 86 Milliarden.

ALZHEIMER-ERKRANKUNG

Die Alzheimer-Erkrankung führt zu Demenz und schwerwiegenden Verhaltensänderungen. Autopsien zeigen, dass sich im Gehirn Plaques aus Beta-Amyloid-Peptiden bilden, einem natürlichen Produkt der Hirnaktivität. Das Protein wird gewöhnlich abgebaut, doch dieser Prozess ist bei Alzheimer-Erkrankten gestört. Es bleiben Plaques zurück, die diese Signalweiterleitung an den Synapsen stören. 2016 haben Versuche an Alzheimer-Mäusen ergeben, dass das Enzym BACE1 das Verklumpen der Peptide verhindert und damit die Ausbildung der Plaques. Möglicherweise bietet sich hier eine Behandlungschance.

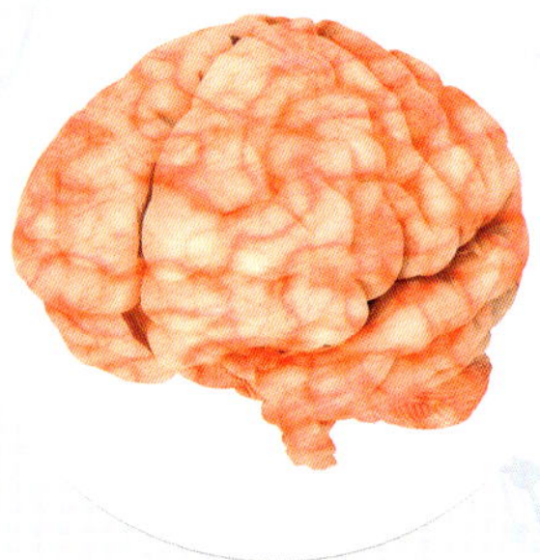

Gesundes Gehirn

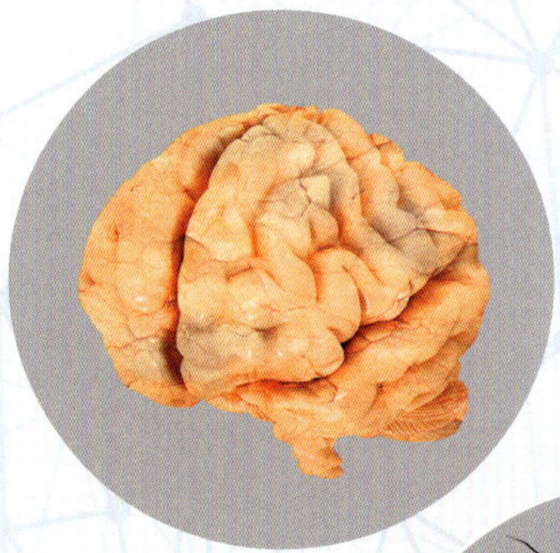

Alzheimer-Erkrankung

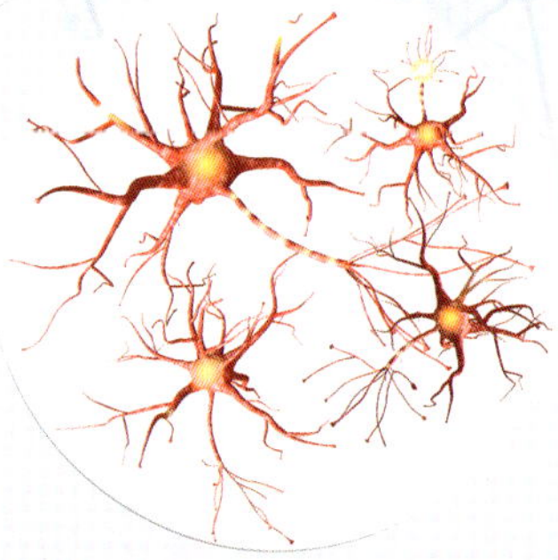

Gesunde Neuronen

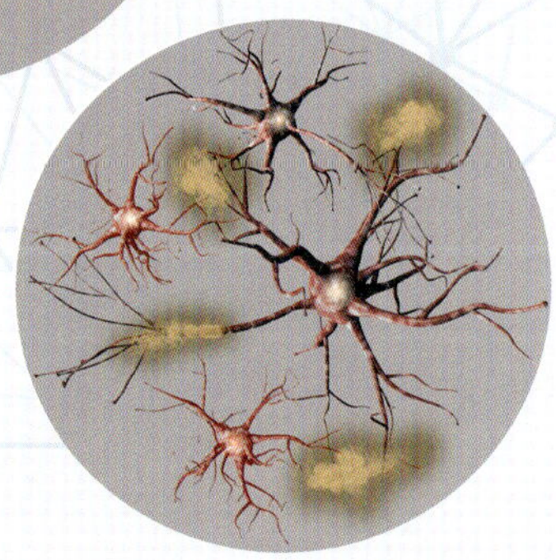

Erkrankte Neuronen

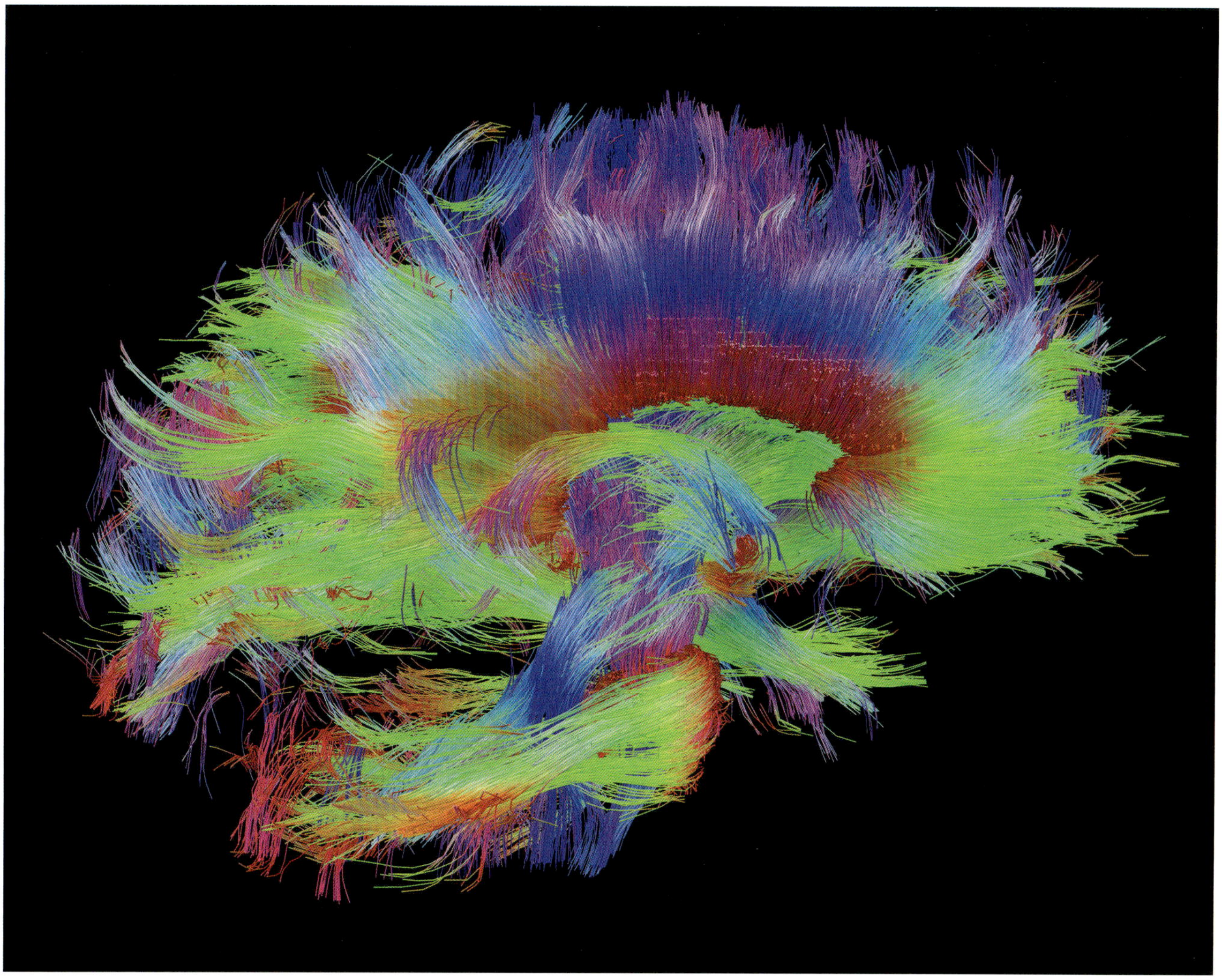

Die Bewegung von Wassermolekülen in einem gesunden Gehirn: Diffusions-Tensor-Aufnahmen zeigen die Verbindungen im Gehirn auf.

Das periphere Nervensystem lässt sich am leichtesten untersuchen. Es ist relativ einfach, Neuronen bis in ihre Enden in der Haut, in den Muskeln, in inneren Organen oder Sinnesorganen zu verfolgen. Der Großteil der Neuronen aber befindet sich in unserem Gehirn und ist Teil des zentralen Nervensystems. Dort kann jede Nervenzelle bis zu 7000 Verbindungen zu anderen Zellen haben. Diese aufzuzeigen ist Aufgabe des Human Connectome Project (HCP). Unter „Konnektom" versteht man die Gesamtzahl der Neuronenverbindungen in einem Gehirn oder Organismus. Das HCP ist ein Zusammenschluss von Forschern der Washington University, der University of Minnesota und der Universität Oxford. Es hat sich zum Ziel gesetzt, die Verkabelung des Gehirns von 1200 gesunden Erwachsenen durch bildgebende Verfahren zu vermessen. Die Daten werden vierteljährlich veröffentlicht. So ist das Projekt das neurowissenschaftliche Gegenstück zum Human Genome Project, in dem das menschliche Erbgut registriert wurde.

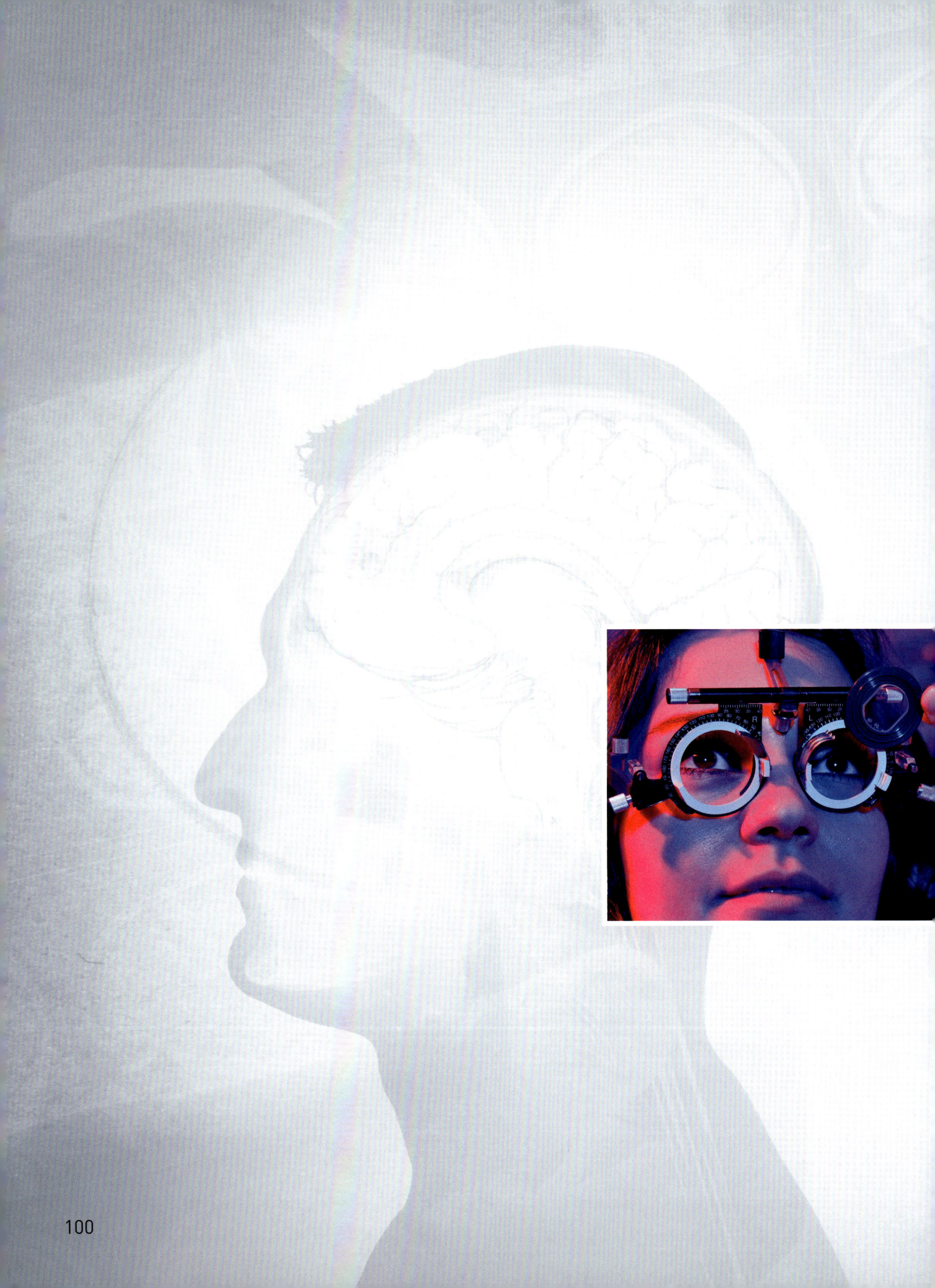

KAPITEL 6

SINN UND SENSIBILITÄT

Sinneswahrnehmung besteht darin, dass der Sinnesapparat durch Vermittlung der Nerven und als Resultat einer äußeren Ursache ein Wissen von bestimmen Eigenschaften oder Bedingungen erhält, aber nicht von den äußeren Körpern, sondern von den Nerven selbst.

Johannes Müller, 1840

Die Aufgabe des motorischen Systems besteht darin, die Muskeln zu einer Kontraktion zu veranlassen und so den Körper in Bewegung zu versetzen. Die Aufgabe der Sinne ist es, Reize aus der Außenwelt und aus dem Inneren des Körpers aufzuspüren. Diese Reize – Licht, Geräusche, Gerüche, Geschmäcker und Berührungen – werden vom Gehirn verarbeitet, damit wir auf unsere Umwelt reagieren können. Aufgrund dieser Reize setzt das Gehirn dann das motorische System in Bewegung oder aber es reagiert darauf mit Einsicht bzw. Emotionen und speichert sie im Gedächtnis.

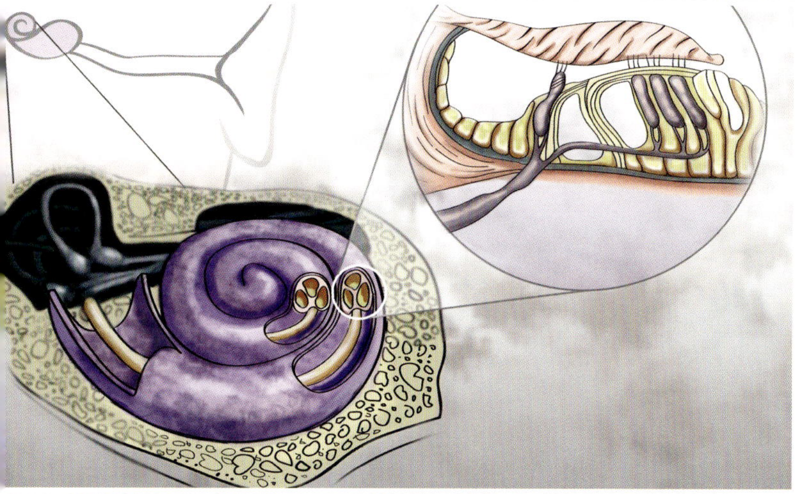

SINN UND SENSIBILITÄT

Arbeitsteilung

Selbst in der Antike wurde bereits zwischen den Sinnesorganen, die Daten empfangen, und dem Sinnesapparat – Gehirn oder Herz - unterschieden, der diese Daten zu einer bewussten Sinneserfahrung verarbeitet. Man kann diesen Mechanismus in drei Phasen einteilen: den Empfang des Reizes, die Weiterleitung des Reizes ans Gehirn und die Verarbeitung des Reizes.

Frühe Forschungsarbeiten versuchten herauszufinden, wie die Sinneswahrnehmung rein mechanisch abläuft. Später fragte man sich, inwiefern die Sinne sich unterscheiden bzw. was sie gemeinsam haben.

Innen und außen

Die äußeren Sinnesorgane regeln die Beziehung unseres Körpers zur Welt. Damit wir feststellen können, wie sie arbeiten, müssen wir wissen, wie die Welt aufgebaut ist, wie zum Beispiel Licht funktioniert. Denn bevor der Mensch kein klares Verständnis von Licht- und Schallwellen oder der Chemie von Geschmack und Geruch hatte, war es unmöglich, die Funktion der Sinnesorgane zu begreifen.

Unser geistiges Auge?

Der erste Sinn, der eingehend erforscht wurde, war das Sehvermögen. Das lag einerseits wohl daran, dass das Sehen für den Menschen so wichtig ist, hatte aber auch damit zu tun, dass wir diesen Sinn problemlos ausblenden können, indem wir die Augen schließen.

Der Optiker kann Fehler im Sinnesorgan Auge mit Brillen, Kontaktlinsen oder Operationen korrigieren. Entsteht der Fehler aber im Gehirn, ist er schwieriger zu beheben.

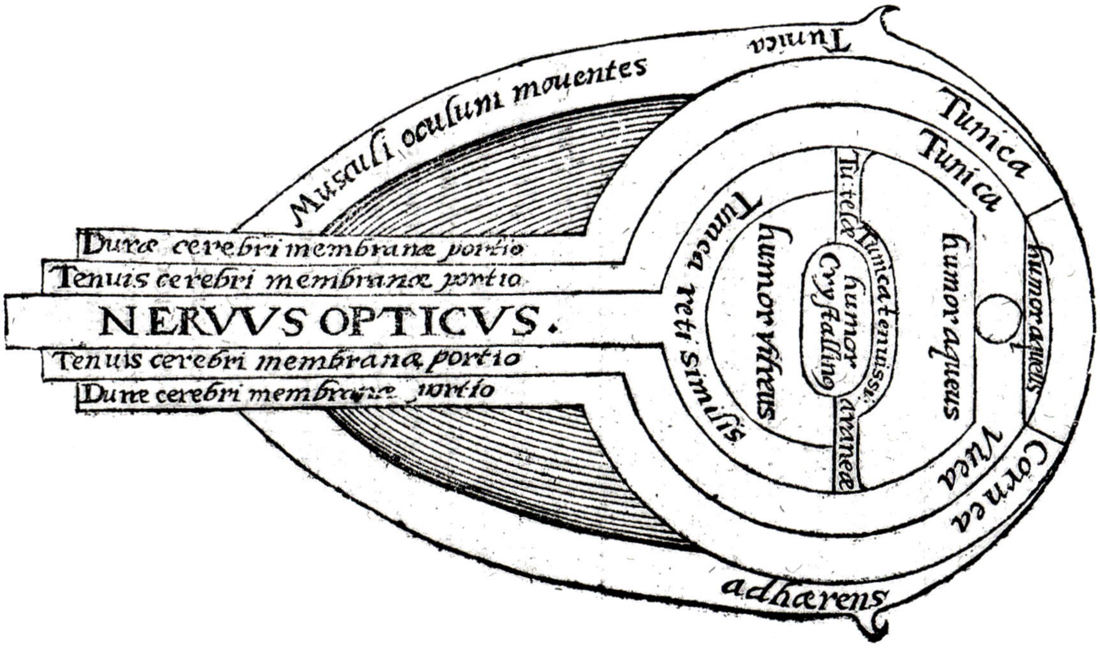

Alhazen zeichnete den Sehnerv, der von der Rückseite des Auges wegführt. Seiner Ansicht nach entsprang er in den innersten „Schichten" des Auges und war für die äußere Form des Augapfels verantwortlich.

Eindrücke vermitteln

Aus dieser Beobachtung entstand möglicherweise eine der ersten Theorien des Sehens: dass das Auge einen Strahl aussendet, der den fraglichen Gegenstand erfasst. Auf diese Weise entstünde ein „Eindruck". Diese „Emissionstheorie" des Sehens wurde bereits im 5. Jahrhundert v. Chr. durch Alkmaion von Kroton und Empedokles aufgestellt. Demokrit entwickelte sie später weiter. Er ging davon aus, dass äußere Objekte in der Luft einen solchen „Eindruck" hinterließen. Theophrastos von Eresos (ca. 371–287 v. Chr.) betrachtete die Luft, die zwischen dem äußeren Objekt und dem Auge lag, als Festkörper. Der „Eindruck", der der Luft vermittelt wird, prägt sich dann dem Auge ein wie ein Stempel dem Wachs.

WAHRNEHMUNG UND MATERIE

Der griech. Philosoph Demokrit (ca. 460–370 v. Chr.) war der Erste, der die Wahrnehmung rein materialistisch zu erklären suchte: Bei einem Sinneseindruck nehme das Auge „Atome" von der Materie auf und leite sie ans Gehirn weiter.

Doch es gibt ein klares Gegenargument gegen die Emissionstheorie: Wenn das Auge selbst Strahlen aussendet, dann müssten wir ja auch im Dunkeln sehen können. Empedokles fand darauf eine Antwort: Es müsse beim Sehen stets zu einer Interaktion zwischen den Strahlen des Auges und einer äußeren Lichtquelle kommen. Nach Empedokles übernahmen auch Platon, Ptolemäus und Galen die Emissionstheorie. Dies sorgte dafür, dass sie in Europa und der arabischen Welt bis fast ins 18. Jahrhundert Gültigkeit behielt.

Aristoteles hingegen entwickelte eine eigene Theorie, derzufolge Licht auf das Auge auftreffe. Einige arabische Gelehrte des Mittelalters, die ausgiebige Forschungen zum Sehvorgang anstellten, stützten diese Auffassung. Im frühen 10. Jahrhundert beschrieb Rhazes, wie die Pupille sich zusammenziehe und weite. Im 11. Jahrhundert bemerkte Alhazen, dass starkes Licht das Auge verletzen könne. Avicenna nahm ebenfalls an, dass das Auge Licht empfange und nicht aussende. Doch all diese Beobachtungen reichten offensichtlich nicht aus, um die beliebte Sehstrahl-Theorie zu entkräften.

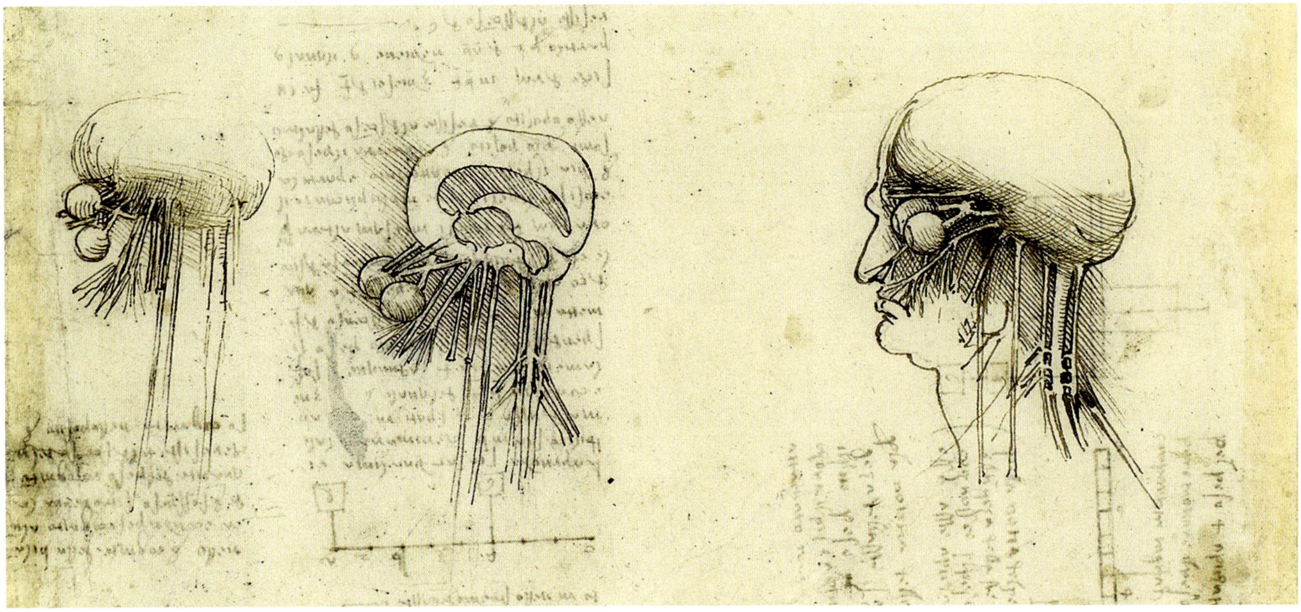

Leonardo da Vincis Darstellung des Auges zeigt, wie der Sehnerv in den vorderen Part des Gehirns eintritt.

Die Optik und der Sehnerv

Galen ging davon aus, dass die Netzhaut und der Sehnerv eine Fortsetzung des Gehirns darstellten. Seiner Ansicht nach reisten „visuelle Geister" durch den Sehnerv und das Auge zur Linse („kristalliner Saft"), die er für das wichtigste Element im Sehapparat ansah. Dort würde sich der *spiritus visualis* mit dem Licht vermischen, einen visuellen „Eindruck" aufnehmen und diesen zurück ins Gehirn leiten. Dasselbe System beschrieb Meister Nikolaus von Salerno 1000 Jahre später fast unverändert.

Ein anderer Wind weht

Leonardo da Vinci hing ursprünglich der Sehstrahl-Theorie an, aber später änderte er seine Meinung. 1583 stellte der Schweizer Physiologe Felix Platter die Auffassung infrage, die Linse sei das wichtigste Objekt des Sehapparates. Seiner Ansicht nach war der Sehnerv die entscheidende organische Struktur beim Sehen. Bald dachte man auch über die Bedeutung der Netzhaut nach.

Vom Licht zum Sehen

Descartes war einer der Ersten, der versuchte, das Problem des Sehens durch Rückgriff auf physikalische Erkenntnisse über das Licht und den Körper zu lösen. Er teilte das Sehen in zwei Phasen auf: die eine sei rein mechanisch, in der anderen lese das Gehirn die gelieferten Daten, um sodann einen visuellen Eindruck zu schaffen. Das ließ sich gut mit Descartes dualistischer Vorstellung von Körper und Seele als getrennten Einheiten vereinbaren. Im Grunde aber entspricht es der Vorstellung, die wir vom Sehen heute noch haben. Wir wissen, dass Farbe nichts weiter ist als die Reflexion von Licht einer bestimmten Wellenlänge, das die Zellen in der Netzhaut anregt, die auf diese Wellenlänge

WIE MAN EIN AUGE SEZIERT

Leonardo machte dazu einen Vorschlag: Man solle den einem Leichnam entnommenen Augapfel in Eiweiß legen und ihn dann pochieren, sodass er im gekochten Ei festsitze. So könne man ihn besser in Scheiben schneiden (obwohl es damals ja noch kein Mikroskop gab).

spezialisiert sind. Das Gehirn interpretiert diese optische Information dann als Farbe. Obwohl Descartes die physikalische Seite des Sehvorgangs also falsch einschätzte, lag er richtig damit, dass das Gehirn das visuelle Bild aus den Informationen des Sinnesorgans konstruiert.

SEHSTRAHLEN

Der englische Dichter John Donne setzte im 17. Jahrhundert unverdrossen auf die Sehstrahl-Theorie: *„Unsere Augenstrahlen kreuzen sich, als hingen unsere Augen an einem doppelten Faden."* John Donne (1573–1631), The Extasie

Sehen lernen?

Descartes gestand dem Gehirn die Fähigkeit zu, die Informationen vom Auge verarbeiten zu können. Es interpretierte also das Gesehene. 1688, lange nach seinem Tod, stellte der irische Naturphilosoph William Molyneux John Locke brieflich eine Frage: Ob ein Mann, der seit Geburt an blind war und nun plötzlich wieder sehen könne, in der Lage wäre, zwischen einem Quader und einer Kugel zu unterscheiden – nur durch sein Sehvermögen. Diese Frage kennt man seitdem als das „Molyneux-Problem" und sie löste eine Diskussion darüber aus, ob uns das Sehen angeboren ist oder ob wir es erlernen müssen. Molyneux war der Auffassung, es sei erlernt. Ein Mann, der also urplötzlich sein Sehvermögen wiedererlangte, könne nicht zwischen Quader und Kugel unterscheiden. Der Mann hätte sicher ein „Schema" im Kopf, eine Vorstellung, die er durch seinen Tastsinn erlangt habe. Aber welche visuellen Objekte nun dieser Vorstellung entsprächen, davon könne er kein Wissen haben. Locke schloss sich dieser Ansicht an.

Am Ende stellte sich heraus, dass die beiden recht hatten. 2006 ergaben Tests in Indien und den USA mit von Geburt an blinden Menschen, die nach einer Operation ihr Sehvermögen wiedererlangten, dass sie nicht automatisch zwischen visuellen Erfahrungen und den durch Tastsinn gewonnenen Eindrücken eine korrekte Verbindung herstellen konnten. Aber bis zum Ende der Kindheit waren sie trotzdem fähig, sehen zu lernen. Wenn man sie nach einiger Zeit erneut einem Test unterzog, stellte sich heraus, dass sie gut 80 bis 90 Prozent des visuellen Erkenntnisvermögens eines von Geburt an Sehenden erlangt hatten.

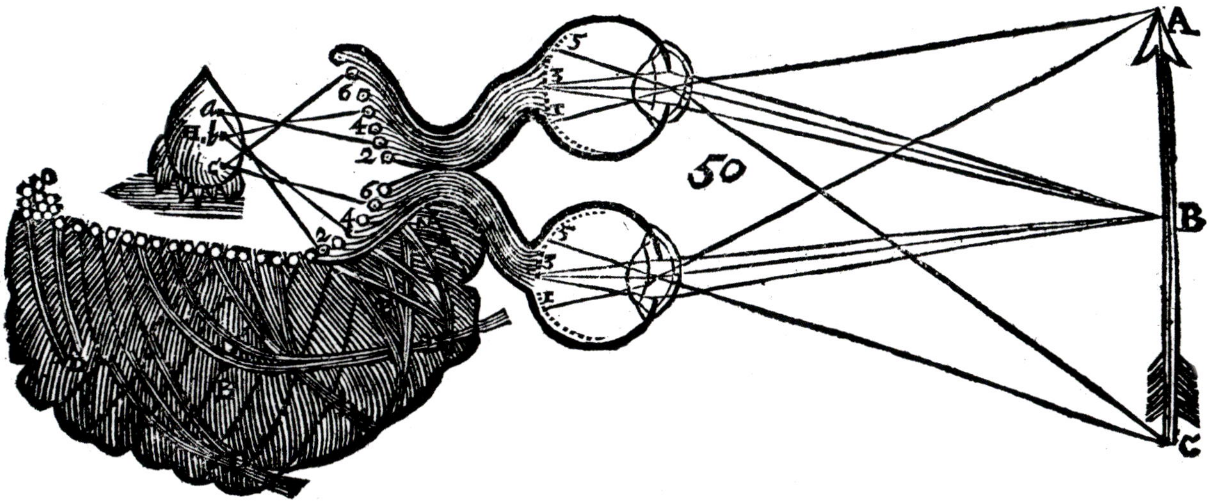

Descartes zeigt, wie die visuellen Informationen vom äußeren Gegenstand durch das Auge und den Sehnerv zur Zirbeldrüse geleitet werden, wo seiner Ansicht nach die Seele saß.

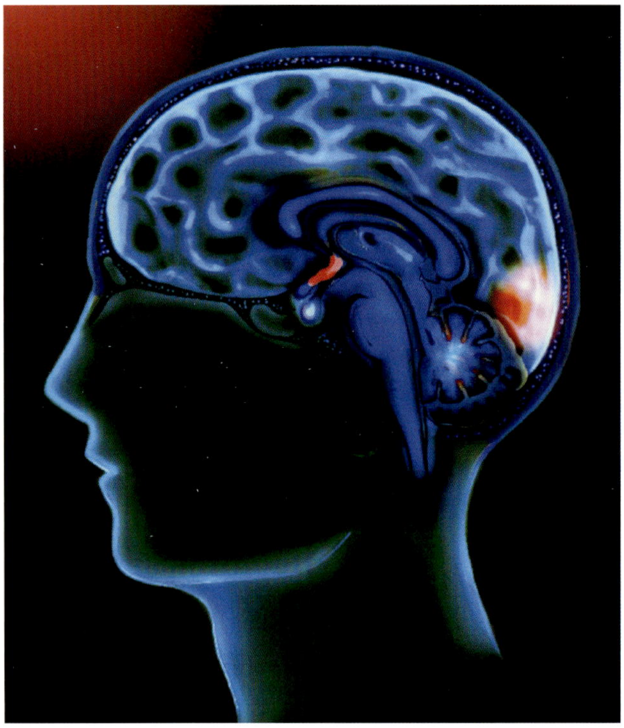

Der Okzipitallappen in der hinteren Gehirnregion ist das Areal, welches das Sehen steuert.

AUF DEM KOPF

In den 1890er-Jahren experimentierte der Psychologe George M. Stratton mit verschiedenen Sehapparaten, die zum Beispiel ein Auge ganz abdeckten oder das, was es sah, auf den Kopf stellten. Er stellte fest, dass sein Gehirn – wenn er einen Sehapparat trug, der alles um 180 Grad drehte – nach einigen Tagen das Bild korrigierte. Nahm er dann den Sehapparat ab, sah er zunächst einmal „verdreht", bis sein Gehirn das Bild wieder vom Kopf auf die Beine stellte.

Zurück zu den Strahlen

1604 beschrieb der Astronom Johannes Kepler (1571–1630), wie die Linse ein Bild auf die Netzhaut projiziert. Dieses Bild werde sodann als visuelle Information ans Gehirn weitergegeben. Das Problem an Keplers Theorie war, dass das Bild von der Linse auf den Kopf gestellt würde. Aber wir sehen die Welt nun mal nicht um 180 Grad gedreht. Und doch hatte Kepler recht: Das Bild wird auf den Kopf gestellt, obwohl wir es nicht so sehen. Descartes zeigte dies am Augapfel eines Ochsen. Das Bild, das man durch einen solchen Augapfel sieht, steht auf dem Kopf. Auf der Netzhaut kommt ein Bild an, das um 180 Grad gedreht ist, doch das Gehirn korrigiert es für uns. Eben das war Keplers Theorie. Allerdings meinte er, es sei nicht seine Aufgabe, das Wie zu klären. Seiner Ansicht nach sei es die „Aktivität der Sonne", die für die Umkehr des Bildes sorge.

Newtons Augen

Isaac Newton (1642–1727) war ein Universalgelehrter, der sich mit Physik, Astronomie, Optik und Alchemie gleichermaßen beschäftigte. Seine Arbeit mit Licht führte ihn zu Experimenten mit dem eigenen Sehvermögen. Er brachte seine Sehnerven dazu, unterschiedliche Bilder unter unterschiedlichen Umständen weiterzuleiten. Dabei war er nicht zimperlich. Er übte mit Finger, Nadel und einer Messingplatte Druck auf den Augapfel aus und beschrieb die Wirkung: „Ich nahm eine Ahle und steckte sie zwischen den Augapfel und den Knochen, so weit nach hinten, wie ich nur konnte. Dann drückte ich mit der Ahle gegen das Auge … und es erschienen weiße, dunkle und farbige Kreise."

Newton stellte fest, dass er, wenn er direkt in die Sonne sah und dann auf ein weißes Blatt Papier, einen Kreis sah, der eigentlich nicht da war. Dann entdeckte er, dass er diesen Kreis wieder hervorrufen konnte, wenn er sich nur an den Blick in die Sonne erinnerte. Daraus schloss er, dass sich die visuelle Wahrnehmung manipulieren ließ. Vermutlich wurde der Sehnerv dazu gebracht, Sinneseindrücke ans Gehirn zu liefern, die keinem realen Objekt in der Außenwelt entsprachen. Daher könne man davon ausgehen, dass das Sehen kein rein mechanischer Prozess sei. Denn wie hätte

Isaac Newton zeigte sich bei seinen Experimenten mit dem Sehvermögen furchtlos bis zur Torheit.

NICHT ÜBERZEUGT?

Newton und Locke waren die entscheidenden Advokaten der „Imissionstheorie" vom Sehen, bei der das Auge Lichtstrahlen aufnahm. Ganz allerdings setzten sie sich nicht durch: 2002 zeigte eine Befragung unter erwachsenen US-Amerikanern, dass gut die Hälfte glaubte, die Augen sendeten Strahlen aus.

sein Vorstellungsvermögen ihn sonst dazu bringen können, etwas zu sehen, das nicht da war? Was wir sehen, ist also, nach Newtons Meinung, von den Nerven abhängig. Aus diesem Grund sah er merkwürdige Lichter, wenn er auf den Augapfel drückte. Er schloss daraus, dass irgendein „Geist" das Sehen beeinflusse. Das sprach gegen Descartes' Vorstellung vom Körper als Maschine, die man mithilfe der Mechanik erklären konnte.

Molyneux und Newton hatten sich mit zwei verschiedenen Aspekten des Sehens beschäftigt: Newton mit der physikalischen Seite (Optik), Molyneux mit der Interpretation des Gesehenen durch das Gehirn (der „Aktivität der Seele").

Der gesplittete Regenbogen

Der englische Physiker Thomas Young ist bekannt dafür, dass er die Wellentheorie des Lichts aufstellte. 1802 verkündete er, dass das Auge seiner Ansicht nach drei verschiedene Rezeptoren enthalte, die die Primärfarben auffingen. Aus diesen entstünden dann sämtliche Farbtöne des Spektrums.

Eine verbesserte Mikroskopiertechnik lieferte bald darauf den Beweis, dass Young richtig lag.

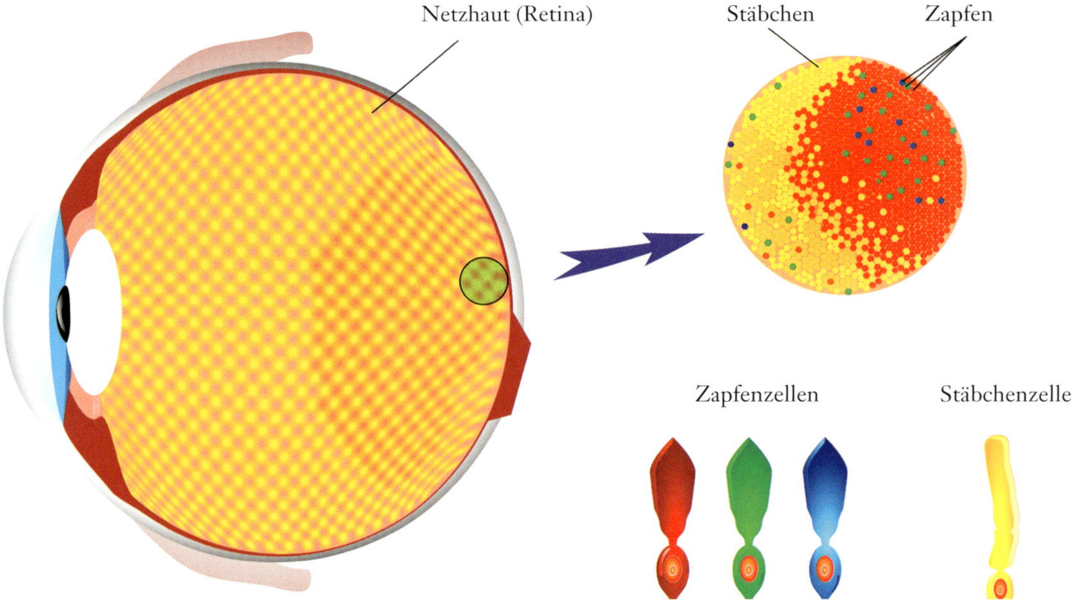

HÖRT, HÖRT

Wie ein Verständnis der Funktion des Sehapparates sich erst einstellen konnte, nachdem die Grundlagen der Optik bekannt geworden waren, so war es auch beim Hörapparat. Robert Boyle entdeckte 1660, dass Schallwellen ein Medium wie Luft oder Wasser brauchen, um sich auszubreiten. Mitte der 1700er-Jahre legte Daniel Bernoulli mit seinen Arbeiten über Strömungsdynamik die Grundlagen für das Verständnis des Hörens.

1838 entdeckte Johannes Müller in der Netzhaut eine Lage von Zellen, die aussahen wie dicht aneinandergedrängte Stäbchen. 1852 identifizierte Rudolph von Kölliker zwei verschiedene Zelltypen: Stäbchen und Zapfen. In den Folgejahren stellte Max Schultze die These auf, dass die zwei verschiedenen Rezeptoren für unterschiedliche Bereiche zuständig seien: Die Stäbchen seien auf das Dämmerungssehen ausgelegt, die Zapfen für das Farbsehen bei Tageslicht. Der genaue Mechanismus wurde erst im 20. Jahrhundert geklärt, als man wusste, dass die verschiedenen chemischen Stoffe in den Rezeptorzellen auf verschiedene Wellenlängen des Lichts reagieren.

INNENLUFT UND INNENOHR

Die alten Griechen glaubten beinahe einhellig, dass im Ohr besonders reine Luft wohne, die vom Fötus schon im Mutterleib entwickelt wird. Man nahm an, dass Schwingungen aus der Außenwelt durch das Ohr an diese innere Luft weitergegeben werden. Diese leite dann einen „Eindruck“ ans Gehirn weiter. Auch der Glaube an die „innere Luft“ hielt sich bis ins 18. Jahrhundert, sogar dann noch, als der Bau des Ohres längst bekannt war.

COCHLEA-IMPLANTATE

Menschen, die nicht hören, weil die Haarzellen in der Hörschnecke beschädigt sind, können durch das 1982 erfundene Cochlea-Implantat wieder hören lernen. Ein „Hörelement“ nimmt Schallwellen auf und übersetzt sie in digitale Signale, die an ein weiteres Bauelement im Innenohr weitergegeben werden. So werden die Hörnerven direkt stimuliert und schicken Signale ans Gehirn.

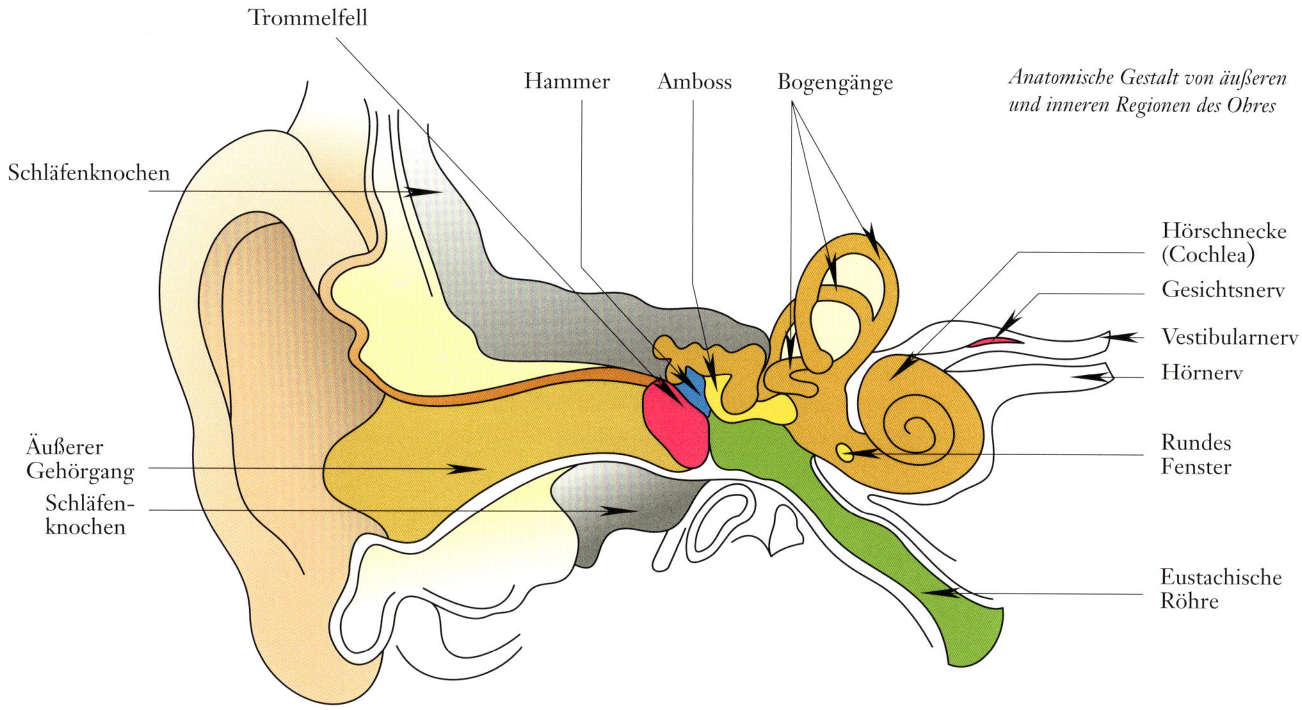

Anatomische Gestalt von äußeren und inneren Regionen des Ohres

Haare, nicht Luft

Das Mittelohr ist tatsächlich mit Luft gefüllt, aber nicht mit einer besonderen Art. Es dient auch nur dazu, die Schallwellen ans Innenohr weiterzuleiten. Das Innenohr ist ein spiraliger Schlauch, den man „Hörschnecke" nennt. Diese ist mit Flüssigkeit gefüllt und besitzt eine Membran mit hauchfeinen Haaren. Schallwellen gelangen vom Mittelohr über die Flüssigkeit an die Haarzellen. Diese besitzen Rezeptoren, die ein Signal senden, wenn das Haar sich bewegt. Die Haare in den verschiedenen Regionen der Membran werden von unterschiedlichen Frequenzen aktiviert (die wir als Töne interpretieren).

Der italienische Anatom Alfonso Corti entdeckte die feinen Haarzellen in der Cochlea 1851. Der schwedische Neuroanatom Gustaf Retzius konnte zwar die Nervenenden beobachten, doch wie die Hörnerven arbeiteten, wurde erst 1937 entdeckt. Der spanische Neurowissenschaftler Rafael de Nó konnte zeigen, dass jedes Haar mit einer oder zwei Nervenfasern in Verbindung stand. Jede dieser Nervenfasern teilte sich auf, um einige wenige Haare zu versorgen. Die Bewegung eines solchen Haares sorgt für die Freisetzung eines Neurotransmitters, der den Hörnerv ein Signal ans Gehirn senden lässt.

DER MCGURK-EFFEKT

Üblicherweise fügt unser Gehirn die Informationen aus den Sinnesorganen zusammen und interpretiert dabei problemlos auch zusammengesetzte Reize, zum Beispiel akustische und visuelle. Ergibt sich jedoch zwischen beiden Reizen ein Widerspruch, wird einer privilegiert. Die Sprachwahrnehmung ist dabei immer multimodal – sie beruht auf dem Beobachten der Lippenbewegung ebenso wie auf dem Gehör.

1976 entdeckte der britische Psychologe Harry McGurk einen Sondereffekt: Wenn wir sehen, dass die Lippen einen bestimmten Laut formen, aber einen anderen Laut hören, dann nehmen wir den Laut bewusst wahr, der zur Lippenbewegung passt, und nicht den Laut, den unser Ohr hört. Wenn wir also ein „ba" hören, aber sehen, wie der Sprecher „fa" sagt, dann hören wir „fa". Mitunter hört die Testperson auch einen dritten Laut, sozusagen als Kompromiss zwischen den widersprüchlichen Signalen.

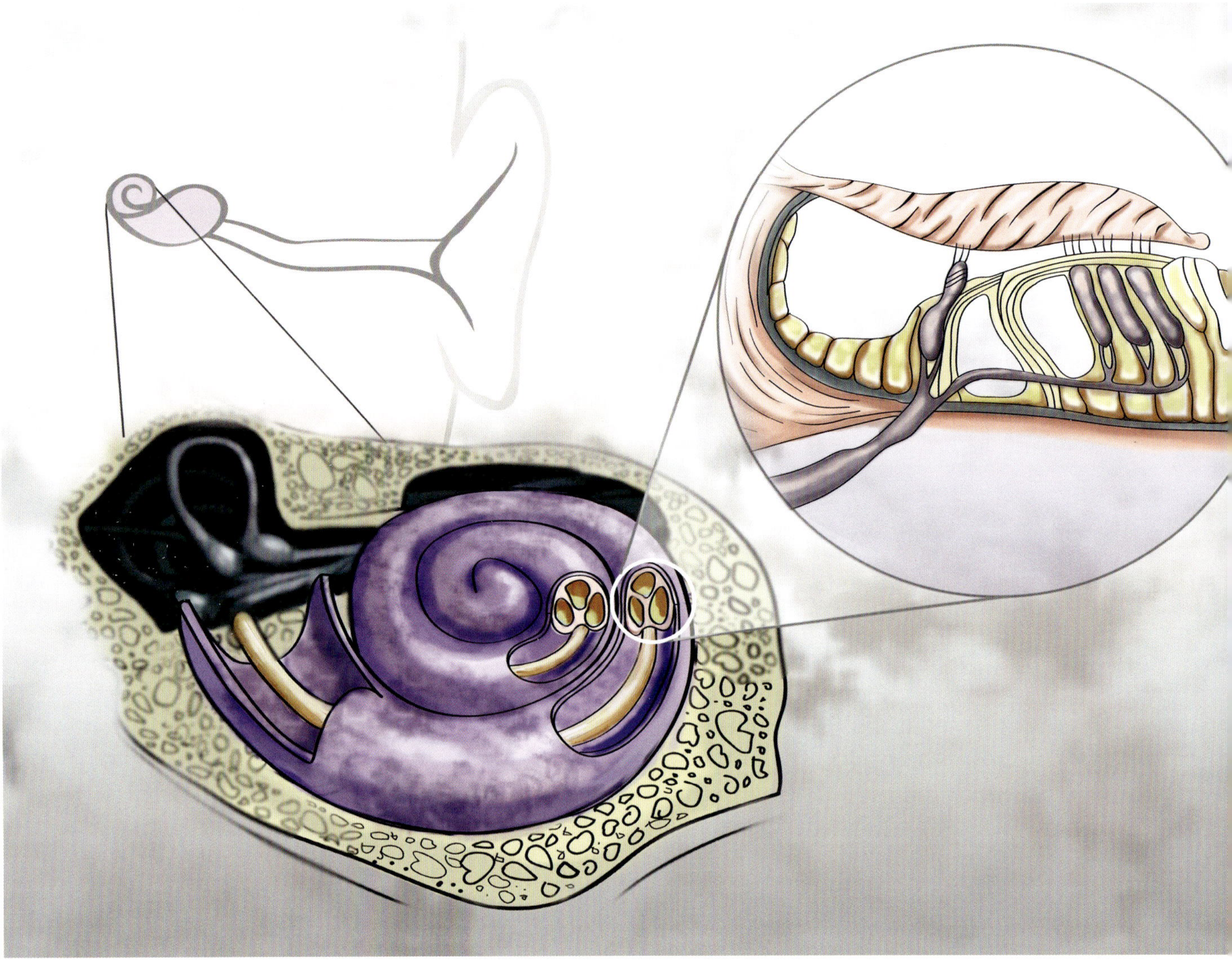

Haare und Nerven in der Hörschnecke (Cochlea)

Hören, aber wo?

Im 19. Jahrhundert gab es für die Hörwahrnehmung zwei konkurrierende Erklärungsmodelle: Dem einen Modell zufolge war die Wahrnehmung bestimmter Frequenzen lokalisiert (ähnlich wie die Gehirnfunktionen). Hermann von Helmholtz meinte gar, es gäbe rund 5000 verschiedene Töne, auf die ganz unterschiedliche Teile des Hörapparates reagierten.

Das war vielleicht ein wenig übertrieben. Das andere Modell, das weitere Verbreitung fand, ging davon aus, dass hohe und tiefe Frequenzen an unterschiedlichen Stellen der Hörschnecke wahrgenommen würden. Beweise dafür lieferten Menschen, deren Gehör durch laute Geräusche geschädigt worden war. Und natürlich Tiere: Man setzte Meerschweinchen übermäßig lauten Tönen aus, bis ihr Gehör geschädigt war. Es stellte sich heraus, dass hochfrequente Töne die untere Region der Hörschnecke schädigten.

Die Forscher glaubten, dass verschiedene Areale der Hörschnecke für verschiedene Frequenzen zuständig seien. Doch der festgestellte Schaden beschränkte sich nicht auf die Regionen, die angeblich für die Wahrnehmung bestimmter Frequenzen zuständig waren. Obwohl hochfrequente Töne schnell Schaden anrichteten, war dies bei niederfrequenten Tönen in hoher Lautstärke nicht der Fall. Offensichtlich war die Wahrnehmung tiefer Töne nicht auf dieselbe Weise lokalisierbar wie die der hohen.

Das „Telefon"-System

Eine Alternative zur Lokalisationstheorie liefert William Rutherford mit seiner „Telefon-Theorie". Seiner Ansicht nach unterschied das Ohr nicht zwischen den Frequenzen, sondern die Haarzellen reagierten auf alle Töne. Die Schwingungen würden in Vibrationen der Nerven übersetzt, die sodann ins Gehirn weitergeleitet würden. Dort setzt das Gehirn sie dann zur auditiven Wahrnehmung zusammen.

William Rutherford stellte eine neue Theorie des Hörens auf – die auf den elektromechanischen Entdeckungen des 19. Jahrhunderts beruhte.

Zunge und Geschmack

Der Geschmack unterscheidet sich von anderen Sinnen schon dadurch, dass er ganz klar ein Trägermedium besitzt. Die alten Griechen waren sich einig, dass er von winzigen Teilchen getragen wurde, die in die Poren der Zunge eindrängen und von dort in das Organ transportiert würden, das für die Verarbeitung der Sinnesorgane zuständig war, sei es nun Herz oder Hirn. Demokrit glaubte, die Größe dieser Teilchen (Atome) entscheide darüber, was wir schmecken: Runde, große Atome sorgen für süßen Geschmack, große, eckige für Bitterkeit und so weiter.

Aristoteles stellte sich das Ganze anders vor: Er identifizierte sieben grundsätzliche Geschmacksrichtungen: süß, sauer, bitter, salzig, adstringierend, stechend und herb. Seiner Ansicht nach wurden nicht Atome, sondern die geschmacklichen Qualitäten von der Zunge aufgenommen und durch das Blut zum Herzen geschafft (wo seiner Ansicht nach das Kontrollzentrum des Körpers saß). Galen stellte fest, dass die Zunge feucht sein musste, um richtig zu funktionieren, daher zählte er die Speicheldrüsen mit zum Geschmacksapparat. Er forschte an der Innervierung der Zunge, ordnete aber die Zungenbewegung und die Aufnahme der Sinnesreize den falschen Nerven zu.

Vier Geschmacksrichtungen

Nach vielen weiteren Versuchen teilte Maximilian von Vintschgau 1880 die Geschmacksrichtungen in vier grundlegende ein: süß, sauer, bitter und salzig. Die Diskussion ging allerdings munter weiter. Man nahm zunächst an, dass verschiedene Prozesse für die vier grundlegenden Geschmäcker verantwortlich seien. Dann entdeckte man, dass Kokain die Geschmackswahrnehmung verändert: Nach der Einnahme verliert man zuerst das Schmerzempfinden, dann die Fähigkeit, Bitteres zu schmecken, die allerdings nach einer gewissen Zeit zurückkehrt. Die Vorstellung, dass verschiedene Areale der

Geschmacksknospen auf der Zunge, stark vergrößert.

Zunge auf die Geschmacksrichtungen spezialisiert sind, kam in den 1820er-Jahren auf, wurde in den 1890er-Jahren verfeinert und Anfang des 20. Jahrhunderts genau erforscht.

Schon ab dem 18. Jahrhundert war allerdings klar, dass das Geschmacksempfinden nicht auf die Zunge beschränkt ist. Der Physiologe Claude le Cat untersuchte 1750 zwei Kinder, die keine Zunge hatten (einer war ohne Zunge zur Welt gekommen, der andere hatte sie nach einer Infektion verloren), aber trotzdem Geschmack wahrnehmen konnten.

Von den Papillen zum Geschmack

Dass die Zunge mit kleinen Erhebungen übersät ist, ist selbst dem zufälligen Beobachter klar. Albrecht von Haller stellte schon 1747 die Theorie auf, dass diese „Papillen“ für die Geschmackswahrnehmung zuständig seien – eine These, auf der Johannes Müller und Charles Bell im folgenden Jahrhundert aufsetzten. Bell zeigte durch Berührung mit einer Metallsonde, dass manche der Papillen Berührung wahrnehmen konnten, andere spürten den Geschmack des Metalls. Als jedoch der schwedische Arzt Hjalmar Öhrwall (1851–1929) festzustellen versuchte, ob die Papillen auf einen bestimmten Geschmack spezialisiert seien, gelang ihm dies nicht. Die meisten Papillen könnten, so Öhrwall, mindestens zwei Geschmacksrichtungen wahrnehmen.

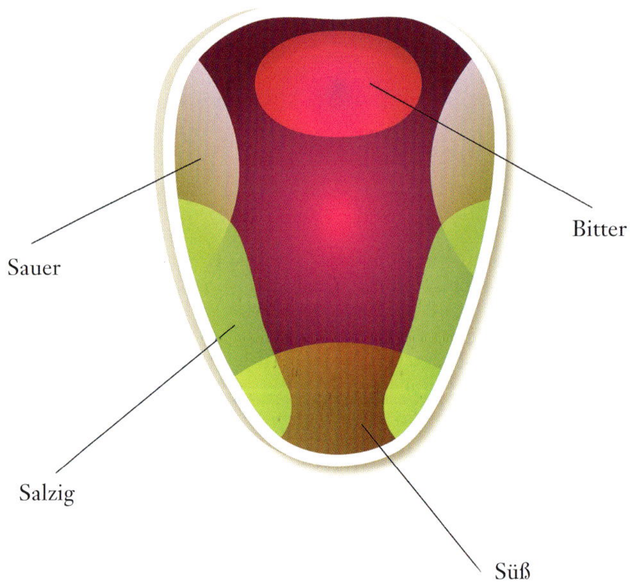

Unterschiedliche Bereiche der Zunge reagieren besonders sensibel auf bestimmte Geschmacksrichtungen.

Man untersuchte die Zunge weiter und stellte fest, dass die Geschmackswahrnehmung sich mit dem Alter verändert: Babys und Kleinkinder haben eine viel besser entwickelte Wahrnehmung als Erwachsene. Und selbst bei diesen nimmt die Geschmackswahrnehmung nach 45 noch mal ab.

1867 stellte man auf der Zunge von Tieren Geschmacksknospen fest und bald auch beim Menschen. Allerdings entzogen sie sich lange weiterer Erforschung. Die Schätzungen über ihre Anzahl beim Menschen gingen weit auseinander, und außerdem lagen die Knospen so eng beieinander, dass sie sich kaum einzeln untersuchen ließen.

Welche Nerven für die Geschmackserfahrung zuständig sind und wo diese im Gehirn verarbeitet wird, offenbarte sich nur langsam. Verletzungen ermöglichten kaum Erkenntnisse und das Durchtrennen der Nervenbahnen ließ sich auch nicht so einfach bewerkstelligen. Nur wenige Verletzungen schienen sich auf das Geschmacksempfinden auszuwirken, auch die Arbeit mit Epileptikern lieferte keine klaren Hinweise. Der schottische Neurologe David Ferrier siedelte die Geschmackswahrnehmung im Frontallappen des Gehirns an, und diese Ansicht blieb bis Mitte des 20. Jahrhunderts gültige Lehrmeinung. Danach machte die Arbeit mit Patienten mit Schussverletzungen bzw. die Operation am Gehirn ohne Vollnarkose schnell deutlich, dass die Geschmackseindrücke im Parietallappen des Kortex verarbeitet werden.

Die Haut als Sinnesorgan

Ob die Haut nur eine Art von Sinnesreiz liefere oder mehrere, war schon im alten Griechenland Gegenstand gelehrter Debatten. Schließlich ist die Wahrnehmung von Wärme nicht gleichzusetzen mit der von Berührung. Kann also beides dieselbe Wurzel haben? Mit dieser Frage beschäftigen sich u. a. Avicenna im 11. Jahrhundert, Albertus Magnus im 13., Francis Bacon im 16. und Immanuel Kant im 18. Jahrhundert.

Verschiedene Arten von Berührung

Die Haut ist unser größtes Sinnesorgan. Sie bedeckt den gesamten Körper und kann verschiedene Reize wahrnehmen, die man heute einteilt in: Wärme, Kälte, Berührung und Schmerz.

Prickeln oder Streicheln werden von ganz anderen Haut-Rezeptoren wahrgenommen als Schläge oder Stiche.

Im 4. Jahrhundert v. Chr. unterschied schon Aristoteles zwischen verschiedenen Hautwahrnehmungen wie hart und weich oder heiß und kalt. Galen betrachtete dies allerdings als durch Erfahrung erlernte Reaktion, daher unterschied er nicht groß zwischen der Art der Stimuli. Er ging davon aus, dass die Informationen, die die peripheren Nerven sammeln, ins Gehirn weitergeleitet und erst dort verschiedenen Eigenschaften zugeordnet werden.

Die Anatomen nach Avicenna versuchten eine Einteilung für die verschiedenen Sinnesempfindungen der Haut zu finden, gingen aber nicht davon aus, dass diese unterschiedlich wahrgenommen werden. 1844 allerdings war es so weit: Der polnische Wissenschaftler Ludwig Natanson (1822–1871) teilte die Sinnesempfindung der Haut in drei Kategorien ein, die jeweils über ein eigenes Rezeptororgan verfügen: Temperatur, Berührung und leichtes Prickeln. Schmerz entstünde, wenn alle drei zur gleichen Zeit aktiviert würden. Er gründete diese Theorie auf die Beobachtung, dass, „wenn ein Arm oder Bein einschläft", die Sensibilität für diese Empfindung einzeln verloren geht, und zwar in eben dieser Reihenfolge. Hermann von Helmholtz entwickelte die Vorstellung von den Sinnesmodalitäten, also den „Empfindungskomplexen" der Sinnesorgane. Er siedelte die Sinnesempfindungen in verschiedenen Zonen an, die allerdings kontinuierlich wahrgenommen würden. Im späten 19. Jahrhundert macht der in Österreich geborene Physiologe Max von Frey (1852–1932) die Idee populär, dass es im Wesentlichen vier verschiedene Sinnesmodalitäten der Haut gäbe: Berührung, Schmerz, Wärme und Kälte. Heute geht man von fünf aus: Berührung, Druck, Vibration, Temperatur (heiß und kalt werden von verschiedenen Rezeptoren wahrgenommen) und Schmerz. Die Physiologen des 19. Jahrhunderts fassten Berührung, Druck und Vibration zusammen.

Nervenenden wurden erstmals 1741 von Abraham Vater entdeckt und von Filippo Pacini 1831 noch einmal untersucht. Zwischen 1848 und den 1930ern wurden die unterschiedlichen Rezeptoren beschrieben, wobei man sich anfangs nur auf die Beobachtung stützte.

Gerade noch wahrnehmbarer Unterschied

Dass die verschiedenen Sinnesempfindungen durch verschiedene Rezeptoren wahrgenommen werden, konnte der deutsche Anatom Ernst Weber (1795–1878) in den 1830er-Jahren nachweisen. Er stellte sich die Haut als Mosaik kleinster Areale vor, die von einem Nerv versorgt werden, und wollte herausfinden, wie nahe diese jeweils beisammenliegen – was seiner Ansicht nach die Intensität der Sinneswahrnehmung beeinflusste. Weber führte seine Forschung durch, noch bevor der Begriff der „Sinnesmodalitäten" geprägt oder die Nervenenden in der Haut entdeckt wurden. Daher ging er davon aus, dass der Sinnesrezeptor für Berührung auch Druck, Temperatur und die Lage des Körpers im Raum erfühle und diese Aspekte nicht voneinander getrennt wahrgenommen würden. So war seiner

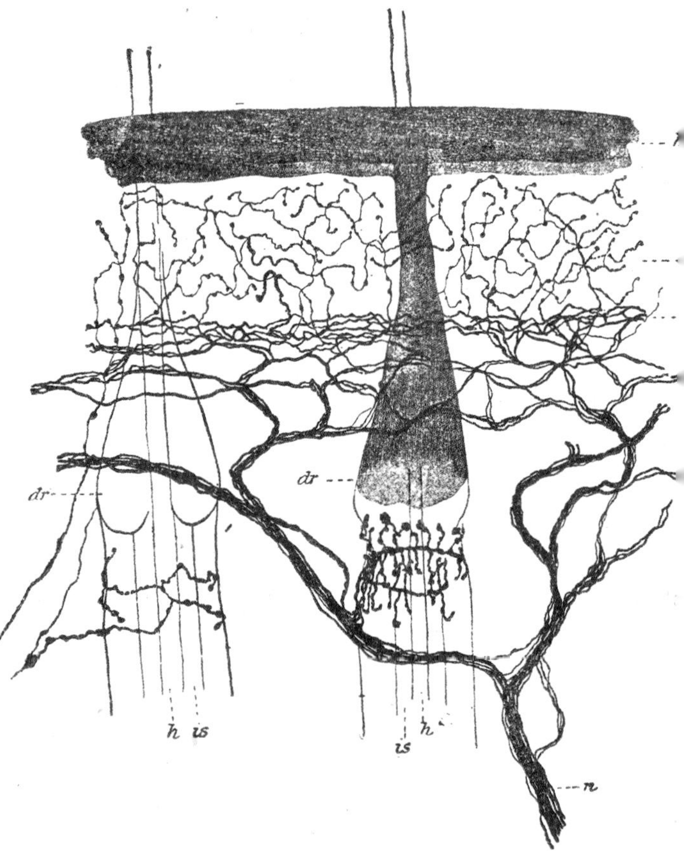

Santiago Ramón y Cajals Darstellung der Nervenenden in der Haut einer Ratte.

Sinnesrezeptoren in der Haut

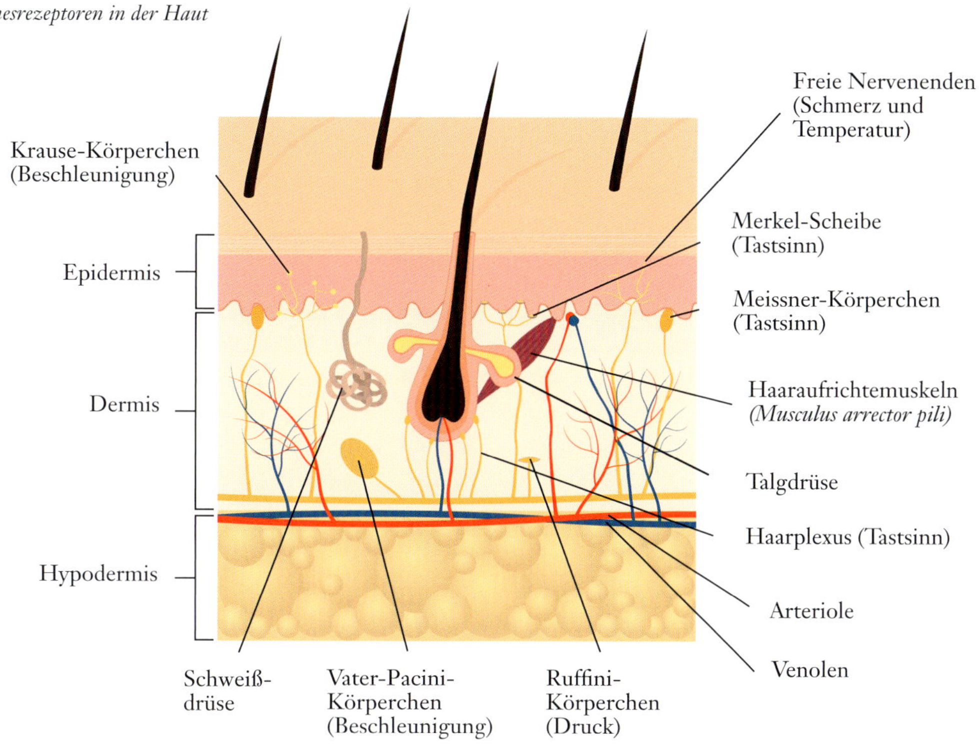

Ansicht nach der Druck eines kalten Gegenstandes stärker als der eines warmen vom selben Gewicht.

Bekannt wurde Weber aufgrund seiner Arbeit zum „gerade noch wahrnehmbaren Unterschied“: die Schwelle, an der wir einen veränderten Reiz überhaupt erst wahrnehmen. Er fing an mit der Wahrnehmung unterschiedlicher Gewichte (Druck) und stellte fest, dass der erhöhte Druck erst ab einer gewissen prozentualen Steigerung (oder Verminderung) registriert wird. Wo diese Schwelle liegt, ist allerdings bei jedem Menschen anders. So mag man den Unterschied zwischen 30 Gramm und 31 Gramm vielleicht wahrnehmen, steigt das Gewicht aber auf 60 Gramm, muss die Steigerung schon 2 Gramm betragen, damit sie wahrgenommen wird. Weber untersuchte die Schwellen für verschiedene Arten der Wahrnehmung und formulierte sie als „Webersches Gesetz“, das vom Physiker Theodor Fechner entscheidend erweitert wurde und daher heute „Weber-Fechner-Gesetz“ heißt.

Nur ein kleiner Stich – oder zwei

Weber testete die Sensibilität der Haut u. a., indem er einen konduktiven Niveauschalter gegen die Haut drückte, um festzustellen, ob der Betroffene zwischen den beiden Spitzen unterscheiden konnte. Wenn die beiden Spitzen nahe beieinanderliegen, werden sie als ein Reiz wahrgenommen. Weber fand im Übrigen heraus, dass die Fähigkeit, zwei Spitzen zu fühlen, in den verschiedenen Hautregionen unterschiedlich ausgeprägt ist und nachlässt, wenn die Testperson ermüdet. Weber forschte auch zur Fähigkeit, Sinnesempfindungen zu lokalisieren, indem er seinen Testpersonen die Augen verband und sie nach einer Berührung aufforderte, möglichst genau anzugeben, wo diese erfolgt sei.

Nervenenden und Sinnesempfindungen

Die unterschiedlichen Typen von Nervenenden wurden im Laufe des 19. Jahrhunderts von mehreren Anatomen beschrieben: Wilhelm Krause (Krause-Körperchen), Georg Meissner (Meissner-Körperchen), Friedrich Merkel (Merkel-Scheibe), Filippo Pacini (Pacini-Körperchen), Angelo Ruffini (Ruffini-Körperchen) und Rudolf Wagner (Ganglientyp). Welcher Rezeptortyp jedoch für welche Empfindung zuständig ist, war lange Zeit nicht klar. Von Frey stellte dazu eine Theorie auf, die jedoch mehr auf Spekulation beruhte. So meinte er, der Schmerz würde in freien Nervenenden wahrgenommen, weil es davon relativ viele gibt.

Es gab zwei Herangehensweisen, mit denen man dem Wirken der verschiedenen Rezeptoren auf die Spur zu kommen suchte. Die eine war es, die Rezeptoren herauszuschneiden und zu überprüfen, welche Sinneswahrnehmung dabei verloren geht. Die andere war, an einzelnen Hautarealen verschiedene Reize anzulegen, deren Wahrnehmung zu prüfen und dann die Nervenenden dort zu untersuchen. Welche Areale für welche Sinneswahrnehmung zuständig waren, ließ sich leichter herausfinden als die Verknüpfung mit den einzelnen Rezeptoren.

> «*Wir können verschiedenste Endgeräte mit Drähten verbinden, die dann Telegramme schicken, Glocken läuten lassen, Minen zum Explodieren bringen, Wassermoleküle spalten, Magnete in Gang setzen, Eisen magnetisieren, Licht hervorbringen und so weiter. Auf dieselbe Weise ist die Erregung, die Nerven produzieren und in ihren isolierten Fasern weiterleiten, überall dieselbe. Doch wenn man sie in die verschiedenen Körperteile lenkt, bringt sie einmal Bewegung hervor, dann wieder Drüsensekrete oder die Wahrnehmung von Licht, Geräuschen und so weiter.*»
>
> **Hermann von Helmholtz,** *1863*

Der schwedische Physiologe Magnus Blix experimentierte in den 1880er-Jahren mit seiner eigenen Haut. Er legte nacheinander Schwachstrom an den einzelnen Bereichen an und schrieb auf, was er empfand. Dabei stellte er fest, dass ein und derselbe

NERVENENDEN IN DER HAUT

Die Neurologie kennt mittlerweile sechs Typen von Sinnesrezeptoren in der Haut, die mechanische Reize wahrnehmen, und vier weitere Typen. Ihre Funktionen überlappen sich. Gemeinsam versetzen sie uns in die Lage, Druck, Berührung, Vibration, Wärme, Kälte und Schmerz wahrzunehmen. 1831 entdeckte Filippo Pacini Rezeptoren für Druck und Vibrationen. Georg Meissner und Rudolf Wagner fanden 1852 Rezeptoren für leichte Berührungen, während Wilhelm Kraus 1860 Rezeptoren für leichte Vibrationen beschrieb. 1882 folgte Magnus Blix mit der Entdeckung temperatursensibler Rezeptoren. Max von Frey wiederum beschrieb 1896 spezielle Rezeptoren für Schmerz.

Reiz unterschiedliche Empfindungen wie Berührung, Wärme oder Kälte auslösen kann. Blix aber glaubte, dass die Nerven selbst auf diese Wahrnehmungen spezialisiert seien (siehe Seite 118), nicht die Rezeptorzellen. Des Weiteren fand er heraus, dass Wärme und Kälte nicht in denselben Hautarealen registriert werden, genauso wie dies bei Druck bzw. Schmerz der Fall ist.

Alfred Goldscheider bestätigte Blix' Resultate 1884 und konnte darüber hinaus belegen, dass sich dieselbe Temperaturwahrnehmung einstellte, wenn er den Nerv in der Tiefe der Haut reizte und nicht nur dessen Enden. Dabei teilte er die Berührung ihrer Intensität nach in drei Kategorien auf: leichtes Prickeln, Berührung und Schmerz, wobei er dem Schmerz keinen eigenen Rezeptor zumaß. Schmerz entstand seiner Ansicht nach, wenn ein besonders starker Reiz eine starke neuronale Entladung verursachte, die dann über eine besonders schnelle Nervenleitung in die graue Substanz des Rückenmarks weitergegeben wurde. Heute geht man davon aus, dass die Schmerzrezeptoren (Nozizeptoren) nichts mit den Mechano- oder Thermorezeptoren zu tun haben. Doch wir werden uns im nächsten Kapitel eingehender mit Schmerz auseinandersetzen.

Der Amerikaner Henry Donaldson führte Blix' Experiment an sich selbst durch und ließ sich dann von einem Chirurgen kleine Hautstückchen entfernen, in denen er Wärme und Kälte wahrgenommen hatte. Diese untersuchte er dann, fand jedoch keine Rezeptoren.

EINE NERVENSTUDIE

Zu Beginn des 20. Jahrhunderts lieferten die Forschungsarbeiten des englischen Neurologen Henry Head (1861–1940) Belege dafür, dass die Hautwahrnehmung auf Spezialisierung beruhte. Frustriert von der mangelnden Fähigkeit seiner Patienten, ihm ihre Empfindungen beim Durchtrennen und Nachwachsen von Nerven zu schildern, bat er den Chirurgen William Rivers, ihm den Hautast des Speichennervs im eigenen Arm zu durchtrennen. Bis 1907 führten Head und Rivers Aufzeichnungen, wie sich die Empfindungen an Heads Arm veränderten. Er stellte zwei Phasen des Heilungsprozesses fest. Zunächst kehrte ganz allgemein das Gefühl in die Haut zurück. Head nannte dies das „protopathische Stadium", bei dem er die Empfindungen nicht genau lokalisieren und deren Intensität nicht ausmachen konnte. Er konnte heiß und kalt unterschieden, Druck und Berührung und klar sagen, ob eine Empfindung angenehm oder unangenehm war. Er konnte nicht sagen, was für ein Objekt ihn berührte. Erst im zweiten Stadium kehrte die normale Unterscheidungsfähigkeit mit den üblichen Schwellenwerten zurück. Head nannte dies die „epikritische Sensitivität".

Die Spezialisierung der Nerven

Und man betrachtete nicht nur die Rezeptoren als spezialisiert, sondern ging davon aus, dass dies auch für die Nerven galt. Weber versuchte 1847 als Erster, Nervenstränge zu blockieren, die für Kälte zuständig waren. Alexandre Herzen zeigte 1885, dass bei Abbindung eines Nervenstranges die Empfindungen in dieser Reihenfolge verloren gehen: Kälte, Berührung, Wärme, Schmerz an der Körperoberfläche und Schmerz in der Körpertiefe. Nahm man den Druckverband ab, kehrten die Empfindungen in umgekehrter Reihenfolge zurück. Zum Schutz des Organismus ist diese Reihenfolge sinnvoll, denn Schmerz ist die wichtigste Empfindung, da sie uns vor Verletzungen schützt. Daher muss sie unter allen Umständen erhalten bleiben.

Nervenfasern rückten erst im 20. Jahrhundert in den Mittelpunkt der Aufmerksamkeit. 1916 berichtete Stephen Ranson, dass die Durchtrennung bestimmter dünner Nervenstränge bei einer Katze dazu führte, dass das Tier keinen Schmerz mehr empfand. 1929 lieferten die US-Amerikaner Joseph Erlanger und Herbert Gasser den Beweis, dass Nervenfasern in drei Gruppen eingeteilt werden konnten und dass ihre Dicke sich auf die Geschwindigkeit der Signalübertragung auswirkte. Die dicksten Fasern bilden Typ A mit der schnellsten Signalübertragung, die dünnsten und langsamsten sind C-Fasern. Die Schmerzwahrnehmung hängt mit den dünnsten Fasern zusammen, die mittleren Fasern leiten Temperaturreize weiter, die dicksten Fasern hingegen reagieren auf Druck und Berührung und innervieren die Muskulatur. Trotz der Unterschiedlichkeit der Fasern bleibt die Natur des übermittelten Signals gleich.

Innen und außen

Wir haben uns hier auf die sensorischen Rezeptoren der Haut konzentriert, aber die somatosensorischen Nerven umfassen auch Rezeptoren in den Gelenken, Knochen, Muskeln und inneren Geweben und Organen. Diese geben uns über unsere Position im Raum Aufschluss und nehmen Vibrationen bzw. Bewegung wahr. Die Rezeptoren des parasympathischen Nervensystems nehmen wir kaum wahr, doch sie steuern unsere wichtigsten Körperfunktionen (Atmung, Blutkreislauf, Verdauung und so weiter).

Vom Sinn zum Sinnesapparat

Es ist also klar, dass die Sinnesorgane auf ihre Reize spezialisiert sind, aber natürlich stellt sich die Frage, ob dies auch für die Kommunikation mit dem Gehirn gilt. Ist die Verbindung zwischen Zunge und Gehirn dieselbe wie die zwischen Auge und Gehirn? Und gibt es Unterschiede in Wahrnehmung, Übertragung oder Interpretation der verschiedenen Sinneseindrücke?

Die Energie verschiedener Geschmacksrichtungen

Der schottische Neurologe und Chirurg Charles Bell schrieb 1811, dass „jedes Sinnesorgan mit der Fähigkeit ausgestattet ist, bestimmte Veränderungen wahrzunehmen, die dann verarbeitet werden. Und doch ist keines in der Lage, die Informationen eines anderen zu empfangen“. Damit wird vermutlich zum ersten Mal die Erkenntnis formuliert, dass

SYNÄSTHESIE

Die Synästhesie ist ein schönes Beispiel dafür, was passiert, wenn ein Reiz von verschiedenen Gehirnarealen verarbeitet wird. So bringen Synästhetiker Klänge mit bestimmten Farben oder Formen in Verbindung. Diese spezielle Art der Wahrnehmung kann angeboren sein oder sich nach einer Hirnverletzung entwickeln. Die Ursachen sind noch nicht ausreichend erforscht, doch die meisten Betroffenen erleben die Synästhesie als äußerst bereichernd.

es nicht der Reiz ist, der unsere Sinneserfahrung bestimmt, sondern das stimulierte Organ. Leider blieb Bells Arbeit weitgehend unbekannt.

1826 stellte der deutsche Physiologe Johannes Müller die Theorie der „spezifischen Nervenenergien“ auf. Er war derselben Meinung wie Bell, doch bezog er die Spezifizität nicht nur auf die Sinnesorgane, sondern auch auf die zugehörigen Nervenfasern: Ganz egal, wie ein Sinnesorgan stimuliert werde, es könne nur jenen Typ von Information ans Gehirn weitergeben, für den es ausgelegt sei. Wie Isaac Newton bemerkte (siehe Seite 106.) produziert das Auge immer visuelle Eindrücke, ob es nun auf Licht oder auf Druck reagiert.

Müller meinte, die Botschaften, die von den Nerven eines Sinnesorganes weitergeleitet würden, spiegelten die Art des Organes wider. Doch Müller war ein Vitalist: Er ging davon aus, dass jedem Lebewesen eine Art „Lebenskraft“ innewohne, die die Wissenschaft bislang noch nicht erklären konnte. Doch mit seiner physiologischen Arbeit, in die er zum ersten Mal die Erkenntnisse der vergleichenden Anatomie, Chemie und Physik integrierte, beeinflusste er viele Physiologen des 19. Jahrhunderts, u.a. Du Bois-Reymond, Helmholtz und Schwann.

Mit den verschiedenen Energietypen, die er meinte festzustellen, lag er zwar falsch, aber die Erkenntnis, dass es nicht die Natur des Reizes war, die die Sinneswahrnehmung ausmacht, wurde von Helmholtz weiter ausgearbeitet: Auch er ging davon aus, dass für unsere Sinneseindrücke eine Mischung aus den unterschiedlichsten Energien verantwortlich sei. Daher stellte er die These auf, es gebe verschiedene Rezeptoren für über 5000 Töne.

Gleiches Signal, unterschiedliche Erfahrung

Andere Forscher wie der Müller-Schüler Du Bois-Reymond gingen davon aus, dass der Übertragungsmodus bei allen Nervenfasern derselbe ist. Er meinte, wenn wir die Nerven von Augen und Ohren anders verkabeln könnten, sodass der Hörnerv in den visuellen Kortex führte und umgekehrt, würden wir mit den Ohren Donner sehen und den Blitz mit den Augen hören.

1912 zeigte Lord Adrian, dass die Energie in den Nervenfasern tatsächlich überall dieselbe ist: elektrische Energie in Form von Aktionspotenzialen. Wie wir einen Reiz erleben, hängt davon ab, in welchen Teil des Gehirns er weitergeleitet wird. Informationen, die über die Sehnerven eintreffen, würden immer visuell interpretiert.

Alles in allem

Die frühen „Hirnforscher“ gingen davon aus, dass sämtliche Informationen der Sinnesorgane vom sensus communis interpretiert werden, dem „zentralen Verstand“, der im ersten Hirnventrikel (siehe Seite 18) beheimatet ist. Dort setzte das Gehirn angeblich alle Aspekte der Wahrnehmung – zum Beispiel die visuellen, auditiven und perzeptorischen Wahrnehmungen eines Hundes – zusammen, um uns ein allgemeines Bild von „Hundehaftigkeit“ zu übermitteln. Aber das war natürlich eine rein hypothetische Annahme.

> « *Dieselbe Ursache, zum Beispiel Elektrizität, kann alle Sinnesorgane beeinflussen, da sie alle entsprechend ausgelegt sind. Und doch reagiert jeder Sinnesnerv anders. Ein Nerv nimmt sie als Licht wahr, der andere als Laut, der nächste als Geruch. Wieder ein anderer schmeckt die Elektrizität, und noch ein anderer nimmt sie als Schmerz oder Schock wahr. Ein Nerv produziert nach mechanischer Reizung ein Bild, ein anderer hört sie als Summen, der dritte empfindet sie als Schmerz … Wer immer Überlegungen zu diesen Tatsachen anstellt, kann nur konstatieren, dass die spezifische Sensitivität der Nerven gegenüber bestimmten Reizen nicht genug ist, da alle Nerven auf dieselbe Ursache reagieren, aber auf ganz unterschiedliche Weise.* »
>
> **Johannes Müller,**
> *1835*

Perzeption und Apperzeption

Gottfried Leibniz brach Wahrnehmungen in kleine Teile herunter, die er „petites perceptions" nannte. (Leibniz hatte zeitgleich mit Newton die Differenzialrechnung entwickelt, die größere Phänomene in kleinere zerlegt.) Als Beispiel wählte er das Geräusch von Wellen, die sich am Ufer des Meeres brechen. Dieses Geräusch entsteht aus den winzigen Bewegungen kleinster Wassertropfen, die zusammen nichtsdestotrotz recht laut wirken. Würden wir hingegen eine dieser Bewegungen herausnehmen, könnten wir sie nicht hören.

Obwohl diese winzigen Bewegungen also wie ein Nichts wirken, nehmen wir sie zusammengenommen als Geräusch des Meeres wahr. Wir können aber nicht mehrere „Nichtse" zusammen wahrnehmen. Leibniz ging davon aus, dass es eine Schwelle gibt, die er *limen* nannte, oberhalb derer wir ein Phänomen überhaupt erst wahrnehmen. Überstieg die Menge der Mikro-Perzeptionen diese Schwelle, wurden sie zur Apperzeption – sie überschritten die Bewusstseinsschwelle. Unterhalb von ihr sind wir uns unserer Wahrnehmungen nicht bewusst. Das mag wohl eine der ersten Vorstellungen vom Unbewussten sein. Eben diese Schwelle untersuchte auch Weber mit seinem „gerade noch wahrnehmbaren Unterschied".

Johannes Müller

Was du siehst, ist nicht, was du bekommst

Als Müller seine Theorie der verschiedenen Nervenenergien aufstellte, wies er darauf hin, dass das Gehirn nicht Informationen über die Außenwelt erhalte, sondern über den Zustand seiner Nerven. Dieser ist es, den wir als Klang, Licht, Druck oder was auch immer interpretieren: „Sinneserfahrung besteht darin, dass der Sinnesapparat … ein Wissen von bestimmen Eigenschaften oder Bedingungen erhält, aber nicht von den äußeren Körpern, sondern von den Nerven selbst."

Das Gehirn setzt verschiedene Sinneseindrücke zu einem Bild von „Hundehaftigkeit" zusammen.

FÜHLEN UND GEFÜHLE

Und doch sind nicht alle Nervenfasern gleich. So können Nervenstränge mit einer Myelinscheide Informationen sehr viel schneller weitergeben als solche ohne. Ein größerer Durchschnitt der Nervenfaser führt ebenfalls zu einer schnelleren Signalübertragung.
Die Berührungsempfindung wird durch zwei Arten von Nervenfasern ans Gehirn weitergeleitet, von denen eine schnell reagiert, die andere langsam. Das erste Signal dient dazu, die Berührung zu lokalisieren, und wird im somatosensorischen Kortex verarbeitet.
Das zweite gelangt in die Inselrinde, in der die emotionale Bewertung der Berührung erfolgt, ohne dass das bewusste Denken eingreifen muss. Dieser Mechanismus soll dafür verantwortlich sein, dass Neugeborene, die nie berührt werden, weniger neuronale Verbindungen ausbilden als Kinder, bei denen dies nicht der Fall ist.

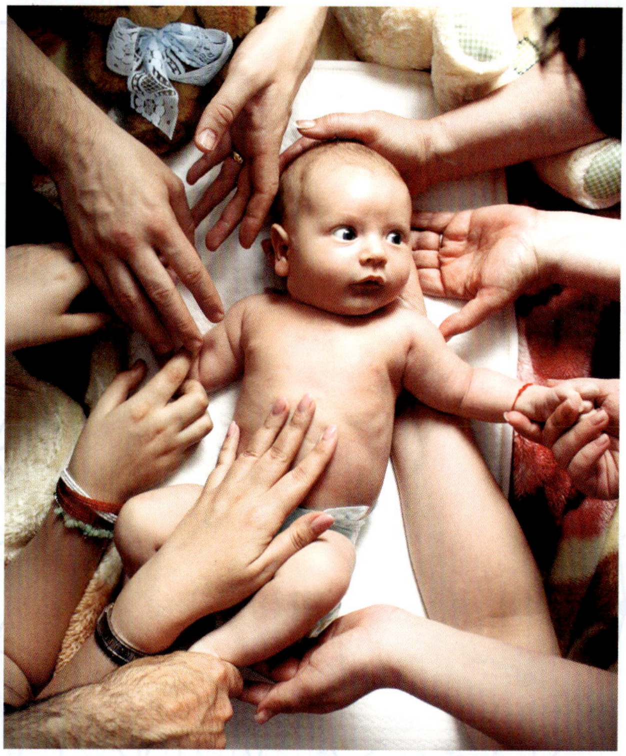

DIE PUPPENHAND-ILLUSION

Unsere Sinne sagen uns, wo jeder Teil unseres Körpers ist und was dazu Kontakt hat. Aber sie lassen sich austricksen, wie das folgende Experiment sehr schön zeigt. Eine Versuchsperson legt ihre rechte Hand auf einen Tisch, die sodann verdeckt wird. Dann legt man eine künstliche Hand so hin, als gehöre sie zum Körper der Versuchsperson. Dann werden die echte Hand und die künstliche Hand mit einem Pinsel gestreichelt. Schon nach kurzer Zeit hat die Versuchsperson das Gefühl, die Puppenhand gehöre zu ihrem Körper. Wenn man dann einen Hammer auf die Puppenhand heruntersausen lässt, dann zuckt die Versuchsperson unwillkürlich zusammen. Diese Illusion wurde 1998 zum ersten Mal beschrieben. Offensichtlich ist das Gehirn in der Lage, sein Körperbild zu verändern.

Wie wir gesehen haben, werden die Informationen von den Sinnesorganen zu unterschiedlichen Arealen der Großhirnrinde geleitet, die im Laufe des 19. und 20. Jahrhunderts identifiziert wurden. 1945 gelang es dem US-Amerikaner Roger Sperry zu zeigen, dass letztlich ein bestimmtes Hirnareal darüber entscheidet, wie wir einen Reiz erleben. Bei Tierversuchen, bei denen er Nerven durchtrennte und sie dann wieder zusammenfügte, stellte er fest, dass die Tiere Ausfälle zeigten, die mit dem entsprechenden Hirnareal zusammenhingen. Wenn man bei einer Ratte die Nerven für das rechte und linke Bein vertauscht, zieht sie den linken Fuß weg, wenn man ihr rechts einen Stromstoß verpasst. Wie viel Zeit er den Tieren nach solchen Experimenten zur Erholung auch geben mochte: Sie wurden nie wieder ganz heil wie vorher. In manchen Fällen half die Neuroplastizität des Gehirns offensichtlich nicht.

Daraus ging hervor, dass die Sinnesrezeptoren zwar auf bestimmte Reize spezialisiert sein mochten, die Energie in den Nerven jedoch war stets dieselbe. Wie ein Reiz vom Gehirn interpretiert wird, hängt davon ab, wo der entsprechende Nerv ins Gehirn mündet. Endet der Nerv im visuellen Kortex, wird ein Bild wahrgenommen, selbst wenn der Reiz dadurch entsteht, dass man auf den Augapfel drückt. Oder wenn der Nerv ursprünglich vom Ohr in den visuellen Kortex umgeleitet wird. Wie Müller schon vor gut 200 Jahren erkannte, nehmen wir den Zustand unserer Nerven wahr und nicht die äußere Welt.

DAS GROSSE GANZE

Mit unseren Sinnen sammeln wir Informationen aus der Welt außerhalb unseres Körpers, genauer gesagt aus der Welt außerhalb unseres Geistes, denn einige der Sinneszellen kommunizieren auch innerhalb des Körpers. Sie stellen die Schnittstelle zwischen Geist und (innerer bzw. äußerer) Umgebung dar. Häufig sind sie der Punkt, an dem sich geistige und körperliche Aktivität überschneiden. Sie können Schmerz und Lust auslösen, und zwar sowohl körperlich als auch seelisch. Zu diesem Zweck schafft sich das Gehirn ein Bild vom eigenen Körper.

Was die Sinne tun

Die Sinne erlauben uns eine ganze Reihe von Erfahrungen: Wir können Filme gucken, Musik hören, Essen genießen oder uns in eine Umarmung fallen lassen. Und sie liefern uns Informationen, auf die wir reagieren können, um unseren Körper zu schützen und zu bewahren. Ein Raubtier zu sehen löst den Kampf-Flucht-Impuls aus. Eine bittere Frucht spucken wir aus. Sie könnte schließlich vergiftet sein. Dabei können wir auf Reize willkürlich und unwillkürlich reagieren. Wenn wir leckeres Essen sehen oder riechen, setzt unwillkürlich die Speichelproduktion ein. Dabei kann ein Sinneseindruck verschiedene Reaktionen auslösen, wenn er in mehrere Regionen des Gehirns weitergeleitet wird. Wie wir zum Beispiel Schmerz empfinden, ist ein höchst komplexes Thema, dem wir uns im nächsten Kapitel widmen.

Schmecken, Berühren, Riechen, Sehen, Hören – unsere Welterfahrung hängt ganz von unseren Sinnen ab.

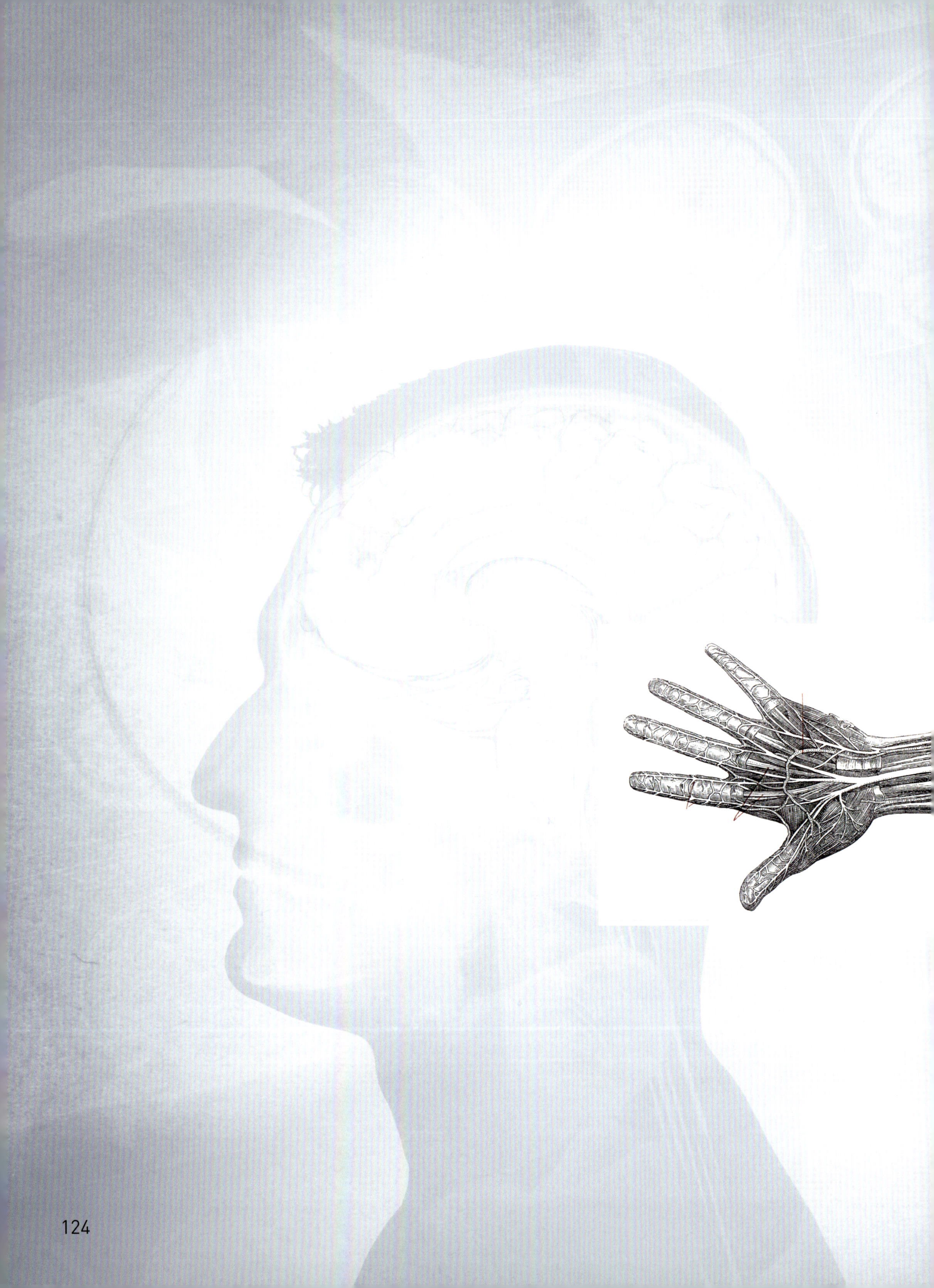

KAPITEL 7

EIN BISSCHEN SCHMERZ

Nichts kann Schmerz genannt werden,
wenn wir es nicht bewusst als solchen wahrnehmen.

William Livingston, 1943

In der Vergangenheit galt physischer Schmerz als überschießende Reaktion auf Berührungen oder als Überlastung der Sinnesorgane der Haut. Doch Schmerz unterscheidet sich von allen anderen Sinneserfahrungen, ja die Schmerzempfindlichkeit variiert sogar je nach Individuum und Umständen. Denn das Gehirn spielt eine ganz eigene Rolle bei der Interpretation einer Sinneserfahrung als Schmerz.

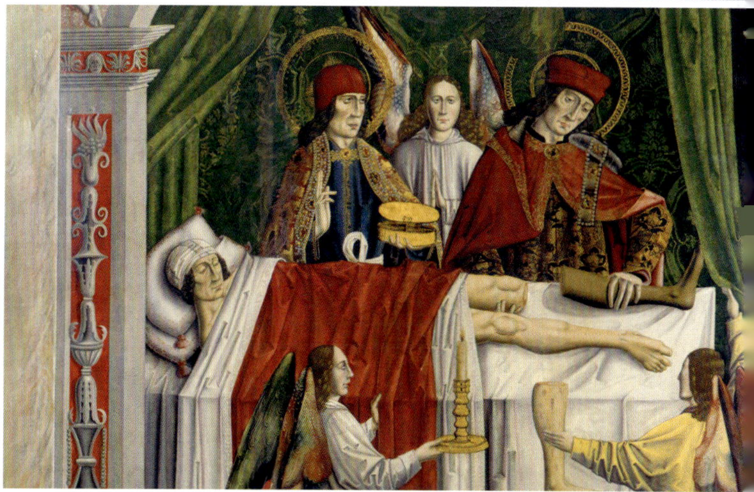

EIN BISSCHEN SCHMERZ

Schützender Schmerz

Aus neurowissenschaftlicher Sicht ist der Schmerz ein höchst interessantes Phänomen. Natürlich hat der Mensch seit jeher nach Möglichkeiten gesucht, Schmerzen zu lindern. Dabei ist der Schmerz lebenswichtig. Menschen, die keinen Schmerz empfinden, tragen ständig schwere Verletzungen davon oder können Krankheiten nicht einschätzen. Schmerz ist nämlich ein wichtiger Schutzmechanismus.

WAS IST SCHMERZ?

Wir verwenden diesen Begriff für körperlichen Schmerz infolge einer Verletzung, aber auch für allgemeines Unwohlsein und emotionales Leid. Die Neurowissenschaften beschäftigen sich vor allem mit Ersterem, körperlichem Schmerz, speziell verursacht durch Verletzungen.

Schmerz empfinden

Für die alten Griechen spielte das Gehirn bei der Schmerzempfindung keine Rolle. Platon und Aristoteles betrachteten den Schmerz als „Leidenschaft der Seele“, nicht als körperliche Empfindung. Aristoteles glaubte, Schmerz und Lust bewegten sich im Blut durch den Körper. Folglich mussten jene Bereiche, die am besten durchblutet waren, die sensibelsten sein.

Im 5. Jahrhundert v. Chr. ging Hippokrates davon aus, dass Schmerz entstünde, wenn die Körpersäfte nicht im Gleichgewicht seien. Galen war derselben Meinung, aber seiner Ansicht nach brauchte es drei Dinge, um Schmerz zu empfinden: ein Organ, das den schmerzlichen Eindruck fühlte; eine Leiterbahn, die das Organ mit dem Gehirn verband, um den Eindruck dorthin zu bringen; und ein Zentrum im Gehirn, das den Schmerz erkannte. Galen billigte dem Gehirn bei der Schmerzempfindung einen wichtigen Anteil zu. Außerdem teilte er den Schmerz in vier Kategorien ein: pulsierend, stechend, drückend oder ziehend.

Im 11. Jahrhundert ergänzte Avicenna Galens Kategorien um weitere elf, von denen viele noch heute in den Fragebögen von Schmerzspezialisten

Schmerz bewahrt den Spieler davor, das verletzte Bein weiter zu belasten.

auftauchen. Avicenna bemerkte außerdem, dass nicht immer eine Verletzung für den Schmerz verantwortlich war. Er kann auch noch weiter bestehen, nachdem die ursprüngliche Ursache beseitigt wurde.

Ursachen und Funktionsweise von Schmerz

Von der Antike bis weit ins 17. Jahrhundert galt Schmerz als von Gott gewollt – als Strafe oder Prüfung – und daher dem Verstand nicht zugänglich. Schmerz war also nichts, was seine Ursachen im Körper hatte. Er wurde von rachsüchtigen Göttern gesandt oder hatte seinen Ursprung in Flüchen oder Schadenszaubern. Christen glaubten gar, der Schmerz im Diesseits würde die Zeit im Fegefeuer verkürzen. Das machte die Arbeit der Priester und Ärzte, die gegen den Schmerz machtlos waren, leichter: Der Schmerz mochte im Augenblick schlimm sein, aber wenn er dem Betroffenen im Jenseits einige Jahrhunderte Qual ersparte, dann sollte der Patient ihn geduldig ertragen.

Schmerz im Körper und im Gehirn

Schon Epikur (342–270 v. Chr.) glaubte, dass die Intensität von Schmerz vom Ausmaß der Verletzung abhinge. Diese Vorstellung hielt sich bis in die 1960er-Jahre. Was sie nicht in Betracht zieht, ist die psychische Komponente des Schmerzes. Von allen Sinnesempfindungen ist der Schmerz

Als Gott Adam und Eva aus dem Paradies verbannte, belegte er Eva (und mit ihr alle Frauen) mit einem Fluch: Sie sollten ihre Kinder unter Schmerzen gebären. Lange Zeit galt der Schmerz daher als Gottesgabe, sodass Frauen Schmerzlinderung während der Geburt zurückwiesen.

am stärksten subjektiv geprägt: Wie eine Verletzung erfahren wird, unterscheidet sich von Mensch zu Mensch erheblich. Manche Menschen empfinden eine kleine Verletzung, einen Schnitt zum Beispiel, schlimmer als eine große.

Die Theorie des Schmerzes, wie Galen sie aufgestellt hat (ein Rezeptor, eine Nervenleitung und ein Wahrnehmungszentrum im Gehirn), kann Schmerz nicht erklären, der nicht in direktem Zusammenhang mit einer Verletzung steht. Phantomschmerzen oder der chronische Schmerz, der mittlerweile als eigenes Krankheitsbild gilt, sind Schmerzen ohne systemische Ursache. Und es gibt heute noch Menschen, die diesen Schmerz als „nicht real" bezeichnen. Ob die Schmerzerfahrung unbedingt eine physische Ursache erfordert, wird auch heute noch diskutiert.

Die Übertragung von Nervensignalen, die mit „Schäden" zu tun haben, hat einen eigenen Namen: Nozizeption. Doch zunächst einmal wollen wir uns dem psychisch verursachten Schmerz zuwenden.

SCHMERZATOME

Der griechische Philosoph Demokrit ging davon aus, dass alle Materie aus kleinen Teilchen besteht, die er Atome nannte. Allerdings ist damit nicht derselbe Sachverhalt gemeint, wie der Begriff ihn heute bezeichnet. Demokrit ging davon aus, dass bei einer Sinnesempfindung das wahrgenommene Objekt seine „Atome" auf den Wahrnehmenden überträgt. Im Falle des Schmerzes seien dies scharfe oder hakenförmige Atome, die sich unter die Atome der Seele mengten.

Arbeit mit Schmerz

Johannes Müller war es dann, der sich intensiv der Erforschung des Schmerzes widmete. Seiner Ansicht nach musste es für die Schmerzempfindung eigene Nervenfasern und Rezeptoren geben. Schmerz trete folglich nur dann auf, wenn diese Elemente gereizt wurden. So wurde Schmerz im Rahmen der Suche nach spezifischen Nerven und Rezeptoren erklärt.

Die gegenteilige Auffassung, nämlich dass für Schmerz kein eigenes System zuständig sei, reicht weit zurück. Aristoteles ging davon aus, dass Schmerz immer dann entstehe, wenn ein Reiz zu stark wurde. Ein Zuviel an Wärme, Lärm, Licht oder anderen Elementen wurde auf verschiedene Weise auf die Seele übertragen. Auch dieses Modell hielt sich fast 2000 Jahre lang.

Im 17. Jahrhundert begann zunächst Descartes, rationale Erklärungen für Ursprung und Übertragung von Schmerz zu suchen. In seinem mechanistischen Weltbild kam es dann zu Schmerz, wenn die „Maschinerie" irgendwie aus dem Gleichgewicht geriet. Descartes unterschied bereits zwischen der Funktionsweise des Schmerzes – ein Reiz, dem der Körper irgendwie auszuweichen versucht – und der zugehörigen geistigen Erfahrung. 1644 beschrieb er Schmerz als „Störung", die von der Körperperipherie entlang der Nervenbahnen ins Gehirn weitergegeben wurde.

1874 stellte William Erb die These auf, dass jeder Sinnesrezeptor ein Schmerzsignal aussenden könne, wenn er zu stark stimuliert werde. 1858 belegte dann aber Moritz Schiff, dass Schmerz und Berührung über unterschiedliche Nervenbahnen im Rückenmark vermittelt wurden. Damit war die Idee der Spezialisierung der Wahrnehmung wieder im Spiel. Lange Zeit blieben beide Modelle bestehen, das vom übermächtigen Reiz und das eines spezialisierten Systems, wobei die Fraktion der Psychologen eher das Intensitätsmodell vertrat, die der Neurologen das der Spezifizität. Ende des 19. Jahrhunderts aber waren die meisten Sachverständigen davon überzeugt, dass auch die Schmerzwahrnehmung ein eigenes System besaß. Henry Heads Experimente am eigenen Arm (siehe Seite 117) bestätigten dies.

Weder Blix noch Goldscheider (siehe Seite 117) achteten bei ihren Forschungen an den Rezeptoren in den 1880ern auf Schmerz. Erst Max von Frey beschrieb Schmerz als eigene Sinnesmodalität, die mit den freien Nervenendigungen zu tun haben sollte. Von Freys Ideen waren zwar populär, weil sie simpel waren, im Detail aber lag der Physiologe falsch. Bald fand man heraus, dass man Schnitte in Hautbereichen mit freien Nervenenden nicht als schmerzhaft empfunden wurden. Das Ganze stellte sich also als recht komplex dar.

Ende des 19. und Anfang des 20. Jahrhunderts versuchten Physiologen der Signalweiterleitung der Haut auf die Spur zu kommen und die Areale des Gehirns zu finden, in denen diese Signale in persönliche Erfahrungen übersetzt werden.

VERSCHIEDENE ARTEN VON SCHMERZ

Der Physiologe Charles Sherrington beschrieb 1906 erstmals Nozizeptoren. Die unterschiedlichen Nozizeptoren sind dabei auf bestimmte schädliche Reize spezialisiert: extrem hohe oder niedrige Temperaturen, starker Druck oder giftige Chemikalien. Der englische Neurophysiologe Thomas Lewis bewies 1942, dass die Nozizeptoren mit zwei verschiedenen Neuronentypen verknüpft sind. Diese identifizierte der Psychologe Ronald Melzack: ein Typ ist von Myelinscheiden umgeben und sorgt für schnelle Signalübertragung (A-Fasern), der andere ist nicht myelinisiert und daher langsamer (C-Fasern). Das heißt, dass es zwei Arten der Schmerzerfahrung gibt: zuerst der schnelle, unvermittelte Schmerz, gefolgt vom weniger starken, aber andauernden Schmerz. (Zum Beispiel der stechende Schmerz, wenn Sie sich schneiden, dem ein dumpferer folgt.) Der erste Nervenfasertyp ist für den Akutschmerz verantwortlich, der zweite für den chronischen.

Verbrennungen sind extrem schmerzhaft. Dies schien lange Zeit ein klarer Beleg dafür, dass ein zu intensiver Reiz Schmerz auslöste.

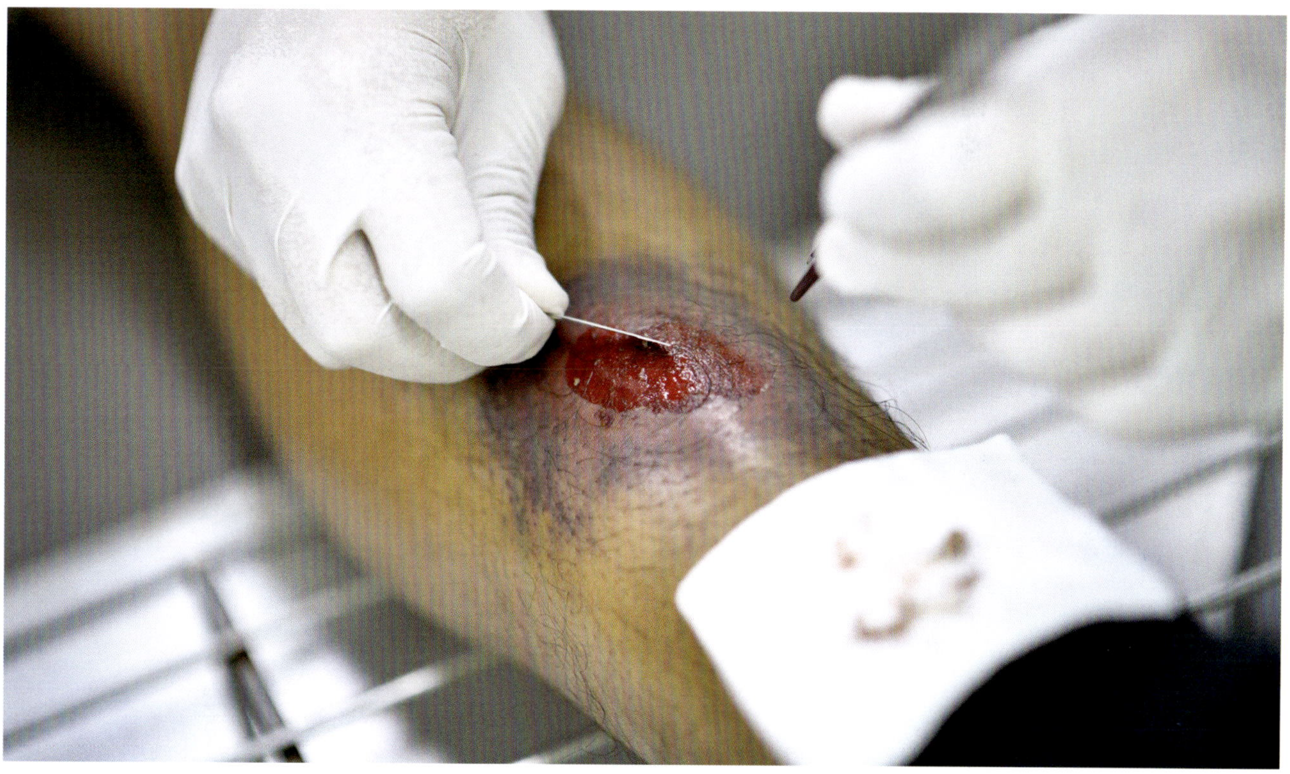

Alles oder nichts

Wie bei den anderen Neuronen können die Nervenfasern, die Schmerz signalisieren, nur „an“ oder „aus“ sein. Das Alles-oder-Nichts-Prinzip gilt für sensorische und motorische Fasern. Dieses Muster deckte der amerikanische Physiologe Henry Pickering Bowditch 1871 auf, als er die Kontraktion der Herzmuskeln erforschte. Da die Funktionsweise also binär ist, kommt es nicht zu Veränderungen in der Signalstärke – entweder „feuert“ das Neuron (erzeugt ein Aktionspotenzial) oder nicht. Doch selbst wenn der Reiz nicht ausreicht, um eine Reaktion hervorzurufen, so verändert er doch die Konzentration der Ionen innerhalb und außerhalb des Neurons. Bleibt der Reiz dann bestehen, dann schaukelt sich dieser Effekt auf, bis die Schwelle erreicht ist und das Neuron sein Aktionspotenzial übers Axon schickt.

Die Intensität unserer Empfindung ist also nicht an die Intensität des Reizes gekoppelt. Sie hängt vielmehr davon ab, wie viele Neuronen stimuliert werden. Wenn wir helles Licht sehen, „feuern“ viele Neuronen in der Netzhaut. Bei schwachem Licht sind es nur wenige, denn das schwache Licht versetzt nur wenige Neuronen in Erregung. Dasselbe gilt für die Schmerzerfahrung. Daher kann eine stärkere Verletzung mitunter nur geringen Schmerz auslösen. Wenn Sie eine dünne Nadel tief in Ihr Bein treiben, tut dies weniger weh, als wenn Sie einen nicht allzu tiefen Schnitt an der Hautoberfläche anbringen. Die Nadel trifft auf ihrem Weg auf deutlich weniger Schmerzsensoren.

Das Alles-oder-Nichts-Prinzip ist nicht nur auf individuelle Neuronen beschränkt. Würde bei jeder minimalen Empfindung ein Schmerzreiz ausgelöst, wäre unser Leben bald unerträglich. Es muss also immer eine ausreichende Anzahl von Neuronen angeregt werden, damit ein Signal ans Gehirn geschickt wird, das dieses dann als Schmerz interpretiert. Dieser Zusammenhang wurde 1889 von dem deutschen Internisten Bernhard Naunyn entdeckt. Er setzte seine Versuchspersonen minimalen Reizen in schneller Folge aus, sodass sie die einzelnen Berührungen gar nicht bemerkten. Nach einer Weile aber löste schon ein solch kleiner Reiz unerträgliche Schmerzen aus. Dabei stimulierte er die Nerven für eine Zeit von 6 bis 20 Sekunden mehrere hundert Mal. So kam er auf die Idee, dass das Schmerzsystem „summativ“ arbeitet: Wenn in einem gewissen Zeitraum genug Stimuli auftreten, wird ein Schmerzimpuls ausgelöst.

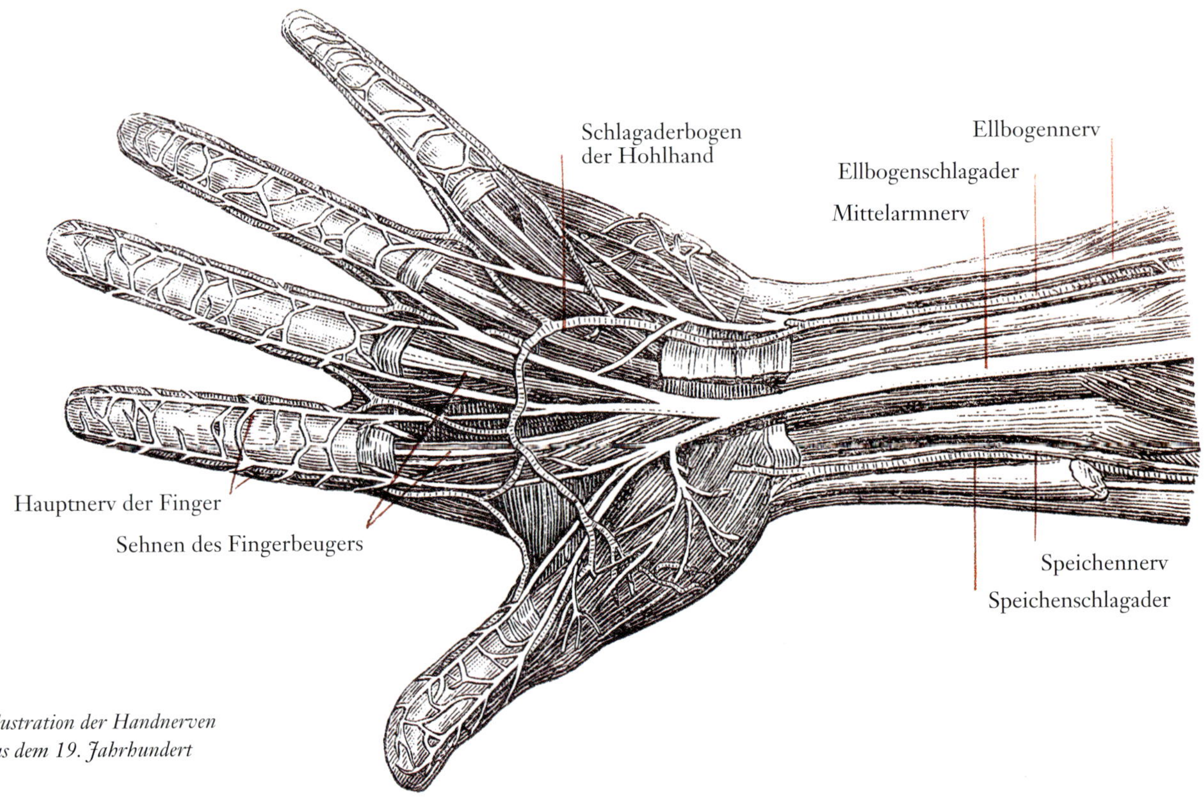

Illustration der Handnerven aus dem 19. Jahrhundert

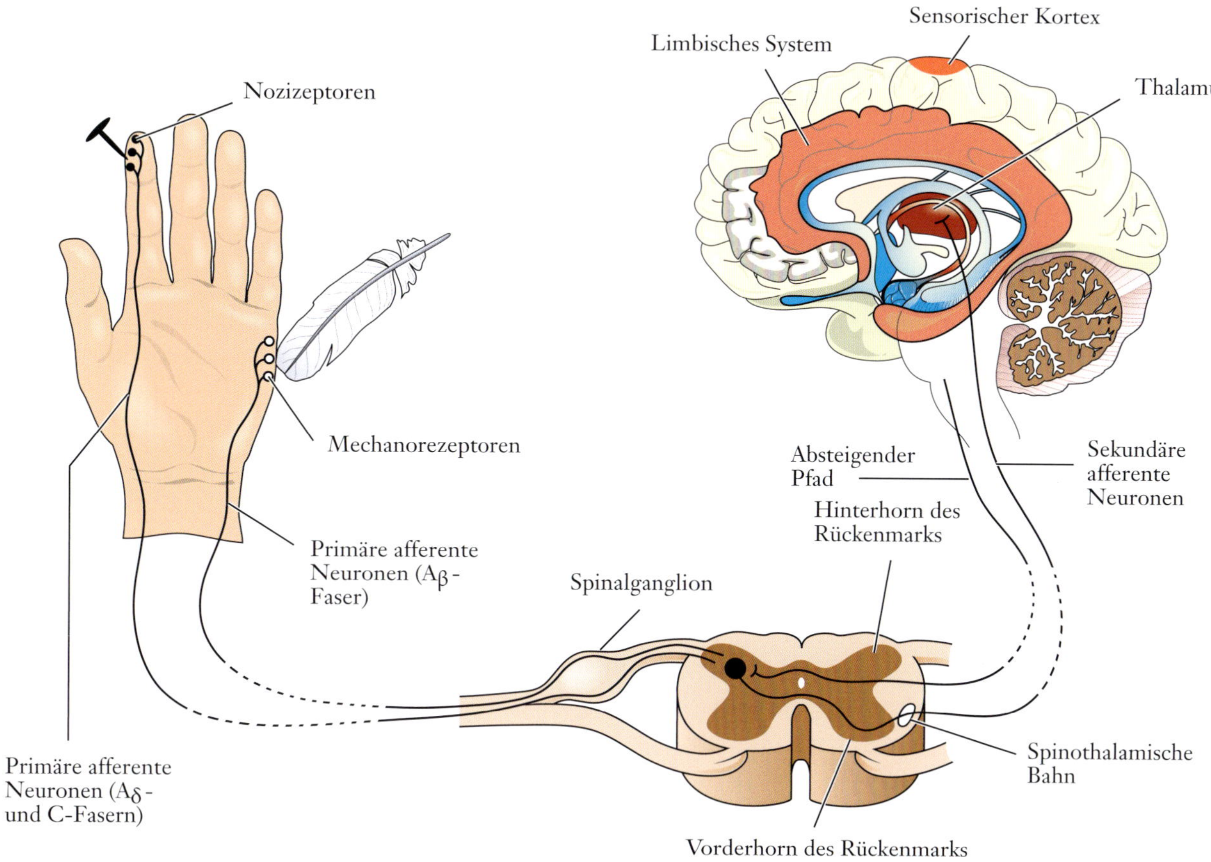

Die Kombination von Spezifitäts- und Intensitätstheorie

1943 stellte der amerikanische Physiologe William Livingston eine „Summationstheorie“ auf, die auf den Resultaten Naunyns und anderer gründete. Er war der Auffassung, dass ein schmerzhafter Reiz Signale hervorrufe, die dann ins Rückenmark geleitet würden. Sie würden sich in den Interneuronen aufbauen, bis eine gewisse Schwelle erreicht sei. An diesem Punkt würde ein Signal ans Gehirn weitergeleitet, das den Schmerz registriere. Die Aktivität in den Interneuronen würde an andere Spinalnerven weitergegeben und könne dort Aktivitäten der Muskeln oder des sympathischen Nervensystems auslösen. Dazu kämen dann noch emotionale Reaktionen wie Angst.

Reibe, reibe und alles ist gut

Dem holländischen Forscher Willem Noordenbos (1910–1990) fiel 1953 auf, dass Signale in den großen Nervenfasern die in den dünneren Fasern desselben Gebietes überschreiben können. Die Schmerzintensität hängt davon ab, wie sehr dünne und dickere Fasern stimuliert werden, die Schmerz- sowie Druck- und Berührungssignale weitergeben. Resultat: Schmerz lässt sich tatsächlich lindern, indem man an der verletzten Stelle die Haut reibt. Die Übertragung des Druck-/Berührungssignals überlagert das Schmerzsignal.

Schmerzweiterleitung

1965 erklärten der britische Neurowissenschaftler Patrick Wall (1925–2001) und der kanadische Psychologe Ronal Melzack (geb. 1929) dieses Phänomen mit der Gate Control Theory (Kontrollschrankentheorie). Die Signale müssen „Schranken" (Gates) überwinden, damit wir Schmerz empfinden können. Diese bestimmten auch über die Intensität des Schmerzes. Die Signale von den Nozizeptoren werden von den Schranken blockiert, durchgelassen oder überlagert. Melzack bezog sich dabei auf die Arbeiten von Lord Adrian und Charles Sherrington. Er verwendete ein Galvanometer, um das Aktionspotenzial in verschiedenen Nervenfasern zu messen. Außerdem nutzte er die Erkenntnisse von Gasser und Erlanger zu den drei Typen von Nervenfasern (A, B und C). Die B-Fasern sind teilweise myelinisiert und liegen, was die Schnelligkeit der Reizweiterleitung angeht, zwischen A und C.

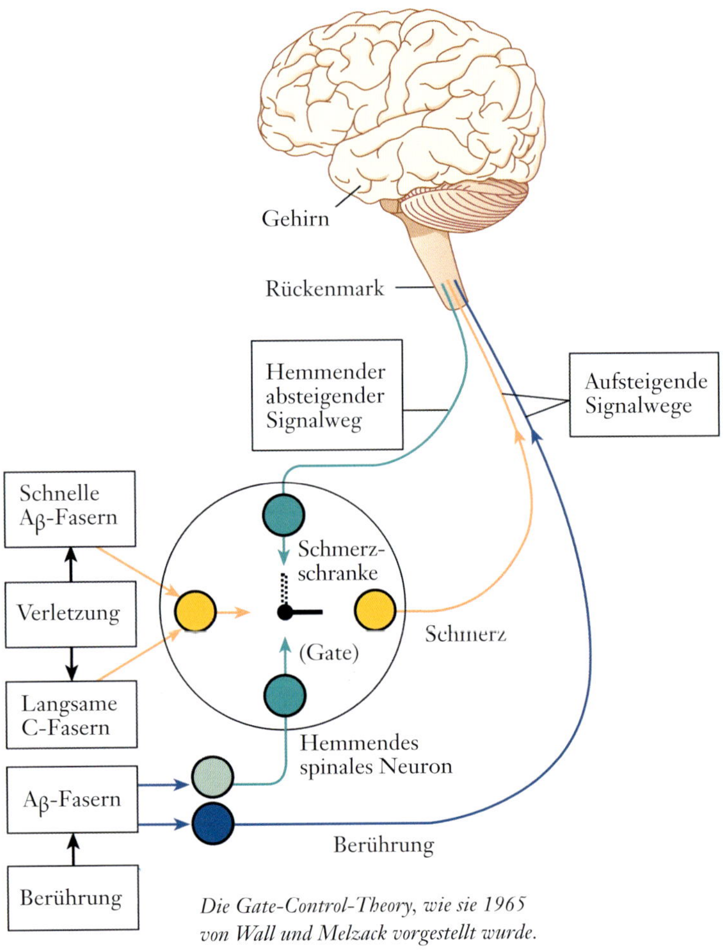

Die Gate-Control-Theory, wie sie 1965 von Wall und Melzack vorgestellt wurde.

Die Kontrollschranken blockieren den hemmenden Eingriff von Interneuronen (oder eben nicht). Das ist sozusagen eine „doppelte Verneinung". Hemmende Interneuronen blockieren die Weitergabe eines Signals auf dem Weg vom Rückenmark zum Gehirn, weil sie verhindern, dass ein Neurotransmitter freigesetzt wird, der gebraucht wird, um Signale von den Schmerzneuronen weiterzuleiten. Das Signal kann also nicht durch. Werden diese Interneuronen an der Arbeit gehindert, wird der Weg für das Signal frei. Die Stimulierung der Neuronen für die dünnen C-Fasern verhindert, dass die hemmenden Interneuronen anspringen. So gelangt das Schmerzsignal ins Gehirn. Werden hingegen die dicken A-Fasern stimuliert, versetzen diese die hemmenden Neuronen in Aktion. Reize der dicken Fasern hemmen oder reduzieren also das Schmerzsignal. Daher wirkt es schmerzlindernd, wenn sie die verletzte Stelle reiben oder Hitze- bzw. Kältereize anlegen. Dies ist das Wirkungsprinzip des TENS-Systems (Transkutane elektrische Nervenstimulation), das zur Schmerzlinderung dient.

Darüber hinaus sendet das Gehirn Signale, um zu entscheiden, welche Schmerzsignale weitergeleitet werden sollen. Melzack meinte, das liege an einem zweiten Signalweg, der das Gate durch einen Kurzschluss umgeht und direkt ins Gehirn führe. Das Gehirn entscheide dann, ob die Hemmung durch die Interneuronen aufgehoben wird oder nicht, und sendet einen entsprechenden Impuls ans Rückenmark. Diese Top-Down-Kontrolle der Schmerzsignale erklärt den wohlbekannten Einfluss der Psyche auf den Schmerz. Gerade in Notfallsituationen erleben Menschen mitunter gar keinen Schmerz, selbst wenn sie schwere Verletzungen erlitten haben. Vermutlich weil der Körper zunächst mal Wichtigeres zu tun hat – sich in Sicherheit bringen zum Beispiel. Menschen, die sehr beschäftigt oder im Gegenteil sehr entspannt sind, erleben Schmerz meist nicht so stark als Menschen, die nichts zu tun haben oder unter enormem Druck stehen.

INNERER SCHMERZ

Sensorische (Schmerz-)Rezeptoren finden sich nicht nur an der Körperoberfläche bzw. in der Haut, sondern auch im Körperinneren, zum Beispiel in Gelenken, Knochen und inneren Organen. Wenn Organe keine Rezeptoren für Schmerz aufweisen, können sich Krankheiten unbemerkt bis zu einem gefährlichen Stadium aufschaukeln, ohne dass der Betroffene dies merkt.

Schmerz und der Geist

Die Physiologie des Schmerzes erklärt sehr schön, wie der Körper empfindet und gefährliche Stimuli behandelt. Letztlich aber kann der Geist all seine Anweisungen überlagern. Das Gehirn nämlich setzt die Sinnesimpulse zum Schmerz zusammen und dabei stützt es sich auf vergangene Erfahrungen, Erwartungen und eine Reihe anderer komplexer Faktoren. Der Schmerz ist die subjektivste unter allen Hautempfindungen und für die Forschung ein wahres Minenfeld. Das liegt auch daran, dass sie sich dabei auf rein subjektive Berichte der Betroffenen verlassen müssen. Es ist nämlich einfach

VERSCHOBENER SCHMERZ

Manche Schmerzrezeptoren in verschiedenen Körperregionen teilen sich einen bzw. mehrere Signalwege. In dieser Situation kann das Gehirn nicht eindeutig feststellen, woher das Schmerzsignal kommt. Ein klassisches Beispiel dafür ist der Herzinfarkt, der häufig als Schmerz im Kiefer oder im Arm wahrgenommen wird. Und doch ist es der Herzmuskel, der die Signale aussendet. Das Gehirn aber ordnet den Schmerz anderen Regionen zu, in denen es häufiger zu Schmerzerfahrungen kommt (Arm und Kiefer), und nicht dem Herzen, das nur sehr selten solche Signale aussendet.

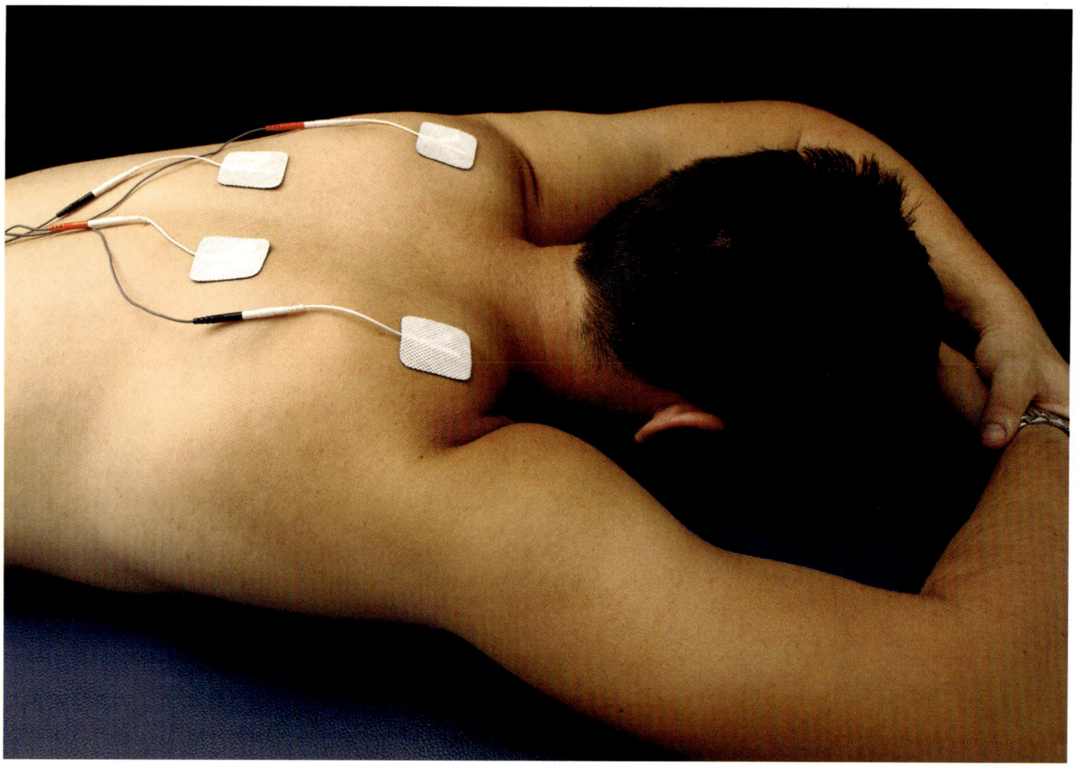

Ein TENS-Gerät wird häufig eingesetzt, um Muskelschmerzen zu lindern.

nicht möglich, den Schmerz eines anderen Menschen „nachzufühlen“. Darüber hinaus kann Schmerz an „falschen“ Orten gefühlt werden, ja sogar dort, wo es längst keinen „Ort“ mehr gibt.

Phantomschmerzen

Eine der faszinierendsten Facetten von Schmerz, die sich für die Forschung als ausgesprochen fruchtbar erwies, ist der Phantomschmerz, den Menschen empfinden, die einen Arm oder ein Bein verloren haben. Beschrieben wurde er erstmals 1551 vom französischen Wundarzt Ambroise Paré, aber auch Descartes erwähnt ihn. Etwa 60 bis 80 Prozent der Menschen, die einen Arm oder ein Bein verloren haben, haben auch nach der Amputation noch Empfindungen im nicht mehr vorhandenen Körperteil.

Der amerikanische Chirurg Silas Mitchell, der während des amerikanischen Bürgerkrieges von 1861 bis 1865 im „Stumpf-Krankenhaus“ arbeitete, berichtete Phantomschmerzen bei 86 bis 90 Prozent der Amputierten. Ausgehend von dieser umfangreichen Datenlage gelangte er zu den folgenden Erkenntnissen: Die Soldaten empfanden das Phantomglied als kürzer als das ursprüngliche Glied und häufig auch nicht vollständig. Sie klagten über starke Schmerzen, die mitunter schon von geringfügigen Reizen wie einer leichten Brise ausgelöst wurden. Auch das Tragen der Prothese

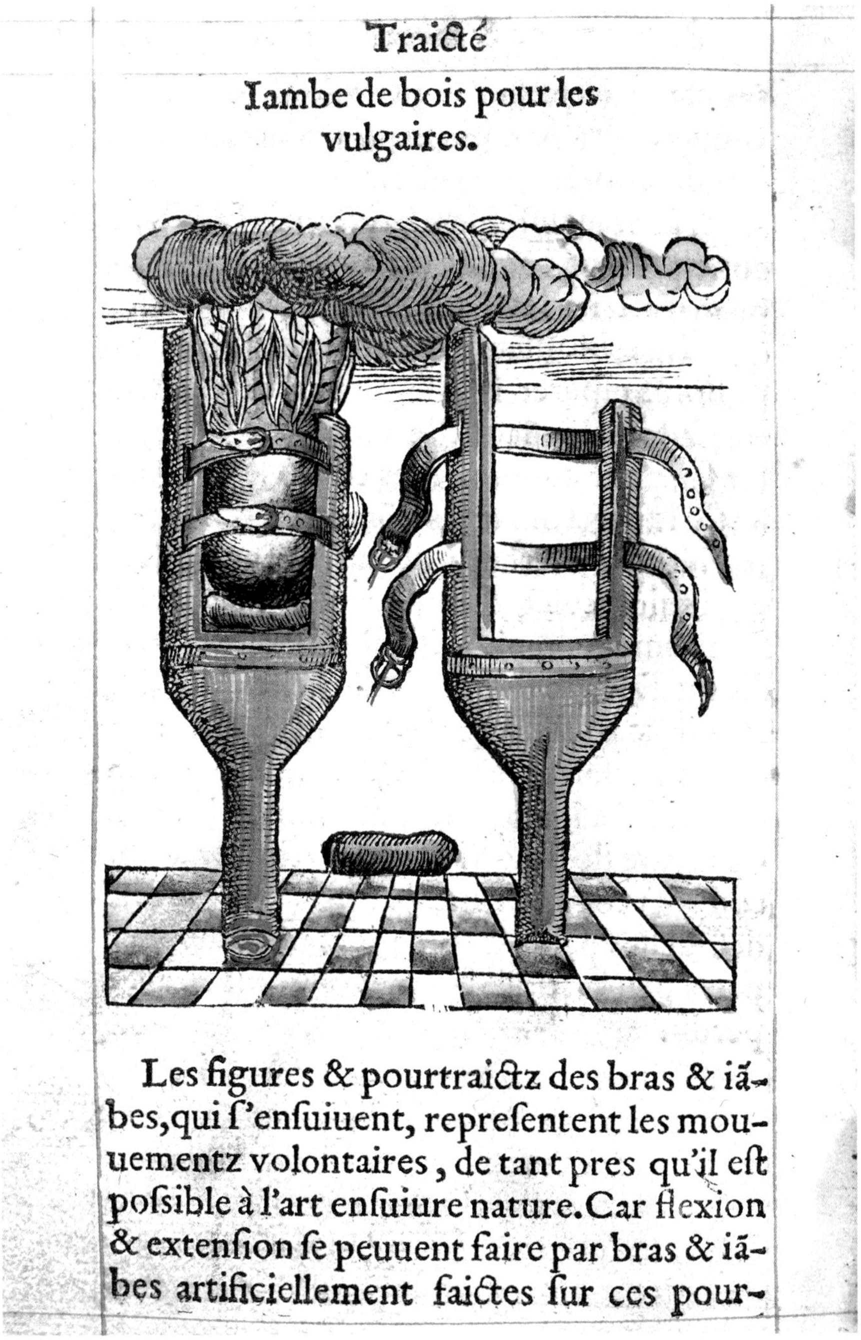

Traicté

Iambe de bois pour les vulgaires.

Les figures & pourtraictz des bras & iãbes, qui s'ensuiuent, representent les mouuementz volontaires, de tant pres qu'il est possible à l'art ensuiure nature. Car flexion & extension se peuuent faire par bras & iãbes artificiellement faictes sur ces pour-

Künstliche Beinstümpfe aus Holz, mit denen der Arzt Ambroise Paré seinen amputierten Patienten half.

> « *[Schmerz ist] eine unangenehme sinnliche und emotionale Erfahrung, die mit tatsächlichen oder möglichen Gewebeschäden in Verbindung steht oder als solcher Schaden erlebt wird.* »
>
> **Internationale Gesellschaft zur Erforschung des Schmerzes,** *1975*

führte häufig zu Schmerzen, die sich gegenüber Schmerztherapien (Kauterisieren der Nervenenden, Akupunktur, Schmerzmittel) als erstaunlich resistent erwiesen. Manche Soldaten ließen sich dann noch mehr von dem betroffenen Glied abnehmen in der Hoffnung auf Linderung, die jedoch meist enttäuscht wurde.

Mitchell und andere glaubten, der Schmerz entstehe durch eine Reizung der Nerven, die während der Amputation durchtrennt worden waren. Sie nahmen an, dass die Stimulierung dieser Nerven Signale ans Gehirn sandte, die so interpretiert wurden, als kämen sie vom ursprünglichen Glied. Die Behandlungsmethoden zu jener Zeit waren äußerst grob und selten erfolgreich. Man verkürzte den Stumpf weiter oder trennte die Nervenbahnen durch, die ihn mit dem Rückenmark verbanden. Manchmal entfernte man sogar den Teil des Thalamus, der für diese Signale zuständig war.

Der glückliche Patient der Heiligen Kosmas und Damian wird keinen Phantomschmerz erfahren, weil diese das abgetrennte Glied wunderbarerweise ersetzen.

Die Theorie der gereizten Nerven wurde in den 1980ern von Melzack widerlegt. Der Phantomschmerz sowie der chronische Schmerz zeigen, dass die ursprüngliche Theorie – derzufolge ein Schmerzsignal im verletzten Körperteil durch Nervenbahnen ins Gehirn gesandt und als Schmerz

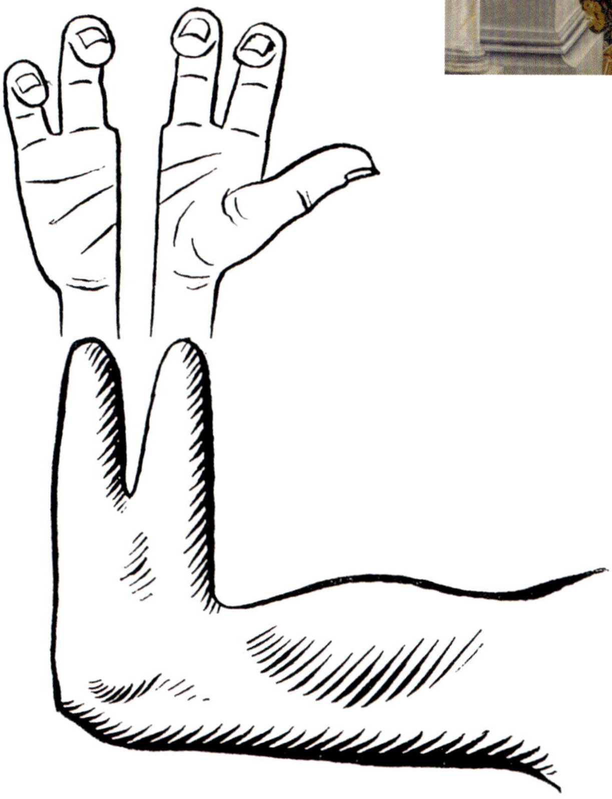

Melzack notierte, dass Menschen, deren Armstumpf geteilt worden war, damit sie Dinge greifen konnten, auch ihre Phantomhand als in der Mitte durchtrennt empfanden.

gedeutet wurde – nicht funktionieren konnte. Melzack wies auch auf Patienten hin, die durch Nervenverletzungen im Rückenmark gelähmt waren, gleichwohl aber Phantomschmerzen in den gelähmten Gliedern verspürten. Das konnte keinesfalls auf die Reizung durchtrennter Nerven im „Phantomglied" zurückgehen, denn das Glied war ja noch vorhanden, nur hatte es eben keine Verbindung mehr zum Gehirn.

ES TUT WENIGER WEH, WENN SIE ZUSEHEN

Forschungsarbeiten zu Beginn des 21. Jahrhunderts zeigen, dass eine potenziell schmerzhafte Prozedur weniger wehtut, wenn wir dabei zusehen können. Schauen Sie also ruhig hin, wenn man Ihnen Blut abnimmt oder eine Spritze verpasst. 2008 zeigten Aufnahmen mit dem fMRT, dass jene Hirnareale, die Schmerz verarbeiten, auch mit visuellem Input befasst sind.

Die Ingredienzen des Schmerzes

Melzack beschreibt ein Neuromatrix-Modell des Schmerzes, das die Schmerzerfahrung weg vom peripheren (PNS) ins zentrale Nervensystem (ZNS) verlagert. Der Schmerz entsteht also nicht aus einem Gewebeschaden, sondern das ZNS agiert aufgrund der Informationen aus dem PNS und der Umgebung. Dabei sind – wie später im Experiment belegt werden sollte – folgende Regionen des ZNS aktiv:

- Rückenmark
- Hirnstamm und Thalamus
- Teile des limbischen Systems (Hypothalamus, Amygdala, Hippocampus und anteriorer cingulärer Kortex)
- Inselrinde
- somatosensorischer Kortex
- Motorkortex
- präfrontaler Kortex

Diese sind für die sensorischen, emotionalen, kognitiven, verhaltensbezogenen, motorischen und bewussten Aspekte der Schmerzerfahrung verantwortlich. Das Modell erklärt, weshalb der Schmerz nicht immer der Größe des verletzten Areals oder der Schwere des Gewebeschadens entspricht und auch auftritt, wenn es keinen Schaden gibt. Es erklärt außerdem den Placebo-Effekt (siehe Seite 138) und die Tatsache, dass Menschen in Stresssituationen (auf dem Schlachtfeld oder bei Unfällen) Schmerz überhaupt nicht wahrnehmen.

Melzack geht davon aus, dass die Neuromatrix teilweise genetisch gesteuert ist. Kinder, die ohne Gliedmaßen zur Welt kommen, können Phantomschmerzen erfahren. Das lässt vermuten, dass die individuelle Neuromatrix durch Genetik und Lernen entsteht. Dass sie teils auch erlernt ist, zeigt die Tatsache, dass Menschen mit Phantomgliedern auch ihren Ehering zu spüren meinen oder einen vormals vorhandenen Ballenzeh.

Wenn chronischer Schmerz nicht auf einen Gewebeschaden zurückgeht, kombiniert man in der Behandlung häufig Sport, Verhaltenstherapie und Medikamente. Auch dieser Ansatz beruht auf dem Neuromatrix-Modell, das besagt, dass der Körper aus einer Reihe von Reizen und inneren Erfahrungswerten die Schmerzempfindung selbst konstruiert.

DIE „LANDKARTE DES KÖRPERS" NEU SCHREIBEN

Der indische Neurologe Vilayanur Ramachandran (geb. 1951) geht davon aus, dass nach einer Amputation die Repräsentation des Körpers im somatosensorischen Kortex neu geschrieben wird. Diese „Neuverkabelung" sei dafür verantwortlich, dass manche Menschen mit Amputationen ein Streicheln im Gesicht in ihrem Phantomglied fühlen.

1994 veröffentlichte er seine Spiegeltherapie für Phantomschmerzen. Der Patient legt sein noch gesundes Glied in eine Box, die mithilfe von Spiegeln ein Bild des fehlenden Gliedes erzeugt. Manche Patienten können ihre Schmerzen lindern, indem sie ihr gesundes Glied (und damit auch dessen Spiegelbild) bewegen. (Phantomglieder sind häufig verkrümmt.) Die Spiegeltherapie schlägt nicht bei allen Patienten mit Phantomschmerz an, und man weiß bis heute nicht, warum sie überhaupt funktioniert.

Nur im Geist?

Untersuchungen mit bildgebenden Verfahren zeigen, dass an der Schmerzempfindung 300 bis 400 Areale unseres Gehirns beteiligt sind. Ein hochkomplexes System also. Studien aus dem Jahr 2004 zeigen, dass die Schmerzempfindung geringer war, wenn der Betreffende abgelenkt wurde oder meditierte.

2012 zeigte eine weitere Studie, dass Glauben und Erwartungen die Schmerzerfahrung ganz wesentlich beeinflussen. Freiwillige Versuchspersonen erlitten einen brennenden Schmerz am Arm, während sie eine Infusion mit angeblichem Schmerzmittel erhielten. Man sagte ihnen, wann das Schmerzmittel angeblich verabreicht wurde und wann es zu Ende war. Und man teilte ihnen mit, dass ohne Schmerzmittel der Schmerz vermutlich stärker würde. Die Patienten stuften ihren Schmerz ein wie folgt: anfangs –6, bald darauf –5, mit Schmerzmittel –2, nach Absetzen des

Schmerzmittels –6. Tatsächlich aber verabreichte man das Mittel schon „bald darauf", wo die Probanden nur einen minimalen Effekt berichteten. Man gab das Mittel auch noch weiter, obwohl man den Versuchspersonen gesagt hatte, man habe es abgesetzt. Auch hier hatte das Mittel keinerlei Effekt. Man spricht hier vom wohlbekannten „Placebo-Effekt".

Placebo, Nocebo

Medikamente, die keinen pharmakologisch aktiven Wirkstoff enthalten, nennen wir Placebos. Man verabreicht sie gewöhnlich bei Doppelblindversuchen mit neuen Medikamenten, um festzustellen, ob das Medikament tatsächlich wirksam ist. Eine Gruppe der Patienten erhält den Wirkstoff, die Kontrollgruppe das Placebo. Dann werden die Resultate beider Gruppen verglichen. Theoretisch dürfte die Placebogruppe keine Wirkung verspüren. In Wirklichkeit aber erholen sich die Placebo-Patienten häufig genauso schnell wie die behandelten Patienten. Wie die Studie über die Schmerzmittel zeigt. Das Gegenteil des Placebo-Effekts heißt Nocebo-Effekt, der sich dann einstellt, wenn Menschen auf Medikamente ohne Wirkstoff negativ reagieren (wie im Kasten unten).

TÖDLICHE ZUCKERPILLEN

2007 erklärte sich ein Patient mit Depressionen zu einem Versuch mit neuen Antidepressiva bereit. Er wusste nicht, dass er der Kontrollgruppe zugeteilt worden war und keinen Wirkstoff erhielt. Als ihn Selbstmordgedanken überfielen, nahm er 29 Kapseln ohne Wirkstoff ein. Sein Blutdruck fiel auf ein gefährlich niedriges Niveau, er brauchte Infusionen, um am Leben zu bleiben. Als man ihm sagte, dass er Placebos erhalten hatte, erholte er sich schnellstens.

Es ist nicht mal von Bedeutung, ob der Patient weiß, dass er ein Placebo erhält. 2015 zeigte eine Studie, dass der Effekt bei einer Placebo-Gruppe anhielt, auch nachdem man ihr nach dem vierten Tag mitgeteilt hatte, dass keiner der Teilnehmer mit einem Schmerzmittel behandelt worden war. Das gilt allerdings nicht, wenn das Placebo nur einen Tag lang verabreicht wurde. Es scheint also um gewisse Konditionierungseffekte zu gehen.

Eine Art Nocebo-Effekt scheint auch hinter Fällen zu stehen, bei denen Menschen nach einem Fluch erkranken oder gar sterben. Auf Haiti und in Afrika, wo der Voodookult zu Hause ist, sterben Menschen mitunter, wenn nicht ein „Hexendoktor" den Fluch ausdrücklich von ihnen nimmt. Medikamente sind hier sinnlos, weil die Krankheit ja keine physischen Ursachen hat. Es ist der Glaube des Patienten, der ihn erkranken lässt, und dieser ist bewussten Einflüssen nicht zugänglich.

Gehirn und Schmerz

Von den drei Elementen, die nach Galen für die Schmerzempfindung erforderlich sind, ist also nur eines übrig geblieben: das Organisationszentrum im Gehirn, das darüber entscheidet, ob wir Schmerz ausdrücken.

Die Hypnose ist ein Zustand konzentrierter Aufmerksamkeit, in dem der Mensch besonders aufnahmefähig für Suggestionen ist. Aufnahmen mit dem fMRT zeigen, dass das Gehirn unter Hypnose auf Suggestivreize genauso reagiert wie das nicht hypnotisierte Gehirn auf vergleichbare tatsächliche Reize. Eine Studie von 2013 zeigte, dass in Hypnose auf die Suggestion eines Schmerzreizes die gleichen Gehirnareale auf dieselbe Weise aktiviert wurden, als erhielten sie tatsächlich einen Schmerzreiz.
Bei dem Versuch legte man den Probanden eine heiße Sonde auf die Hand. Den folgenden Schmerz bewerteten sie mit –5. Als man ihnen in Hypnose sagte, die Sonde werde wieder aktiviert (was nicht

UNERTRÄGLICHE SCHMERZEN AUSHALTEN

In manchen Gesellschaften durchlaufen Jugendliche bei der Initiation schmerzhafte Rituale, bevor sie als Erwachsene in ihre Gemeinschaft aufgenommen werden. Dazu gehört mitunter auch das Ertragen von starken Schmerzen – und doch unterziehen sich alle Mitglieder der Gemeinschaft diesem Ritual mit offen zur Schau gestellter stoischer Widerstandsfähigkeit. Vermutlich trägt die Unterstützung der Gruppe und das Wissen, dass alle anderen es auch geschafft haben, zu diesen Leistungen bei.

der Fall war), ordneten sie den Schmerz genauso ein wie vorher. Und die fMRT-Aufnahmen zeigten, dass das Gehirn in beiden Fällen gleich aktiv war.

Schmerz, die scheinbar klarste und störendste aller physischen Empfindungen, ist nicht immer, wofür wir ihn halten. Das Gehirn kann ihn ohne jeden Grund erschaffen oder ihn trotz eines massiven Traumas blockieren. Der Schmerz zeigt am deutlichsten, wie stark die Macht des Geistes über die Materie doch ist.

PHYSISCHER UND EMOTIONALER SCHMERZ VERGLEICHBAR

Eine Studie aus dem Jahr 2013 zeigt, dass das Gehirn auf seelischen Schmerz reagiert, indem es die körpereigene Schmerzmittelproduktion ankurbelt, genauso also, als hätte der Betroffene körperliche Schmerzen. Die Positronen-Emissions-Tomografie zeigt, dass Menschen, denen man sagt, dass mögliche Partner auf einem Dating-Portal sie ablehnen würden, Schmerz empfinden. Bei denjenigen, deren Schmerzempfinden geringer war, fand man mehr Opioide im Gehirn. Die dabei aktiven Gehirnregionen waren dieselben wie bei der Empfindung körperlichen Schmerzes.

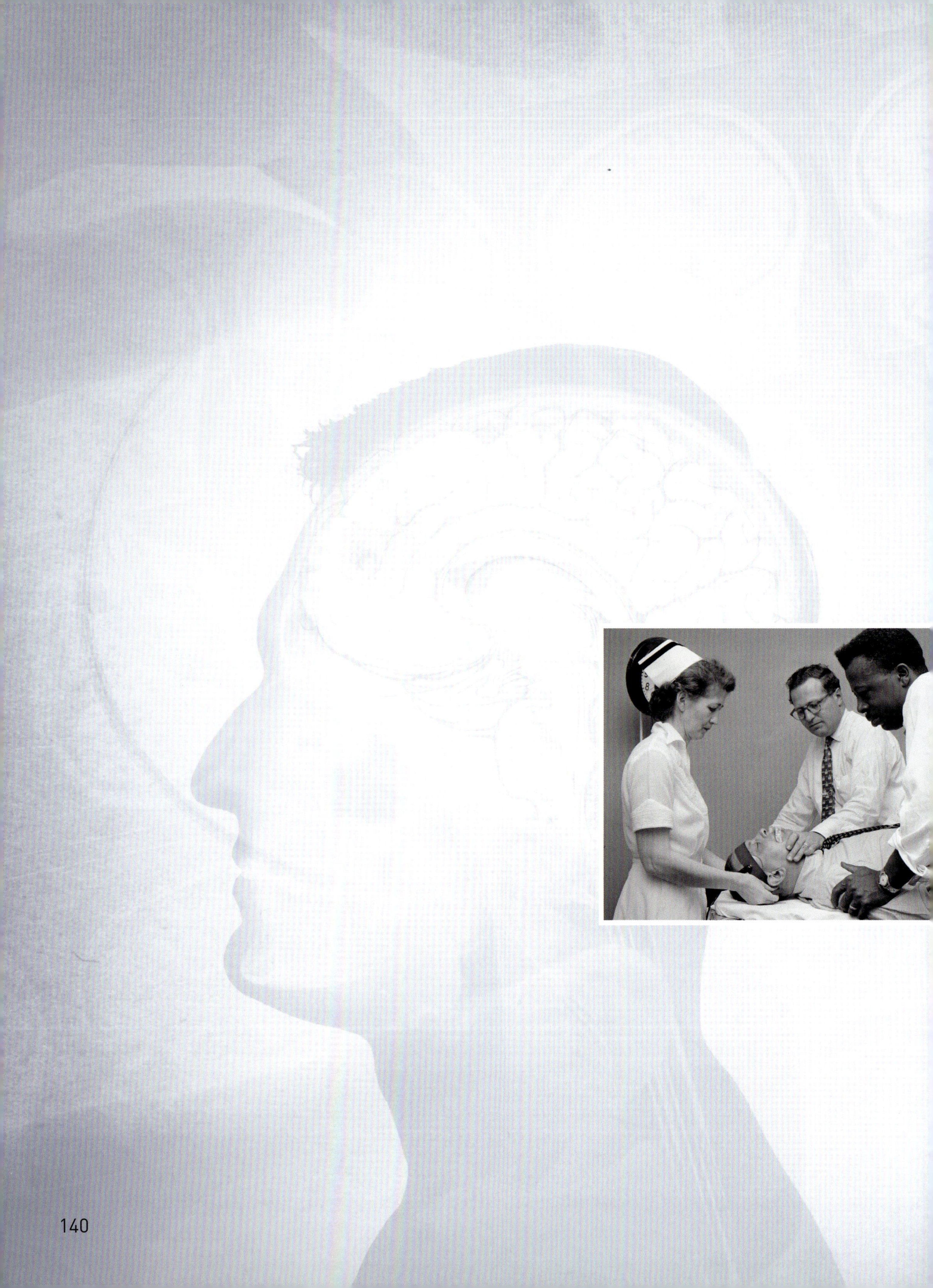

KAPITEL 8

WAS WIR VON VERLETZUNGEN LERNEN KÖNNEN

Neurochirurgie ist ein übles Geschäft. Wenn ich nicht das Gefühl hätte, es würde sich in den nächsten Jahrzehnten verbessern, würde ich es verabscheuen.

Wilder Penfield, 1921

Es gibt viele Arten neurologischer Erkrankungen und Verletzungen. Ihre Erforschung hat die Neurowissenschaft entscheidend vorangebracht. Klinische Studien, Behandlungsversuche und Autopsien haben uns neue Erkenntnisse über Gehirn und Nerven ermöglicht. Allerdings haben Wissenschaftler dabei nicht immer die Interessen ihrer Patienten gewahrt.

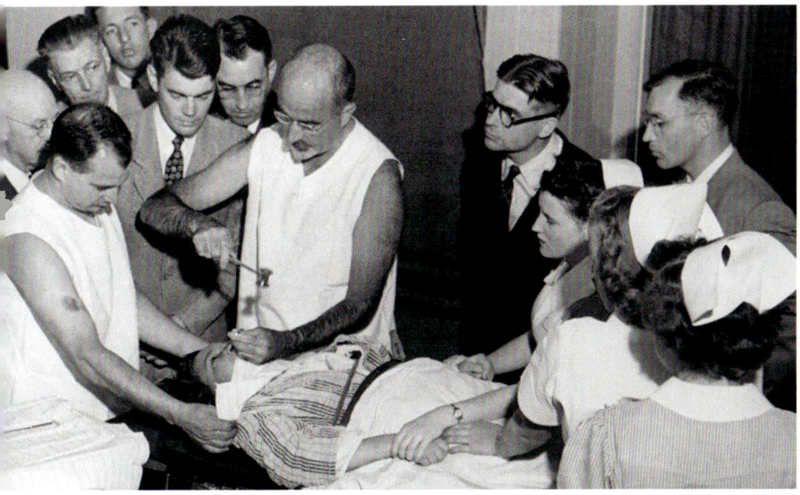

WAS WIR VON VERLETZUNGEN LERNEN KÖNNEN

„Die heilige Krankheit“

Ihre größten Fortschritte verdankt die Neurowissenschaft der Beschäftigung mit der Epilepsie, die zu den Krankheiten gehört, die schon in der Antike beschrieben wurden. Im Alten Griechenland nannte man sie die „heilige Krankheit“. 400 v. Chr. wandte Aristoteles sich gegen die Vorstellung, dass ein epileptischer Anfall mit dem Besuch der Götter einherging oder eine göttliche Strafe darstellte. Er sah die Epilepsie als eine Krankheit wie alle anderen, die der Behandlung bedurften und keiner Zaubersprüche. Unglücklicherweise konnte er sich mit dieser Meinung nicht durchsetzen, sodass man bis ins 17. Jahrhundert hinein die Ursache der Epilepsie in dämonischer Besessenheit suchte.

Aber auch als man anfing, die Epilepsie eher als physisches denn als seelisches Übel zu betrachten, war man nicht in der Lage, Ursachen festzustellen und eine sinnvolle Behandlungsmethode zu finden. So verabreichte man den Erkrankten Tränke mit Zutaten wie Menschenknochen, Mistelzweigen und Pfingstrosenwurzeln. Dazu kamen noch Samen, die bei Vollmond gesammelt werden müssen. Auch das Schröpfen war beliebt, und man setzte es bei vielen Krankheiten ein. Galen meinte, zum epileptischen Anfall käme es, wenn die Ventrikel mit Schleim verstopft seien. Paracelsus schrieb die Krankheit im 16. Jahrhundert dem *spiritus vitalis* zu, der im Gehirn überkochte. Thomas Willis meinte, der *sensus communis* (zentraler Verstand) würde explodieren.

Epilepsie ist keine Geisteskrankheit

Diese abergläubischen Einstellungen führten dazu, dass man Epilepsiepatienten in Irrenhäuser einsperrte. Der Arzt Jean-Martin Charcot (1825 –1893) gründete in der Pariser Salpétrière eine Abteilung nur für Frauen mit „Hystero-Epilepsie“, die er nicht als „verrückt“ einstufte. Im Laufe des 19. Jahrhunderts bemühte man sich dann, die Anfälle zu beschreiben, auch wenn die Ursachen noch nicht festgestellt werden konnten.

Der Arzt Marshall Hall (1790–1857) stellte 1838 die erste physiologische Theorie der Epilepsie vor: Seiner Ansicht nach war es eine Überaktivität im Reflexbogen, die zu einer Dysfunktion des sensorischen und zentralnervösen Parts des Reflexbogens führte. Seiner Meinung nach verkrampften sich die Nackenmuskeln, sodass kein Blut mehr ins Gehirn gelangen konnte. Dies führe zum Bewusstseinsverlust und zu Krämpfen des Kehlkopfes, die dann die Spasmen auslösten. Seiner Ansicht nach musste die Krankheit mit einem Luftröhrenschnitt behandelt werden.

Der heilige Nilus versucht, einen Jungen von seiner Besessenheit zu heilen, indem er ihn mit dem Öl einer Lampe bestreicht, die vor einem Bildnis der Jungfrau Maria gebrannt hatte.

GEWITTER IM GEHIRN

Epilepsie ist eine Krankheit, bei der es zu Krampfanfällen kommt. Diese werden ausgelöst von ungeordneten elektrischen Entladungen im Gehirn. Diese stören die allgemeinen Gehirnfunktionen und führen zu Bewusstseinsverlust, Krämpfen, Steifwerden der Gliedmaßen, unkontrollierten Bewegungen oder ungewöhnlichen Empfindungen.

Zubereitung eines Krabben-Fischrogen-Wassers, mit dem man im alten China Epileptiker behandelte.

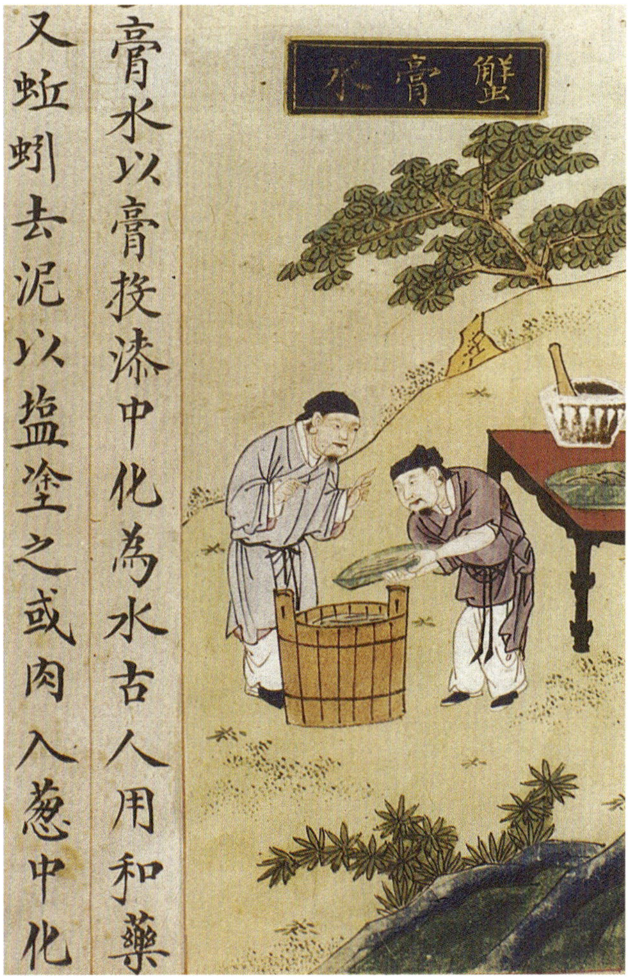

Elektrische Entladungen

Der Erste, der Epilepsie auf elektrische Entladungen zurückführte, war 1849 Robert Bentley Todd. Man schreibt die Entdeckung allerdings John Hughlings Jackson zu, der die Theorie 1873 veröffentlichte. Jackson beschrieb Epilepsie als „gelegentliche, plötzliche, überschießende, schnelle und lokale [elektrische] Entladungen in der grauen Substanz". Er beobachtete seine Patienten (und seine Frau) während ihrer Anfälle und studierte deren Verlauf. Eine bestimmte Art partieller Krampfzustände nannte er „Jackson-Anfälle". Diese beginnen mit einem Prickeln oder mit Zuckungen in Fingern, Zehen oder Mundwinkel. Von dort aus breiten sie sich dann auf die betroffenen Gliedmaßen aus. Der Jackson-Anfall ist immer auf eine Körperseite beschränkt, und der Patient verliert das Bewusstsein dabei nicht sofort.

Der Beweis, dass elektrische Entladungen im Gehirn für die Epilepsie verantwortlich sind, erfolgte erst 1929 mit Hans Bergers Erfindung des EEG (siehe Seite 154ff.). Berger konnte so zeigen, was hinter dem epileptischen Anfall steht. Für die Patienten war dies ein Segen, denn sie waren jahrzehntelang auf die brutalste und schädlichste Weise behandelt worden.

Krankheiten des Geistes

Und nicht nur Epileptiker wurden diesen Behandlungsmethoden unterzogen. Lange Zeit schrieb man jede Form der geistig-seelischen Erkrankung dem Einfluss von Dämonen zu, die man austreiben wollte. Dies geschah durch Schläge, Anlegen von Fußfesseln und Hungerkuren. Hippokrates hingegen hielt Geisteskrankheiten für ein Ergebnis des Ungleichgewichts von Körpersäften und versuchte, dieses auszugleichen.

Diese beiden gegensätzlichen Ansichten hielten sich über Jahrhunderte und führten zu den merkwürdigsten Therapieversuchen, von den schlimmsten Grausamkeiten bis zur Verhaltenstherapie. Keine dieser Behandlungsmethoden war lokal begrenzt. Man konnte die Krankheit ja auch keinem einzelnen Körperteil zuordnen.

Heute gilt es als Albtraum, den Schädel zu öffnen und irgendwie im Gehirn herumzuschnippeln. Damals war das leider gang und gäbe.

Alles im Kopf

Die Vorstellung, Geisteskrankheiten könnten ihren Ursprung im Gehirn haben, entwickelte sich erst im Laufe des 19. Jahrhunderts, als endlich Narkosemethoden entwickelt wurden und antiseptisches Arbeiten zum Standard wurde. Dies machte jede Art von Operation sicherer, und so versuchte man sich an der Psychochirurgie.

Die ersten neurochirurgischen Behandlungen erfolgten am Gehirn, das als Ursprungsort des dysfunktionalen Verhaltens galt. Da die Theorie dazu jedoch auf relativ tönernen Füßen stand, waren diese Eingriffe methodisch letztlich auf Versuch und Irrtum angewiesen und vergleichsweise gefährlich.

Eine Frau mit einer „Manie".

Die Anfänge der Psychochirurgie

Was würden Sie davon halten, wenn Ihnen jemand ohne Narkose und bei vollem Bewusstsein mit einem Stein ein Loch in den Schädel schlüge? Vermutlich nicht viel. Doch eben darum geht es bei der Trepanation – man macht ein Loch in den Schädel. Funde trepanierter Schädel, bei denen der Knochen rund um das Loch Zeichen von Heilung zeigt, reichen zurück bis in die Jungsteinzeit. Und vermutlich wird diese Prozedur irgendwo auf der Welt noch heute ausgeführt.

Wer braucht schon so viel Gehirn?

Jahrtausendelang hatte man Gliedmaßen, die stark beschädigt waren, einfach amputiert. Dies galt als einzig mögliche Form der Behandlung. Diese Methode auf das Gehirn zu übertragen, scheint ein kühner Schritt zu sein, doch die ersten operativen Eingriffe an der Psyche erfolgten genauso.

Wenn man von den Trepanationen einmal absieht, fand der erste Versuch der Psychochirurgie 1888 in der Schweiz statt. Der ausführende Arzt Gottlieb Burckhardt war kein Chirurg, sondern Psychiater und Leiter einer kleinen Nervenklinik. Er führte experimentelle Operationen an sechs Patienten durch, bei denen er einen Teil des Gehirns entfernte, um ihnen Erleichterung zu verschaffen. Diese Patienten litten vermutlich unter Schizophrenie, Manie und Demenz. Ihre Symptome waren: auditorische Halluzinationen, paranoide

Wahnvorstellungen, Aggression, Übererregung und Gewalttätigkeit. Burckhardt war davon überzeugt, dass all diese Symptome ihren Ursprung im Gehirn hatten. Die Operationen sollten den Patienten helfen. Leider konnte er nicht mit Gewissheit feststellen, welche Teile des Gehirns Schaden erlitten hatten.

James Norris wurde im Irrenhaus Bethlem Hospital zehn Jahre lang an sein Bett gekettet und isoliert. Sein Fall führte 1814 zur Reform der Behandlung von seelisch erkrankten Menschen.

EIN LOCH IM KOPF?

Auf die ersten jungsteinzeitlichen Schädel mit Loch im Kopf reagierte die Forschergemeinde zunächst mit Unglauben. 1865 erhielt der Ethnologe Ephraim Squier einen Schädel aus einem Inkagrab in der Nähe von Cuzco. Dieser Schädel wies ein quadratisches Loch von etwa 1 Zentimeter Seitenlänge auf. Squier untersuchte ihn und fand heraus, dass diese Öffnung bewusst und am lebenden Objekt vorgenommen worden war. Der Patient hatte die Operation offensichtlich überlebt.

Die New Yorker Akademie für Medizin weigerte sich zu glauben, dass ein „primitiver" Arzt im alten Peru solch eine Operation hätte durchführen können, ohne dass der Patient daran gestorben wäre. Schließlich lag die Überlebensrate bei Trepanationen in den 1860ern bei gerade einmal 10 Prozent. Das aber lag an den schlechten hygienischen Bedingungen in den Krankenhäusern jener Zeit. Offensichtlich war diese Operation im alten Peru hygienischer verlaufen. Mittlerweile geht man für die frühen Patienten von einer Überlebensrate zwischen 50 und 90 Prozent aus. Außerdem wurde die Operation im 19. Jahrhundert nur an Menschen mit schweren Hirnverletzungen durchgeführt (an denen die Patienten wohl ohnehin gestorben wären). In der Vergangenheit wurden auf diese Weise wohl nur weniger schwere Fälle behandelt.

Da die frühen Trepanationen durchweg in Gesellschaften durchgeführt wurden, die keine Schriftzeugnisse hinterlassen haben, wissen wir nicht, warum sie überhaupt gemacht wurden. In

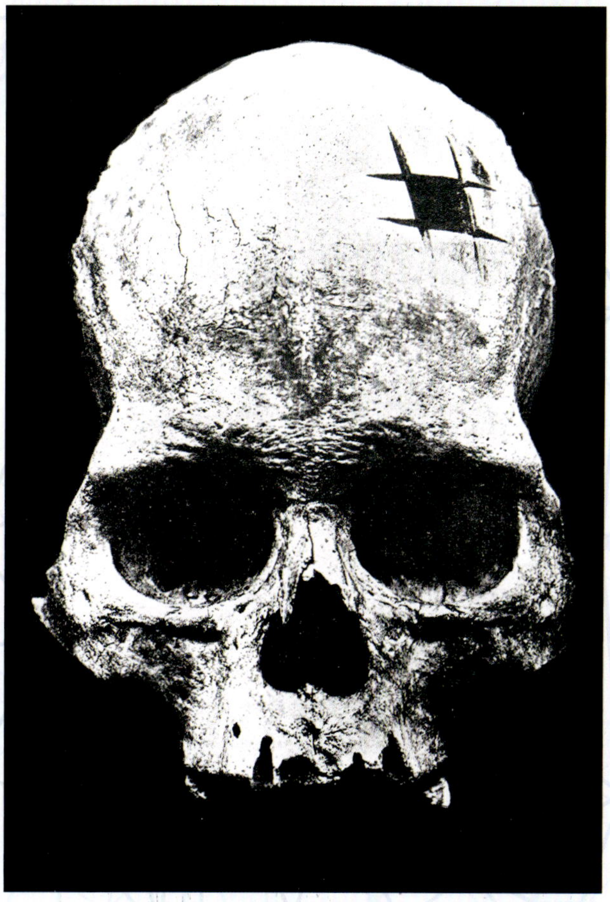

Europa galt die Trepanation seit Aretaios von Kappadokien (ca. 150 n. Chr.) als das Mittel der Wahl zur Behandlung von Epilepsie. Man versuchte so bis ins 18. und 19. Jahrhundert hinein, den bösen Geistern oder Säften eine Möglichkeit zum Entweichen zu geben.

Die Resultate waren nicht gerade ermutigend: Von den sechs Patienten starb einer fünf Tage später während eines massiven epileptischen Anfalls. Einer beging Selbstmord, zwei zeigten keinerlei Veränderung und zwei wurden etwas ruhiger. Nur zwei Patienten litten nicht unter Nebenwirkungen, die von epileptischen Krämpfen bis hin zu Problemen bei Sprache und Bewegung reichten. Sein Bericht stieß bei seinen Kollegen allgemein auf Ablehnung, weshalb Burckhardt die Psychochirurgie aufgab – ein Glück für seine restlichen Patienten. Erst in den 1930er-Jahren kam die Psychochirurgie wieder in Mode, diesmal aber noch grausamer.

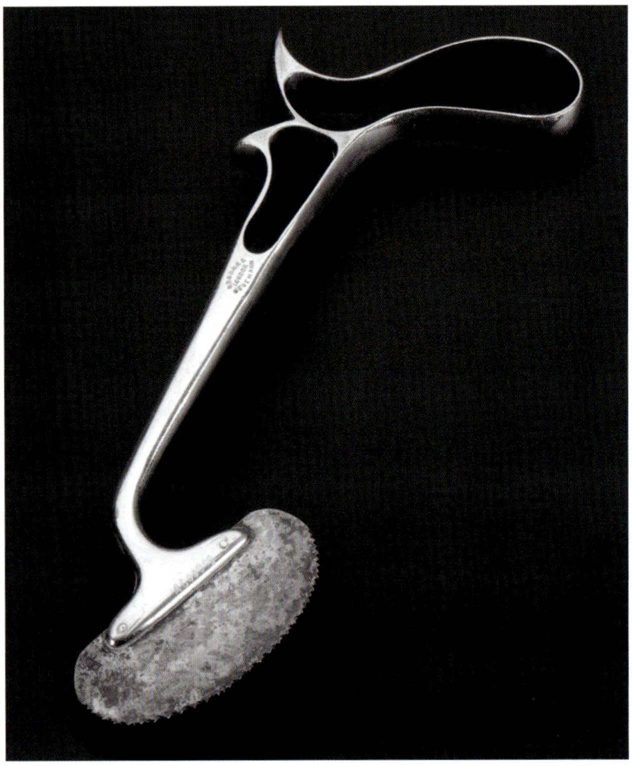

Diese spezielle Form der chirurgischen Säge wurde verwendet, um den Schädel zu öffnen. Sie wurde von dem britischen Chirurgen Sir Victor Horsley (1857–1916) erfunden.

Ein Gehirn mit zwei Hälften

1928 entfernte der Chirurg Walter Dandy die gesamte rechte Großhirnhälfte (Hemisphärektomie) bei Patienten, die einen inoperablen, tödlichen Gehirntumor (Gliom) hatten. Von seinen fünf Patienten verstarben drei innerhalb von drei Monaten (einer unmittelbar nach der Operation). 1933 entfernte W. James Gardner eine Großhirnhälfte bei drei Epileptikern: Einer davon war zwei Jahre später symptomfrei, konnte kognitive Aufgaben ausführen und einwandfrei gehen. Er erlitt auch keinen Rückfall. Die Hemisphärektomie galt bei der Behandlung von Gliompatienten bald als überholt, doch man setzte sie auch bei Epileptikern ein. Der südafrikanische Chirurg Roland Kynauw propagierte sie seit 1950. Seine offenkundigen Erfolge bei jungen Patienten führten dazu, dass die Operation zunächst begeistert aufgenommen wurde.

Unglücklicherweise zeigten die Probleme sich meist später. Noch Jahre nach der Operation konnte es zu schweren Blutungen oder zu Entzündungen des Gehirns kommen. Die Ärzte probierten dabei verschiedene Methoden aus. Manche ließen von der Großhirnhälfte noch etwas übrig, trennten sie aber vom *Corpus callosum* ab, der „Neuronenautobahn", die die beiden Gehirnhälften verbindet.

Roger Sperry und die Split-Brain-Patienten

Schwere Formen der Epilepsie wurden in den 1960ern behandelt, indem man das *Corpus callosum* durchtrennte. Diese Operation war nicht ganz so extrem wie die Entfernung einer ganzen Großhirnhälfte. Sie sorgt dafür, dass die beiden Großhirnhälften unabhängig voneinander funktionieren können, weil keine Kommunikation zwischen ihnen besteht. Wenn es also beim epileptischen Anfall auf einer Großhirnseite zu Entladungen kommt, können diese sich nicht über das ganze Gehirn ausbreiten. Diese Operation half nicht nur den Epileptikern, sondern erwies sich auch als selten fruchtbar für die Neurowissenschaften. Der amerikanische Neurologe Roger Sperry (1913–1994) studierte elf Patienten mit dieser sogenannten

Roger Sperry erhielt für seine Arbeit mit Split-Brain-Patienten 1981 den Nobelpreis.

„Split-Brain-Symptomatik", um herauszufinden, wie die Großhirnhälften zusammenarbeiten.

Da das Hauptsprachzentrum in der linken Hemisphäre liegt und Input von der linken Körperseite in der rechten Großhirnhälfte verarbeitet wird, konnte Sperry zeigen, dass die Großhirnseiten zusammenarbeiten müssen, um Informationen von der linken Seite sprachlich auszudrücken. Wenn der Split-Brain-Patient mit dem linken Auge ein Bild wahrnahm, konnte er nicht sagen, was er gesehen hatte: Sein Sprachzentrum und sein visuelles Zentrum fanden keinen Weg zur Kommunikation.

Fühlte ein Split-Brain-Patient mit der linken Hand einen Stoff, konnte er nicht beschreiben, worum es sich handelte. Im Normalfall nutzen wir ja beide Augen, beide Hände, beide Gehirnhälften. Im Experiment mit Split-Brain-Patienten zeigte sich aber, dass die rechte Gehirnhälfte nicht in der Lage war, sprachlich auszudrücken, was auf dieser Körperseite über die Sinnesorgane erfahren wurde. Bat man den Patienten allerdings, das Objekt zu zeichnen oder anderweitig zu identifizieren, klappte das problemlos. Die rechte Großhirnhälfte war außerdem besser darin, visuelle Aufgaben zu erfüllen und sich im Raum zurechtzufinden. Sperry zeigte außerdem, dass der Split-Brain-Patient, dem man zuerst ein Bild rechts gezeigt hatte, um ihm sodann das gleiche Bild links zu präsentieren, sich nicht erinnerte, dass er das Bild zuvor schon gesehen hatte. Für seine Arbeit erhielt Sperry den Nobelpreis.

Die berühmteste Gehirnoperation

Bald nachdem Walter Dandy damit begonnen hatte, ganze Großhirnhälften zu entfernen, kam einem anderen Chirurgen die Idee, bestimmte Areale zu beseitigen. Dieser Zugang zeugte von Unwissen und Hochmut, denn zu diesen Operationen gehörte auch die berüchtigte Lobotomie, bei der man mit spitzen Instrumenten versucht, die Verbindung zwischen den beiden Frontallappen des Kortex und dem Rest des Gehirns zu durchtrennen. Die Operation richtet im Gehirn ein wahres Gemetzel an.

Eine schreckliche Ruhe

1935 überwacht der portugiesische Neurologe António Egas Moniz in Lissabon die erste Lobotomie. Moniz war kein Chirurg. Sein Handgeschick war von der Gicht zerstört, daher führte sein Assistent Pedro Almeida Lima die Prozedur aus. Hinter dem Eingriff stand die Erkenntnis, dass die Frontallappen des Kortex bei vielen Persönlichkeitsstörungen eine grundlegende Rolle spielen.

1935 hatte der amerikanische Neurologe John Fulton die Operation an zwei ausgesprochen lebhaften Schimpansen durchgeführt, die danach sehr viel ruhiger geworden waren. Moniz beschloss daraufhin, die Technik beim Menschen zu versuchen. Seiner Ansicht nach hatte das Gehirn feste, ungesunde Signalwege zwischen den Frontallappen geschaffen, die zu Zwangsverhalten und Halluzinationen führten. Diese Signalwege sollten durch die Operation unterbrochen werden. Seiner Ansicht nach würde sich die Gehirnfunktion danach regenerieren und das Gehirn würde neue, gesunde neuronale Pfade ausbilden.

Moniz und Lima bohrten Löcher in die Schädel ihrer Patienten und injizierten Ethanol in die weiße Substanz der Frontallappen, um die Neuronenfortsätze, die diese mit anderen Teilen des Gehirns verbanden, zu zerstören. Nach der achten Operation wechselten sie die Methode, weil sie vom mangelnden Erfolg frustriert waren. Nun führten sie eine 8 Zentimeter lange Nadel in das Loch ein und stocherten damit ihm Gehirn herum. Moniz erhielt für seine Arbeit 1949 den Nobelpreis für Medizin, allerdings nicht ohne den Widerspruch seiner Gegner.

LINKES HIRN, RECHTES HIRN

Sperrys Arbeit löste eine wahre Flut von populärwissenschaftlichen Veröffentlichungen aus, die die linke Gehirnhälfte als analytisch und logisch, die rechte als kreativ und fantasievoll beschrieben. Man erzählte den Leuten, dass eine Großhirnhälfte dominant sei und sie aus diesem Grund eher analytisch oder kreativ veranlagt seien. Doch Sperrys Arbeit ließ keine derartigen Aussagen zu, und auch die moderne Neurowissenschaft fand dafür keine Belege. Studien mit fMRT-Aufnahmen zeigen, dass der Mensch eben nicht dominant eine Gehirnhälfte benutzt.

Der Psychologe Robert Ornstein verkündete 1970, die Menschen in den Industrieländern würden ohnehin nur die Hälfte ihrer Gehirnkapazität einsetzen, weil sie sich zu sehr auf Logik, Sprache und Analyse stützten und ihre intuitive Seite außer Acht ließen. Man spann diese Theorie weiter zur Behauptung, unser Erziehungswesen fördere nur „Linkshirner". Aber es gibt keinen wissenschaftlichen Beweis dafür, dass die beiden Großhirnhälften unterschiedliche Denkweisen hervorbringen. Trotzdem ist die Vorstellung bis heute unglaublich populär.

Der Eispickel

Die Lobotomie wurde schnell populär. In den USA führte der Psychiater Walter Freeman seine erste Lobotomie an der 63-jährigen Alice Hood Hammatt aus Kansas durch. Er dachte, seelische Krankheiten entstünden aus einer „Überspannung" von Emotionen. Seine Theorie war, dass durch eine Durchtrennung der Nervenbahnen die Patienten wieder Ruhe finden würden. Freeman wurde ein höchst produktiver Lobotomist, der die Operation als Show durchführte.

Freeman entwickelte dazu eine neue Technik, bei der der Schädel nicht geöffnet werden musste. Doch die „Eispickel-Lobotomie" war genauso schrecklich, wie der Begriff vermuten lässt. Er schickte seine Patienten ins Koma, meist durch mehrere Elektroschocks, und führte einen Eispickel durch die Augenhöhle ein, um ihn danach mit einigen Hammerschlägen ins Gehirn vorzutreiben. Dann bewegte er den Pickel in exakt vorgegebenem Winkel, um die Neuronenverbindungen der

Egas Moniz ist der Pionier der Lobotomie, mit der innerhalb weniger Jahrzehnte das Leben von Abertausenden Patienten zerstört wurde.

Frontallappen zu zerstören. Manchmal operierte er, um mehr Drama zu erzeugen, an beiden Augen. Freeman führte mehr als 2500 Lobotomien durch, manchmal 25 pro Tag. Als 1967 eine von ihm operierte Frau eine Gehirnblutung erlitt und starb, verbot man ihm weitere Operationen.

Bis zu diesem Zeitpunkt waren allein in den USA 40 000 bis 50 000 Lobotomien durchgeführt worden und 17 000 in Großbritannien. In Finnland, Norwegen und Schweden waren es zusammengenommen 9 300 – was eine höhere Pro-Kopf-Rate ergibt als in den USA. Mit der Lobotomie behandelte man Schizophrenie und Depressionen, mitunter aber wurden auch nur angeblich „schwierige“ Kinder lobotomiert. Eva Perón, die Frau des argentinischen Präsidenten Joan Perón, erhielt eine Lobotomie, um ihre Krebsschmerzen in den Griff zu bekommen.

Die Lobotomie erwies sich in etwa einem Drittel der Fälle als hilfreich. Die Menschen, die sie über sich ergehen ließen, waren meist vollkommen verzweifelt. Die Nervenkliniken aller Länder waren voll von Patienten in Zwangsjacken, die keine Hoffnung auf Besserung hatten. Die Lobotomie schien ihnen wenigstens ein halbwegs ruhiges Leben zu ermöglichen. Andernfalls wären sie wohl ewig weggesperrt worden. Bei den Patienten, die die Operation einigermaßen unbeschadet überstanden hatten, ließ sich eine gewisse Lethargie und ein abgestumpfter Charakter feststellen.

In den 1950er-Jahren kamen Medikamente zur Behandlung geistig-seelischer Störungen auf, die die Lobotomie überflüssig machten. Leider waren viele Menschen, die von dieser Behandlung profitiert hätten, durch die Lobotomie ihres Lebens beraubt worden. Das erste Land, das die Lobotomie verbot, war die UdSSR. Dort erklärte man die Operation für „unvereinbar mit den Grundsätzen der Menschlichkeit“. 1977 berief man in den USA einen Ausschuss, der untersuchen sollte, ob man mithilfe der Lobotomie Minderheiten hatte mundtot machen wollen.

Walter Freeman führte seine Lobotomien mit einem Eispickel durch, den er durch die Augenhöhle ins Gehirn trieb, um dort Nervenfasern zu zerstören. Um Hygienefragen kümmerte er sich weniger.

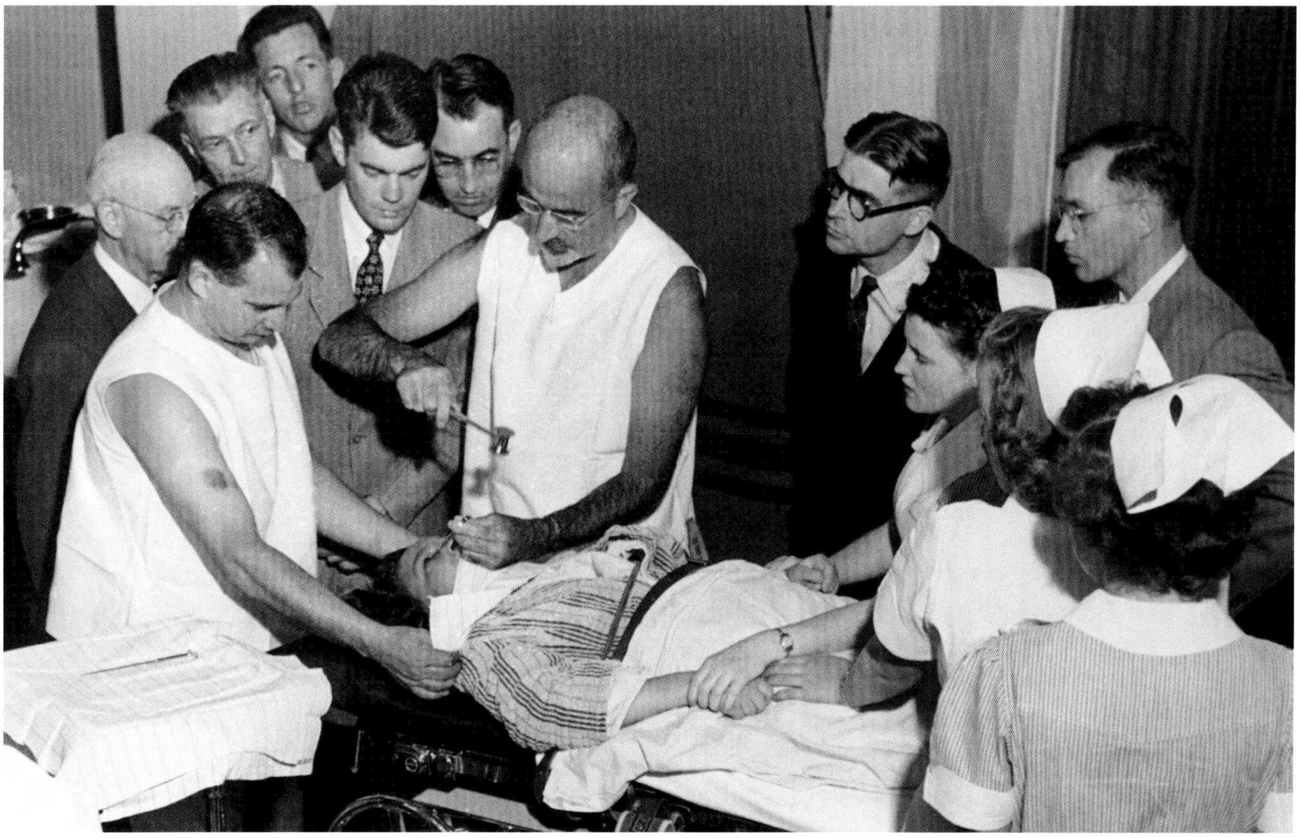

Schockbehandlung

Als man entdeckt hatte, dass Epilepsie durch elektrische Entladungen im Gehirn verursacht wurde, lag es nahe, zur Behandlung ebenfalls auf Elektrizität zu setzen. Und so schien sich in den 1930ern ein weiterer kühner Ansatz zur Behandlung abzuzeichnen: die Elektrokonvulsionstherapie, die man auch schlicht als „Elektroschocktherapie" kennt. Dabei verabreichte man Betroffenen einen Elektroschock, um das Gehirn „auf Touren zu bringen". Die Elektroschocktherapie wurde bei vielen mentalen Krankheiten eingesetzt, vor allem bei schweren Depressionen.

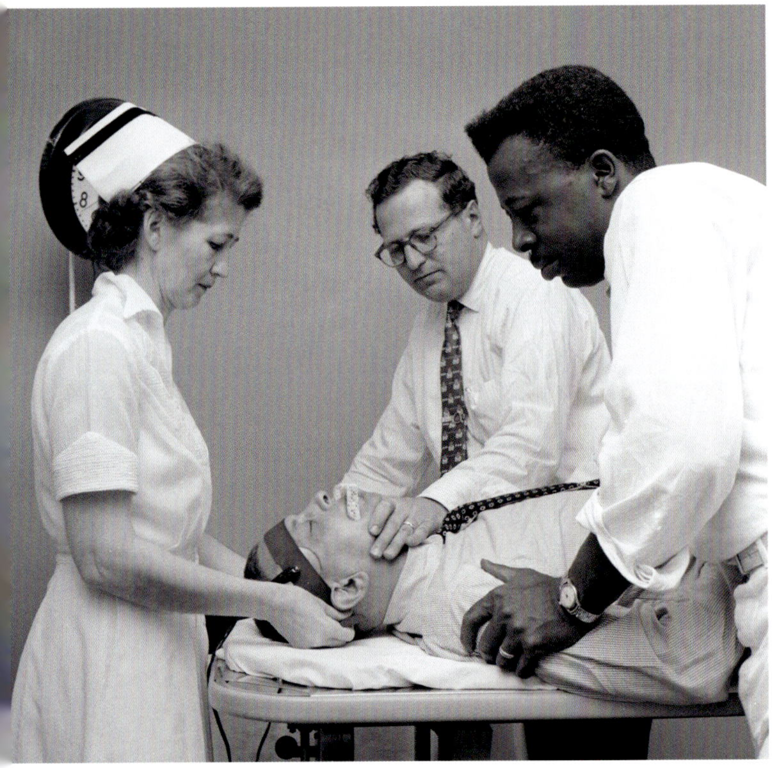

1955 unterzieht sich ein Patient in einer Nervenklinik einer Elektrokonvulsionstherapie.

Anfälle und Zuckungen

Hippokrates fiel wohl als Erstem auf, dass Krampfzustände mitunter geistige Störungen beheben können. Er beobachtete Patienten, deren geistige Gesundheit sich nach Malaria und den damit verbundenen Krämpfen verbessert hatte. Da diese Erfahrung des Öfteren gemacht wurde, verbreitete sich irgendwann die Ansicht, dass Epileptiker nicht gleichzeitig „verrückt" sein können (um die Terminologie jener Zeit zu benutzen). Trotzdem sperrte man sie meist in Nervenkliniken weg.

Von 1917 an versuchten Ärzte dann mit induzierten Krämpfen Geisteskrankheiten zu heilen. Man gab ihnen zunächst mit Malariaerregern infiziertes Blut. 1927 entdeckte der polnische Neurophysiologe Manfred Sakel, dass er manche mentalen Störungen durch die Gabe einer hohen Dosis Insulin lindern konnte. Insulin ist ein Hormon, das im Körper den Blutzucker reguliert. Zu viel Insulin reduziert den Blutzuckerspiegel, woraufhin die Patienten ins Koma fallen und Krämpfe bekommen. Ab 1930 wandte Sakel die Insulinkur bei seinen schizophrenen Patienten an. 1933 fand der ungarische Arzt Ladislaus von Meduna heraus, dass er Krämpfe induzieren konnte, indem er den Patienten Metrazol injizierte. Unglücklicherweise fielen die Krampfzustände so stark aus, dass nahezu die Hälfte seiner Patienten Wirbelsäulenfrakturen erlitten. 1940 modifizierte man die Therapie, indem man Curare (siehe Seite 92) verwendete, um die Krämpfe ein wenig zu lindern. Bald darauf verabreichte man den Patienten Metrazol nur in Narkose, um die Krampfzustände abzumildern.

> « *Die präfrontale Lobotomie ist jüngst in Mode gekommen, möglicherweise aufgrund der Tatsache, dass sie den Umgang mit schwierigen Patienten in den Kliniken erleichtert. Dazu kann ich nur sagen: Es würde den Umgang mit ihnen auch erleichtern, wenn man sie töten würde.* »

Norbert Wiener, amerikanischer Philosoph und Mathematiker, *1948*

Mehr Sicherheit?

Die Elektrokonvulsionstherapie wurde 1937 von den italienischen Ärzten Ugo Cerletti und Lucio Bini als weniger belastende Alternative zum Metrazol entwickelt. Man versetzte dem Gehirn kurze Elektroschocks, die man zuerst an Tieren, dann an Schizophrenen ausprobierte. Man kam zu dem Schluss, dass die Elektroschocks eine retrograde Amnesie auslösten. Der Patient erinnerte sich nicht an die Behandlung und hatte folglich auch keine Angst davor. Nach 10 bis 20 Schocks, die an verschiedenen Tagen verabreicht wurden, ließ sich eine überraschend starke Verbesserung beobachten.

Bald wurde die Elektrokonvulsionstherapie in Nervenkliniken in aller Welt Standard, wobei sie häufig missbraucht wurde, um „unbotmäßige" Patienten ruhigzustellen. Dies wird sehr schön dargestellt in Ken Keseys Roman Einer flog übers Kuckucksnest, der 1975 verfilmt und mit einem Oscar ausgezeichnet wurde. Daraufhin mehrte sich die Kritik an der Therapie, und es kam zu Schadensersatzprozessen. Da bald viel wirkungsvollere Medikamente zur Verfügung standen, geriet sie schnell in Vergessenheit. Heute wird sie auf sehr viel umsichtigere Weise angewandt. Warum oder wie sie wirkt, ist allerdings bis heute nicht klar.

Weiterhin die Pillen nehmen

Der Einsatz von psychoaktiven Medikamenten (üblicherweise aus Pflanzen) ist wenigstens so alt wie das Trepanieren. Diese Art von Arznei wurde in schamanischen Gesellschaften benutzt, um Trancezustände zu erzeugen oder Schmerzen bzw. seelische Störungen zu lindern. Gewöhnlich werden solche Arzneien aus Mohn (Opiate) oder der Kokapflanze (Kokain) gewonnen. Manchmal verwendet man auch Alkohol oder Tabak. All diese Substanzen haben einen bewusstseinsverändernden Effekt und begleiten den Menschen seit Tausenden von Jahren.

Mohnblüten enthalten Opium, eine der stärksten und gleichzeitig eine der ältesten bewusstseinsverändernden Drogen.

Medikamente und Gespräche

Heute bemüht man meist eine Kombination aus Medikamenten und Gesprächen mit Therapeuten, um seelische Störungen zu behandeln. Sie haben die Psychochirurgie ersetzt. Die Medikamente wirken auf die Botenstoffe im Gehirn ein, das Gespräch hilft dem Patienten, sein Leben wieder in den Griff zu bekommen. Die modernen Neurowissenschaften belegen, dass die Gesprächstherapie auf die Gehirnchemie eine ähnlich positive Wirkung ausübt. Sie kann für neue neuronale Verknüpfungen sorgen, wirkt sich also ebenfalls bis auf die Ebene der Zellen aus.

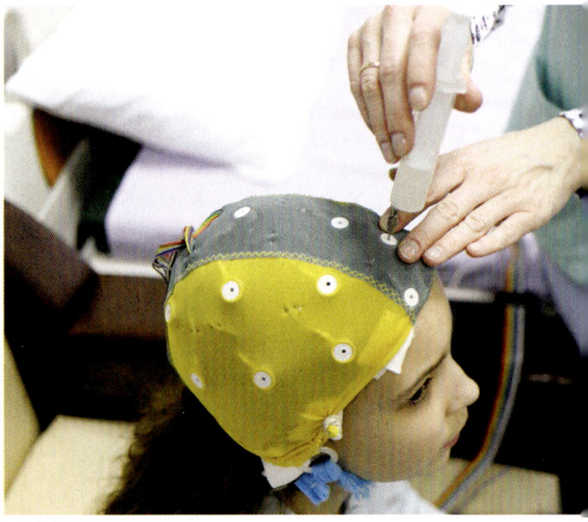

KAPITEL 9

WAS GEHT DA DRIN NUR VOR?

Gedankenlesen ist das absolute Gegenteil vom gesunden Menschenverstand. Glücklicherweise hat uns der liebe Gott in weiser Voraussicht diese Gabe nicht verliehen. Wenn wir die Gedanken unserer Mitmenschen lesen könnten, wäre jede Zivilisation am Ende. Wir würden schleunigst in die Wälder flüchten.

Thomas Edison, 1885

Bis ins 20. Jahrhundert gab es nur zwei Möglichkeiten, Gehirnfunktionen zu verorten. Man konnte Hirnschäden untersuchen, um herauszufinden, welche Funktionen dem Betroffenen dabei verloren gingen. Oder man öffnete den Schädel und drückte am Gehirn herum (schnitt sogar Teile heraus bzw. zerstörte sie), um die Wirkung zu studieren. Die technische Möglichkeit, dem Gehirn bei der Arbeit zuzusehen, hat zu einem massiven Wandel geführt. Nun können wir einen Blick ins Gehirn werfen, sehen, wie unterschiedliche Areale aktiv werden, während ein Mensch denkt oder handelt. Und das, ohne Schaden anzurichten …

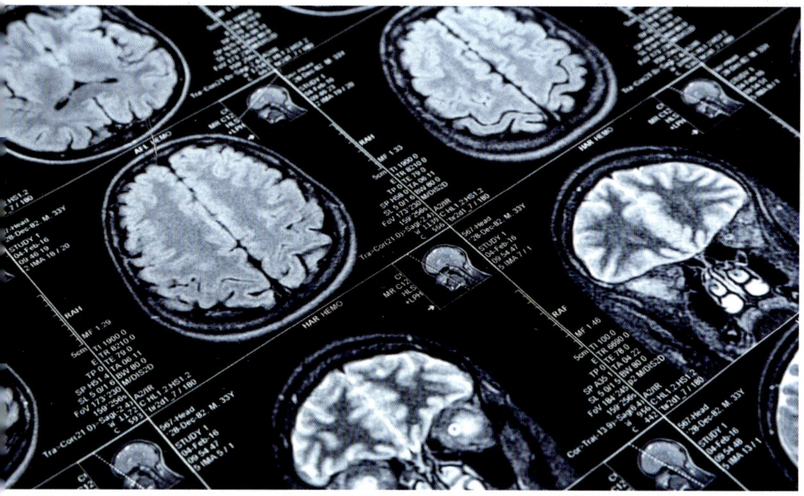

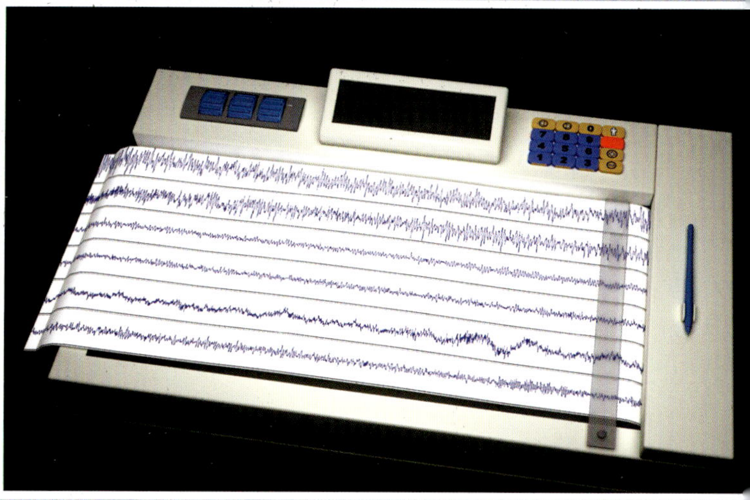

WAS GEHT DA DRIN NUR VOR?

Schäden und Begrenzungen

Es gibt zwei gute Gründe, warum wir wissen sollten, was im Gehirn vorgeht. Denn so können wir zum einen herausfinden, wie es funktioniert und welche Reize wo verarbeitet werden. Zum anderen können wir für jeden Patienten mit Hirnschäden eine klare Diagnose stellen und die richtige Behandlung empfehlen.

Bis zum Ende des 19. Jahrhunderts musste der Patient tot sein, wenn der Arzt herausfinden wollte, was in seinem Gehirn los war. Die Ärzte zeichneten die Symptome der Erkrankung auf und versuchten später bei der Autopsie, dafür Gründe zu finden, was häufig auch misslang. So fand man zwar heraus, welches Gehirnareal für die verlorene Funktion zuständig war, doch dieses Wissen war noch recht allgemein. Kein Wunder, denn Verletzungen oder Krankheiten beschränken sich selten auf ganz bestimmte Gehirnregionen. Ähnlich schwierig war es, nur aufgrund der Symptome auf Schäden an bestimmten Funktionsbereichen zu schließen.

Die Entdeckung, dass die Signale in den Nerven elektrischer Natur waren, verführte die Ärzteschaft dann zum Griff zur Elektrode. Lange bevor die Elektrokonvulsionstherapie aufkam, versuchte man, die Hirnströme zu messen.

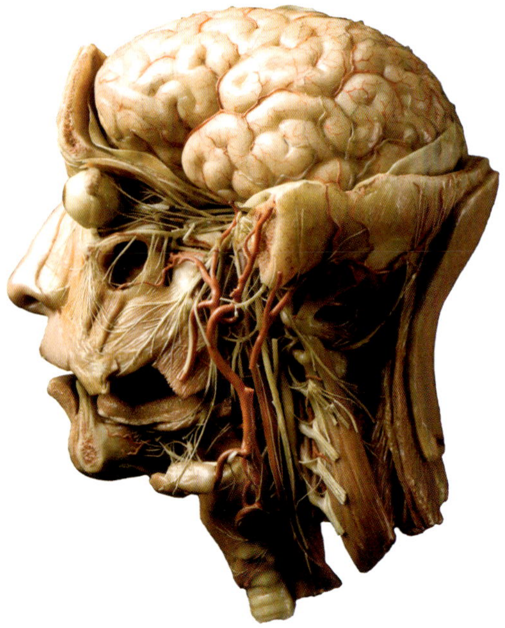

Ein Wachsmodell des Kopfes, wie es in Europa um 1900 angefertigt wurde.

Ein Kaninchen im Scheinwerferlicht

Richard Caton (1842–1926) sollte der Erste sein, der im Gehirn elektrische Aktivität maß. Er war Student bei David Ferrier, der festgestellt hatte, dass Hunde oder Kaninchen bestimmte Körperteile bewegten, wenn er deren freigelegten Motorkortex an genau umgrenzten Stellen reizte. Zerstörte er das Gewebe dort, führte dies zu Lähmungen. Caton hingegen fing an, die Elektrizität zu messen, wenn das Tier auf den Reiz reagierte.

Caton legte Elektroden an jenem Teil des Gehirns an, der laut Ferrier für den Lidschluss verantwortlich war. Wenn er dem Kaninchen dann mit einem hellen Licht ins Auge leuchtete, floss an der fraglichen Stelle im Gehirn Strom. Es war eine revolutionäre Entdeckung – der erste Beleg für spontane elektrische Ströme im Gehirn. Caton verkabelte seine Versuchstiere und ließ sie gehen, fressen und trinken, nur um dabei die Hirnströme zu messen und festzustellen, welche Areale wann aktiv wurden.

Der nächste Durchbruch kam 1929, als der deutsche Psychiater Hans Berger veröffentlichte, dass er bestimmte Muster in den Hirnströmen festgestellt hatte. Diese hatte er mit einer neuen Erfindung gemessen: dem Elektroenzephalografen (EEG). Der Weg zum EEG war lang gewesen. Er nahm seinen Anfang mit zwei unzusammenhängenden Ereignissen: Berger hatte einen Unfall. Und zwei Psychiater wollten unbedingt die Physik der Seele klären.

Die Energie der Seele

Eine der wichtigsten Entdeckungen des 19. Jahrhunderts war der Energieerhaltungssatz, der besagt, dass Energie nicht verloren gehen kann, sondern nur umgewandelt wird. In der Folge versuchte man, diesen Satz auf alle möglichen Wissenschaftsbereiche anzuwenden. Der deutsche Neuroanatom Theodor Meynert wollte ein psychophysiologisches Modell erstellen, das den Abgrund überbrücken sollte, der den Geist vom Körper trennt. Das Gehirn, so Meynert, müsse ja, wenn es an einer Stelle zu elektrischen Strömen käme, an einer anderen Stelle einen Strom gleichen Betrages verlieren. Sonst würde die menschliche Seele die Naturgesetze sprengen.

Meynert und sein Kollege Alfred Lehmann gingen davon aus, dass der Blutfluss mit dem Energiefluss gleichzusetzen sei. Wenn man also den Blutfluss in einem Teil des Kortex blockiere, könnte auf diese Weise mehr Blut (und mehr Energie) in andere Teile fließen. Die chemische Energie aus der Nahrung werde durch das Gehirn in andere Energieformen umgewandelt: in Wärme, Elektrizität und etwas, das die beiden Forscher die „P-Energie" nannten, die psychische Energie, die mit den unterschiedlichen Geisteszuständen verbunden war. Damit eine gewisse Menge „P-Energie" erzeugt werden konnte, müsse ein im Betrag gleiches Quantum an anderer Stelle umgewandelt werden.

Während Meynert und Lehmann die Physik der Seele untersuchten, machte ein junger Soldat klugen Gebrauch von seiner psychischen Energie.

Theodor Meynert versuchte, der „Energiewirtschaft" des Gehirns mit physikalischen Methoden auf die Spur zu kommen.

Eine Begegnung mit dem Schicksal

Der junge Hans Berger studierte Astronomie an der Universität. Als er merkte, dass das Fach ihm nicht lag, meldete er sich 1892 zum Militär. Im Dienst hatte er einen Unfall, der sein Leben verändern sollte. Berger wurde von seinem Pferd abgeworfen und landete vor einer Lafette, einem fahrbaren Gestell für Waffen. Glücklicherweise konnte diese noch rechtzeitig gestoppt werden.

An jenem Abend erhielt Berger ein Telegramm von seinem Vater, der wissen wollte, ob es ihm gut ginge. Offensichtlich hatte Bergers Schwester in dem Moment, in dem er den Unfall hatte, so heftige Angst verspürt, dass sie den Vater drängte, Hans ein Telegramm zu schicken. Berger kam zu der Auffassung, dass sich seine eigene Angst telepathisch auf die Schwester übertragen hatte. Als sein Militärdienst zu Ende war, kehrte Berger an die Universität zurück und studierte Medizin. Nach seinem Abschluss wandte er sich der Psychiatrie zu.

Bald entdeckte er die Arbeiten von Lehmann und Meynert, die möglicherweise eine physiologische Erklärung für die übersinnliche Erfahrung seiner Schwester liefern konnten. Und so begann er seine Studien über das Gehirn, um die Energie der Seele besser zu begreifen.

Blut und Gehirn

Berger studierte über 30 Jahre lang die stoffwechseltechnische Versorgung des Gehirns und die Umwandlung von Nährstoffen in Wärme, Elektrizität und psychische Energie bzw. geistige Phänomene. Tagsüber unterrichtete er seine Studenten und führte seine Forschungen nach allen Regeln der Kunst durch. Privat aber erforschte er etwas, was zu den schwierigsten Gebieten der Neurowissenschaft gehört: die Frage nämlich, wie im Gehirn Emotionen, Gedanken und Geisteszustände entstehen. Lehmann selbst hatte behauptet, die Konsequenzen solcher Forschung seien „absolut unabsehbar".

Berger maß den Blutfluss ins lebende Gehirn, was vor ihm noch niemand getan hatte. Berger aber hatte eine Reihe von Patienten, denen ein Teil des Schädels entfernt worden war. Einer von ihnen war ein junger

Hans Berger wandte sich den Neurowissenschaften zu, weil er als junger Mann eine übersinnliche Erfahrung erlebt hatte.

Fabrikarbeiter, der ein Loch mit 8 Zentimeter Durchmesser im Schädel hatte, weil man ihm eine Kugel aus dem Kopf entfernt hatte. Der junge Mann stimmte Bergers Untersuchungen zu.

Berger fertigte eine Gummikappe an, die er mit Wasser füllte und auf das Loch im Schädel des jungen Mannes aufsetzte. Er verband dies mit einem Instrument, das dort Druckveränderungen registrierte. Des Weiteren maß er den Blutdruck am Arm des Probanden. Er setzte diesen unangenehmen Elektroschocks aus, aber auch angenehmen Erfahrungen und bat ihn, kognitive Aufgaben zu erledigen. Dann verglich er den Blutfluss im Arm und im Gehirn. So fand er heraus, dass der Blutfluss im Gehirn bei angenehmen Erfahrungen zunahm und sich bei unangenehm verringerte. Dies bestätigte eine Annahme von Lehmann und Meynert. Das war ein Anfang, aber vorläufig nicht mehr.

Wie man psychische Energie misst

Immer noch nicht zufrieden wandte Berger sich der direkten Messung der Hirnströme zu. Er ging davon aus, dass er die Seelenenergie messen könne, wenn er die energetische Aktivität des Gehirns feststellte und dann die Energie, die für Wärme und Elektrizität gebraucht wurden, davon abzog.

So brachte er mehrere fruchtlose Jahre mit diesem Versuch zu. 1910 erwarb er dann ein Galvanometer – ein Gerät, das die Potenzialschwankungen der Hirnströme messen konnte. Mit diesem gelang es ihm dann 1924, den ersten Elektroenzephalografen herzustellen.

Endlich das EEG

Der erste Patient, der auf diese Weise „vermessen" wurde, war ein 17-jähriger Schüler, dem ein Gehirntumor entfernt worden war, wovon er ein Loch im Kopf zurückbehalten hatte. Bergers Aufzeichnung war noch recht einfach und zeigte keine der Wellen, die wir heute vom EEG kennen. Doch

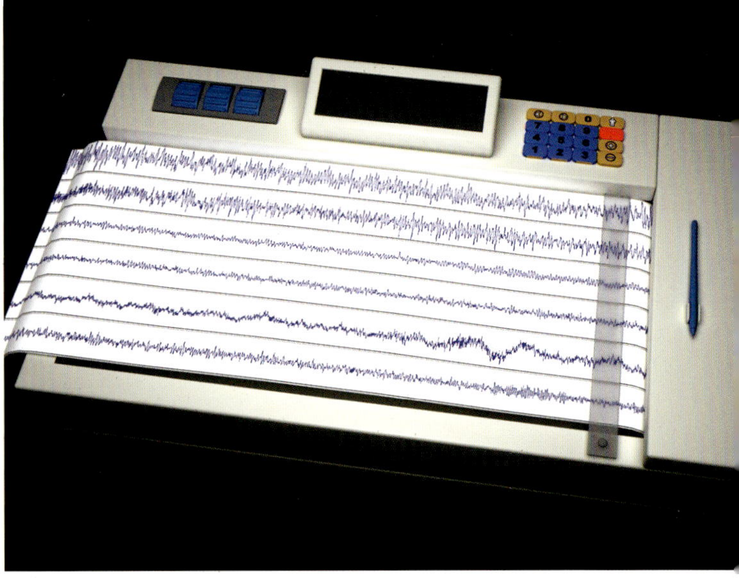

Ein modernes EEG zeichnet das Muster der elektrischen Gehirnaktivität auf.

er konnte zeigen, dass das Konzept funktionierte, und forschte weiter. 1929 reichte er seinen ersten wissenschaftlichen Aufsatz zum EEG ein. Zu dieser Zeit hatte er bereits Hunderte von Messungen an normalen und geschädigten Gehirnen durchgeführt und festgestellt, dass die Alphawellen mit geistiger Aktivität zusammenhingen, die kleineren Betawellen hingegen mit der Stoffwechselaktivität im Kortex. Berger hatte seine Forschungsarbeiten im Übrigen selbst vor seinen Assistenten verheimlicht.

Das EEG war und ist das wichtigste Mittel, um Epilepsie, Gehirntumoren und degenerative Hirnerkrankungen zu untersuchen. Mit dem EEG lässt sich feststellen, ob bei einem Menschen der Hirntod bereits eingetreten ist. Außerdem spielt es eine wichtige Rolle bei der Überwachung von Narkosen und künstlich induziertem Koma.

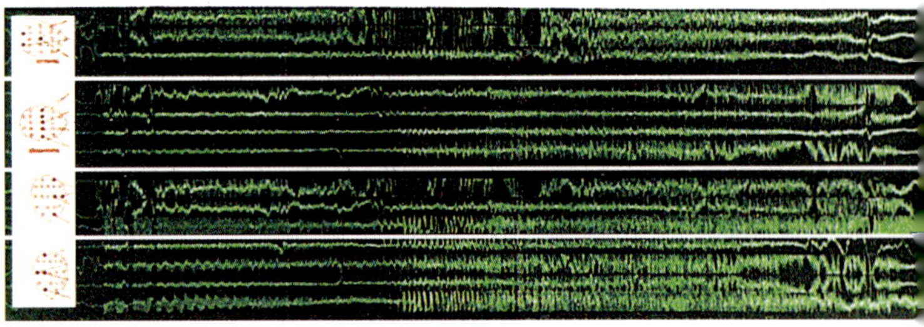

Das EEG zeigt, dass es zu Beginn eines epileptischen Anfalls zu starken elektrischen Entladungen im Gehirn kommt.

Zwischen 1935 und 1970 revolutionierte das EEG die Neurologie und war jahrelang das einzige Mittel, um der Gehirnaktivität auf die Spur zu kommen. 1895 entdeckte der deutsche Physiker Wilhelm Röntgen die nach ihm benannte Strahlung, die half, das Gehirn abzubilden. Über seine

Funktion aber ließ sich damit nichts aussagen. Beide Verfahren allerdings erlaubten einen Blick ins Körperinnere, ohne dass dieses geöffnet werden musste. Das EEG aber wurde mittlerweile von komplexeren bildgebenden Verfahren abgelöst.

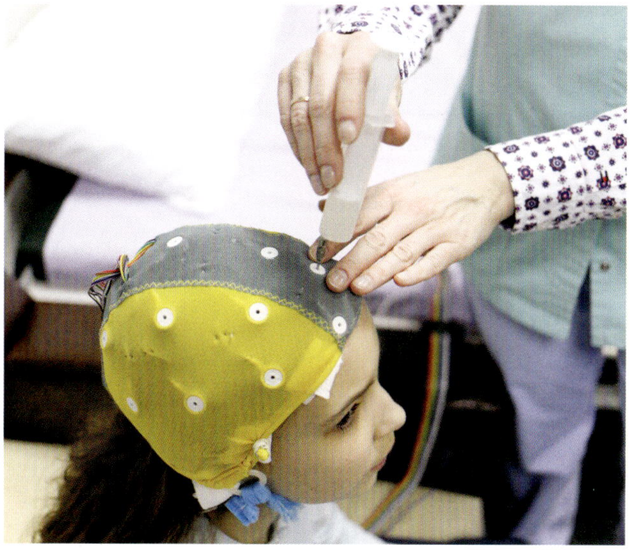

Eine Krankenschwester trägt Gel unter der Gummikappe auf, die man früher für EEG-Messungen verwendete.

Luft im Kopf

Der Durchbruch bei der Verwendung von Röntgenstrahlung für die Neurowissenschaft kam 1918, als Walter Dandy die Ventrikulografie entwickelte. Dabei wurde durch Löcher im Schädel Luft in die Hirnventrikel gefüllt. Dandy verwendete die Technik, um den sogenannten „Wasserkopf", einer übermäßigen Flüssigkeitsansammlung im Gehirn, entgegenzuwirken. Da der Liquor (Cerebrospinalflüssigkeit) und das Gehirngewebe beim Röntgen gleich aussehen, war es schwierig, überschießende Flüssigkeit zu entdecken. Luft in den Ventrikeln aber hebt sich deutlich ab. Beim normalen Gehirn fließt die Luft nach einigen Stunden ab. Beim Hydrocephalus (Wasserkopf) nicht, weil die abführenden Kanäle durch das Zuviel an Liquor blockiert sind.

DAS GEHIRN ALS MAGNET

Elektrische Ströme erzeugen ein Magnetfeld, auch im Gehirn. Die Magnetoencephalografie (MEG) untersucht die Gehirnfunktion durch Messung der Veränderungsmuster im Magnetfeld des Gehirns. Dieses Magnetfeld ist natürlich nicht besonders stark, etwa ein Millionstel der Stärke des Erdmagnetfelds. Es kann also nur mit hochsensiblen Geräten erfasst werden. Dies war möglich, als man in den 1960ern den Sensor SQUID erfand, das Superconducting Quantum Interference Device, und es bis in die 1980er weiterentwickelte. Es müssen ungefähr 50 000 Neuronen aktiv sein, um ein messbares Feld zu erzeugen. Bis heute kann daher nur magnetische Aktivität an der Oberfläche des Kortex gemessen werden. Das MEG findet hauptsächlich in der neurologischen Forschung Verwendung, wo es uns ermöglicht, die Gehirnaktivität sehr genau bestimmten Arealen zuzuordnen. Häufig wird es in Kombination mit einem fMRT (siehe Seite 159) eingesetzt. Mittlerweile versucht man auch, es für therapeutische Anwendungen zu verbessern.

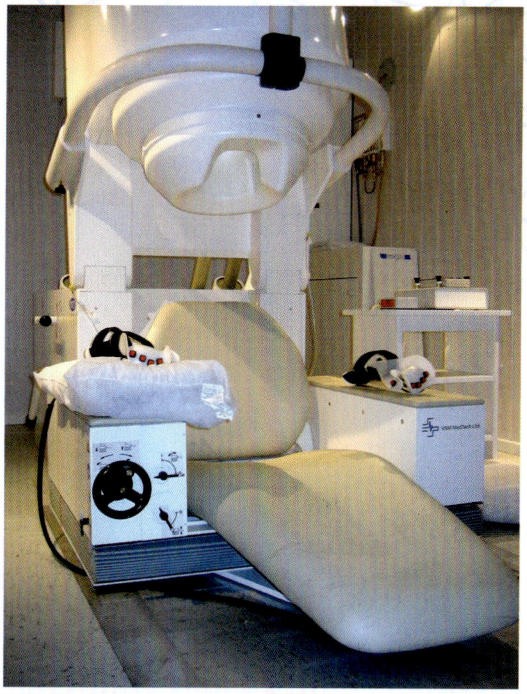

Mit der MEG lassen sich liegende, aber auch sich bewegende Objekte messen. Das macht es vielfältiger einsetzbar als die fMRT.

Im darauffolgenden Jahr stellte Dandy eine neue Variante vor, die Pneumoenzephalografie. Dabei wurde der Liquor mit einer Hohlnadel über das Rückenmark abgesaugt und mit Luft, Sauerstoff oder Helium ersetzt. Die Prozedur war gefährlich und sehr schmerzhaft, doch so konnte im Röntgen die Struktur des Gehirns gut dargestellt werden. Zumindest ließen sich auf diese Weise Verletzungen am Rand der Ventrikel feststellen, aber auch solche, die die angrenzenden Gehirnareale betrafen. Da die Prozedur sehr unangenehm war, wurde sie selten wiederholt, um ein Fortschreiten der Erkrankung zu diagnostizieren. Ende der 1970er machten sicherere Verfahren diese diagnostische Methode überflüssig.

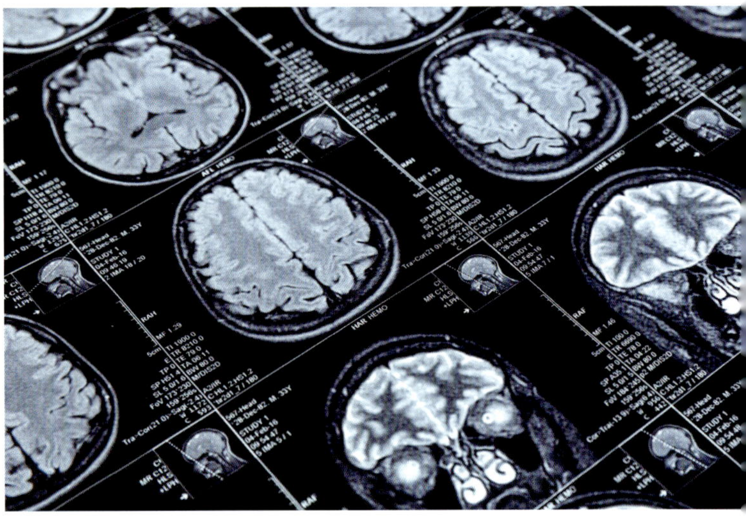

Aufnahmen mit dem Computertomografen zeigen Schnittbilder des Gehirns aus verschiedenen Blickwinkeln.

Hirn in Scheiben

Bevor man mithilfe von Röntgenstrahlen ein detailliertes Bild vom Gehirn erzeugen konnte, musste erst der Computer erfunden werden. Computertechnik machte die zuerst recht verschwommenen Röntgenaufnahmen immer detaillierter. So wussten die Neurochirurgen im Voraus, was sie erwartete, wenn sie den Schädel eines Patienten öffneten.

Von Früchten zum Gehirn

Mit der Computertomografie wurden plötzlich Schnittbilder durch feste Objekte möglich. Aus diesen Schnittbildern ließ sich eine dreidimensionale Darstellung des Körpers errechnen. Die technischen Grundlagen wurden schon in den 1930er-Jahren entdeckt, aber damals gab es eben noch keine Rechenmaschinen, die so viele Daten zu einem einheitlichen Bild zusammenfassen konnten.

1959 sah der amerikanische Neurologe William Oldendorf eine Maschine, mit der Früchte durchleuchtet wurden, um eventuelle Frostschäden zu entdecken. Oldendorf übertrug die Technologie auf den Menschen und zeigte, dass man mit Schichtaufnahmen des Gehirns eine „Dichtekarte" des Organs anfertigen konnte. Daraufhin baute er einen Prototypen, bei dem die Röntgenstrahlquelle und das Aufnahmegerät rund um ein festes Objekt wanderten und aus jedem Blickwinkel ein Bild erstellen konnten.

Danach war noch einiges an Entwicklungsarbeit vonnöten, bevor 1971 das erste CT-Gerät (Computergestützte Tomografie) eingesetzt werden konnte. Der von dem britischen Elektroingenieur Godfrey Hounsfield gebaute Apparat machte 160 Aufnahmen aus 180 verschiedenen Perspektiven, die jeweils um 1 Grad voneinander abwichen. Eine solche Aufnahme dauerte fünf Minuten. Das Gerät brauchte zweieinhalb Stunden, um die Daten zu verarbeiten. Der erste CT-Scan half, bei einem 41-jährigen Patienten einen Gehirntumor zu entdecken und chirurgisch zu entfernen – ein unglaublicher Erfolg!

Seitdem haben sich die Geschwindigkeit und die Auflösung von CT-Geräten massiv verbessert. Nun macht man Hunderte von Schnittbildern des Gehirns und braucht dazu nur ein paar Sekunden. Die hochauflösenden Bilder erlauben genaue Diagnosen.

CT und PET

CT-Aufnahmen zeigen sehr schön die Struktur des Gehirns inklusive aller degenerativen und kanzerogenen Veränderungen. Die Funktion des Gehirns können aber auch sie nicht erhellen. Dazu dient die Positronen-Emissions-Tomografie (PET), die etwa zur selben Zeit entwickelt wurde.

Die PET nimmt Bezug auf Bergers Entdeckung, dass Blutfluss und neuronale Aktivität zusammenhängen. Sie nutzt den Glukosestoffwechsel, bei dem Glukose durch die Blutbahn transportiert wird, um nachzuzeichnen, wo im Gehirn Blut fließt. Man verabreicht dem Patienten eine schwach radioaktive Substanz, die an Glukose bindet. Diese hat eine geringe Halbwertszeit und emittiert beim Zerfall ein Positron und ein Neutron. Trifft nun das Positron auf ein Elektron, zerfallen beide unter Freisetzung von Gammastrahlung. Diese wird von einem Detektor aufgefangen und zum Bild verarbeitet. Davon ausgehend, dass beim Gehirnstoffwechsel Glukose benötigt wird, zeigt die PET, wie und wo es im Gehirn zu Aktivität kommt: In den aktivsten Bereichen wird am meisten Glukose gebraucht.

Man kann mittels PET auch die Konzentration bestimmter Neurotransmitter im Gehirn messen. Auf diese Weise erlaubt uns die PET bislang ungekannte Einblicke ins Gehirn. In Kombination mit der CT kann man aus den abgebildeten Aktivitäten eine strukturelle Karte des Gehirns erstellen, die genau zeigt, was wo verarbeitet wird.

Das Gehirn in Aktion

Es gibt noch ein weiteres bildgebendes Verfahren, das hierzu genutzt wird: die Magnetresonanztomografie (MRT). Sie nutzt Radiowellen in Magnetfeldern, um eine Landkarte des Gehirns zu zeichnen. Da dabei weder Röntgenstrahlen noch radioaktive Substanzen vonnöten sind, wird die MRT von den meisten Menschen als sicher erachtet.

Die MRT ist am bekanntesten als funktionelle MRT oder fMRT: Dabei kann man die

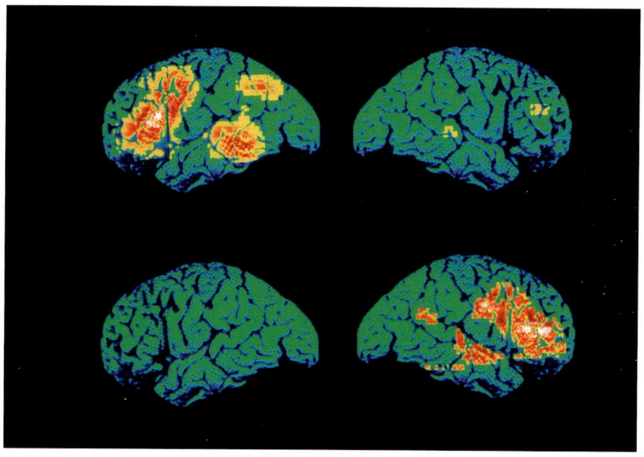

PET-Aufnahmen von einem Rechtshänder (oben) und einem Linkshänder (unten), beim Lösen sprachbasierter Aufgaben. Die Aufnahme zeigt sehr schön, dass bei den Probanden jeweils unterschiedliche Gehirnhälften aktiv werden.

Gehirnaktivität förmlich nachvollziehen, weil Bereiche, in denen sich etwas tut, aufleuchten. Die Technik wurde 1990 von dem japanischen Forscher Seiji Ogawa entwickelt und beruht auf dem Prinzip, dass ein erhöhter Blutfluss im Gehirn auch neuronale Aktivität anzeigt. Da sauerstoffreiches und sauerstoffarmes Blut unterschiedlich auf das Magnetfeld reagieren, kann man so die Aktivität im Gehirn oder Rückenmark nachzeichnen. Das Ganze nennt man auch „BOLD-Kontrast" zwischen Arealen hoher und niedriger Sauerstoffsättigung und damit Aktivität. Anders als die PET kann die fMRT über einen längeren Zeitraum eingesetzt werden, zum Beispiel wenn die Versuchsperson komplexe Aufgaben löst. Die PET wird zeitlich begrenzt durch die Halbwertszeit des injizierten radioaktiven Stoffs.

Von der Diagnose zur Entdeckung

Obwohl all diese Geräte vorzugsweise im Krankenhaus ihren Einsatz finden, haben sie auch die Neurowissenschaften entscheidend vorangebracht. Heute können wir förmlich zusehen, welche Hirnregionen bei welchen Tätigkeiten aktiv werden.

KAPITEL 10

DENKEN UND SEIN

Denken und Sein sind ein und dasselbe.

Parmenides, spätes 6./frühes 5. Jahrhundert v. Chr.

Die sensorischen und motorischen Funktionen des Zentralen Nervensystems sind am einfachsten aufzudecken. Doch die interessanteste Funktion unseres ZNS ist sicher der Geist: die emotionalen und kognitiven Aspekte des Gehirns, die uns zu Menschen, ja Individuen machen.

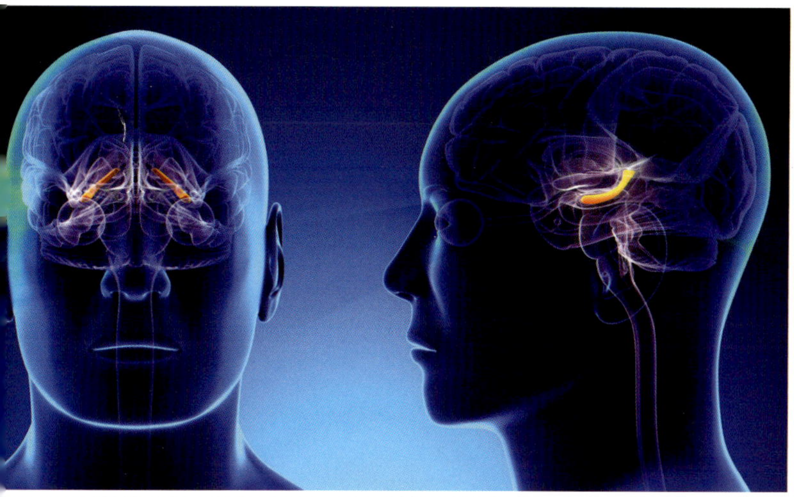

DENKEN UND SEIN

Alles im Geist

Die Arbeit des sensorischen und motorischen Nervensystems zu verfolgen ist kein Kinderspiel, aber trotzdem sehr viel einfacher als das zu untersuchen, was sich ausschließlich im Gehirn abspielt.

Zu den rein geistigen Aktivitäten gehören Denken, Gedächtnis, Träumen, Kreativität und Vorstellung. Einige dieser Aktivitäten brauchen noch nicht einmal einen Stimulus von außen. Daher stellen sie für die Neurowissenschaften eine echte Herausforderung dar und konnten erst untersucht werden, nachdem die bildgebenden Verfahren entwickelt worden waren. Bis dato konnte man ja noch nicht einmal belegen, dass sie tatsächlich im Gehirn stattfanden. Doch unser Innenleben ist Grundlage unserer Identität und Einzigartigkeit. Daher sind gerade diese Aspekte des Gehirns so spannend, dass sich ein neuer Zweig der Neurowissenschaften gebildet hat: die kognitive Neurowissenschaft.

Die kognitive Neurowissenschaft

In dieser Disziplin fließen verschiedene andere zusammen: Neurowissenschaft, Philosophie, Psychologie, Linguistik, Anthropologie und die Forschung zur Künstlichen Intelligenz. Die kognitive Neurowissenschaft untersucht das Gedächtnis, den Lernvorgang, den Spracherwerb, das Bewusstsein, die Sprachverarbeitung, die Wahrnehmung und Aufmerksamkeitssteuerung.

In den Anfängen der kognitiven Neurowissenschaft in den 1960ern gab es eine Kontroverse mit den Psychologen, die einen reinen behavioristischen Ansatz verfolgten Diese konzentrierten sich ausschließlich auf den erfolgten Reiz und das von ihm ausgelöste Verhalten. Die kognitive Neurowissenschaft betrachtete den Wahrnehmungsvorgang dagegen als etwas Konstruiertes: Er beginnt mit der Information, welche die Sinnesorgane liefern, doch das Gehirn schafft aus diesen Daten etwas Neues, indem es sie zu einer sinnvollen Wahrnehmung

Der künstlerische Ausdruck scheint nur dem Menschen eigen zu sein. Er beruht auf Inspiration, Fantasie, Gedächtnis und der Fähigkeit, ein Werk geistig zu antizipieren. Und dabei regelt das Gehirn auch noch die motorischen und sensorischen Fähigkeiten, die an einem solchen Bild beteiligt sind.

Ein Foto bringt Erinnerungen ins Bewusstsein, die mit einem Tag, einem Menschen, einem Ereignis aus der Vergangenheit verknüpft sind.

formt, aufgrund derer der Betreffende dann in Aktion tritt oder sie im Gedächtnis abspeichert. Der kognitive Ansatz in der Verhaltensforschung geht davon aus, dass jede Information von außen in eine innere Repräsentation umgewandelt wird, in ein Muster neuronaler Aktivität. Und die Kognitionswissenschaftler interessierten sich eben für das, was sich im Gehirn abspielte.

Leider würde es den Rahmen dieses Buches sprengen, all die interessanten Resultate der kognitiven Neurowissenschaft darzustellen. Daher wollen wir uns hier auf zwei der wichtigsten Punkte konzentrieren: das Gedächtnis, das die Grundlage für das Lernen und die Persönlichkeitsbildung ist; und unser Ich-Gefühl, das aus der Persönlichkeit, dem Bewusstsein und dem Glauben an den freien Willen entsteht.

DEKLARATIVES UND NICHT-DEKLARATIVES GEDÄCHTNIS

Psychologen und Neurowissenschaftler unterscheiden zwischen zwei Formen von Gedächtnis: dem deklarativen und dem nicht-deklarativen Gedächtnis.

Das deklarative Gedächtnis umfasst alle bewussten Gedächtnisinhalte. Es arbeitet mit dem Wissen, das wir erwerben, wie z. B. der Tatsache, dass der Himmel blau ist und der Supermarkt um 20 Uhr schließt. Es ist spezifisch und seine Informationen können als „wahr" oder „falsch" eingeordnet werden.

Das nicht-deklarative (prozedurale) Gedächtnis hingegen besteht aus Fähigkeiten und Wissensinhalten, über die wir nicht nachdenken müssen. Es ermöglicht uns beispielsweise das Radfahren oder reflexhafte Reaktionen. Es hat mit Gewohnheiten und Konditionierungen zu tun und sein Inhalt kann nicht verbal wiedergegeben werden.

Es heißt, das deklarative Gedächtnis halte Antworten bereit auf die Frage: „Was?", während das prozedurale Gedächtnis auf die Frage: „Wie?" antwortet. (Siehe dazu den englischen Philosophen Gilbert Ryle.)

GEDÄCHTNISMODELLE

Das Gedächtnis ist eine enorm wichtige geistige Funktion, ohne die wir nichts lernen würden und keine sozialen Fähigkeiten besäßen. Menschen, deren Gedächtnis beeinträchtigt ist, kommen häufig mit der Alltagsbewältigung nicht zurecht.

Die wichtigsten Aspekte des Gedächtnisses lassen sich in zwei Fragen zusammenfassen: Welche Teile des Gehirns sind damit befasst, Lern- und Erfahrungsinhalte zu speichern bzw. wieder abzurufen? Und wie läuft dieser Vorgang auf der Zellebene ab? Das erste Problem gehört zum Aufgabenbereich der kognitiven Neurowissenschaft, das zweite wird von der molekularen Neurobiologie erforscht. Im Hinblick auf die erste Frage wurden seit den 1950ern enorme Fortschritte erzielt. Was die zweite angeht, ist der Weg allerdings noch weit.

DREI VERSCHIEDENE SPEICHER

Natürlich erinnern wir uns nicht an alles, was wir je gesehen, gehört, geschmeckt oder erlebt haben. Unser Gehirn filtert bestimmte Informationen heraus. Die Psychologie teilt das Gedächtnis nach der Dauer der Speicherung in drei verschiedene Arten ein: das sensorische Gedächtnis, das Kurzzeit- (oder Arbeits-)gedächtnis und das Langzeitgedächtnis. Im sensorischen Gedächtnis verbleiben Inhalte höchstens für ein bis zwei Sekunden. Wenn Sie sich im Zimmer umsehen, sind zunächst einmal alle Wahrnehmungen für das sensorische Gedächtnis verfügbar. Einige Minute später aber erinnern Sie sich an viele Aspekte schon nicht mehr. Alles, was für Sie nützlich sein könnte, wird zunächst ins Kurzzeitgedächtnis (oder Arbeitsgedächtnis) überführt. Wenn Sie einen Bekannten sehen oder Rauch unter der Tür hervorquillt, wird diese Information behalten und möglicherweise weiterverarbeitet.

Im Kurzzeitgedächtnis verbleiben neun bis zehn Informationseinheiten, die auch noch nach einigen Minuten abrufbar sind. Auf diese Weise merkt man sich z. B. eine Telefonnummer oder eine Einkaufsliste. Diese Einheiten werden jedoch nach kurzer Zeit gelöscht. Wichtigere Informationen, die wir lernen wollen, können ins Langzeitgedächtnis verschoben werden. So weit wir wissen, kennt dieses keine Grenzen, was Speicherdauer und Informationsmenge angeht. Dinge, die wir im Alter von fünf Jahren gelernt haben, können auch mit 95 noch abrufbar sein. Und wir können auch im Alter noch immer neue Informationen dazupacken. Die Speicherung im Langzeitgedächtnis wird durch Wiederholung der Information verbessert.

Es beginnt mit den Zellen

Das früheste Gedächtnismodell beruht auf der Zellenlehre. Der Gedächtnisinhalt wird ihm zufolge zunächst in der ersten Zelle im Vorderhirn aufgenommen, in der zweiten verarbeitet und in der dritten gespeichert. Auch hier wird die Speicherung also in drei Schritte aufgeteilt, die dem Modell der modernen Gedächtnisforschung ähneln (siehe Kasten oben).

Auch die aktuelle Forschung spricht beim Gedächtnis von drei Prozessen: Encodierung, Speicherung und Abruf. Das Encodieren ist das erste Stadium – der Input von den Sinnesorganen wird interpretiert und schafft so eine Gedächtnisspur. Dieser Prozess lässt sich in zwei Schritte unterteilen: die Akquisition von Informationen von den Sinnesorganen und die Konsolidierung derselben. Bei der Speicherung wird die encodierte Information in den Teil des Gehirns gebracht, wo sie aufbewahrt wird. Beim Abruf holen wir uns jene Gedächtnisinhalte, die wir brauchen.

Assoziatives Lernen

Das Gedächtnis ist für das Lernen eine unverzichtbare Grundvoraussetzung. Lernen können wir nur, wenn wir Verknüpfungen zwischen den einzelnen Gedächtnisinhalten herstellen können.

Schon Aristoteles ging davon aus, dass wir „Assoziationen", geistige Verbindungen, zwischen verwandten Empfindungen und Ereignissen herstellen: Wir verknüpfen Ideen, die uns in räumlicher und zeitlicher Nähe präsentiert werden, die inhaltlich ähnlich scheinen, gemeinsam auftreten oder klare Gegensätze bilden (wie „heiß" und „kalt"). Assoziationen bilden die Grundlage unseres Wissens. Wir schaffen uns ein geistiges Bild von den Dingen, die wir erleben – beispielsweise der materiellen Erscheinung einer Orange (Farbe, Geschmack, Geruch). Diese Eindrücke prägen das Bild, das wir uns von Orangen machen.

Diese Idee wurde im 18. Jahrhundert von David Hartley weiterentwickelt. Er konzentrierte seine Forschung auf den Prozess, wie aus einem Sinneseindruck eine Idee oder Erfahrung entsteht. Seiner Ansicht nach versetzten die Sinneseindrücke die Nerven in Schwingungen, die ins Gehirn weitergeleitet wurden und dort Empfindungen hervorriefen. Wenn die unmittelbare Erfahrung vorüber ist, bleibt uns das Echo dieser Schwingung erhalten, das Hartley als „Vibratiunkel" bezeichnete. Das sei nun die Form, die die Idee annehme. Dabei könnten sich einfache Ideen zu komplexeren zusammenlagern. Erfahrungen, die gleichzeitig gemacht würden, würden auch im Gehirn miteinander verknüpft, sodass sie abrufbar seien, wann immer neue sinnliche Informationen auftauchten.

Anfang des 19. Jahrhunderts erklärte der britische Philosoph James Mill (1773–1836) Assoziationen zur Grundlage von allem, was im Geist geschieht. Seiner Ansicht nach erklärte der Begriff der Assoziation die „Physik" des Geistes auf dieselbe Weise wie Newtons Ideen das Universum erklärt hätten.

David Hartley hielt die Vibration der Nerven für den Ursprung von Sinnesempfindungen und Gedanken.

PAWLOWS SPEICHELNDE HUNDE

Um 1903 untersuchte der russische Physiologe Iwan Pawlow (1849–1936) den Reflex, der Hunde zur Speichelproduktion anregt, wenn sie Fleisch riechen oder schmecken. Wenn man einen Laut ertönen ließ, bevor man die Tiere fütterte, lernten sie, dass sie bald darauf Futter zu erwarten hatten. Und so fingen sie schon an zu speicheln, wenn dieser Laut ertönte. Heute kennt man diesen Prozess als „klassische Konditionierung".

> « *Gebt mir ein Dutzend wohlgeformter, gesunder Kinder und meine eigene Welt, in der ich sie großziehen werde, und ich garantiere Ihnen, dass ich einfach eines herausgreifen und für eine Spezialisierung auswählen kann, sei es nun Arzt, Rechtsanwalt, Künstler, Kaufmann, ja selbst Bettler oder Dieb. Es wird dies erlernen, unabhängig von seinen Talenten, Neigungen, Fähigkeiten, Begabungen und der Rasse seiner Vorfahren.* »
>
> **John B. Watson,** *1913*

Die Psychologie

Zu Beginn des 20. Jahrhunderts forschten die Psychologen eifrig zum Gedächtnis und zum Lernprozess. Dabei war zunächst die Gruppe der Behavioristen dominant, deren Credo war, dass man in der Psychologie letztlich nur Verhaltensweisen untersuchen könne, nicht aber innere Einstellungen und Ideen, da diese nicht direkt beobachtet werden können. Für die Behavioristen existierte folglich das Bewusstsein gar nicht. Dabei setzten sie meist auf die Arbeit mit Tieren. Ausgangspunkt waren die Erkenntnisse Iwan Pawlows zum bedingten Reflex (siehe Kasten Seite 165). Der Behaviorist John B. Watson übertrug diese dann auf den Menschen, denn die klassische Konditionierung war seiner Ansicht nach der grundlegende Mechanismus im Lernprozess, ob beim Menschen oder beim Tier. Die Vorstellung, dass Lernen letztlich „Programmierung" ist, führte zu der Auffassung, dass jegliches Verhalten entsprechend manipuliert werden kann. Zu Ende gedacht würde dies heißen, dass es keinen freien Willen gibt und dass man Menschen formen kann, indem man kontrolliert, welche Erfahrungen sie in der Kindheit machen. Das ist eine beunruhigende Vorstellung, doch die Neurowissenschaft würde sich ihrer später erneut annehmen.

Die körperliche Seite

Während Philosophen und Psychologen Theorien über Gedächtnis und Lernen aufstellten, bemühten sich die Neurowissenschaften herauszufinden, was im Nervensystem vor sich geht, wenn wir Erinnerungen speichern bzw. abrufen. Das ist eine echte Herausforderung, die bis heute noch nicht ganz gelöst ist.

Wo sitzt das Gedächtnis?

Der Erste, der das Gedächtnis zu lokalisieren versuchte, war der amerikanische Neuropsychologe Karl Lashley (1890–1958). Er experimentierte mit Ratten, denen er nacheinander verschiedene Teile des Kortex entnahm und den Effekt aufzeichnete. Er trainierte die Tiere vor oder nach der Entfernung der Großhirnrinde, damit sie den Weg durch ein Labyrinth fanden. Auf diese Weise versuchte er herauszufinden, wo im Gehirn die Gedächtnisspur (Engramm) zu finden war. Seinen Forschungen war kein Erfolg beschieden. Er fand nur heraus, dass die Fähigkeiten der Tiere umso mehr nachließen, je mehr vom Kortex entfernt wurde. So veröffentlichte er 1929 seine Theorie, derzufolge das Gedächtnis nicht klar lokalisierbar sei, sondern auf die gesamte Großhirnrinde verteilt.

Der kanadische Psychologe Donald Hebb (1904–1985) suchte dann nach einer mikrobiologischen Erklärung für Lashleys These. Er verknüpfte diese mit dem Begriff der Assoziation: „Die Idee ist uralt: Zwei Zellen oder Zellsysteme, die wiederholt zur selben Zeit aktiv sind, tendieren dazu, eine ‚Assoziation' auszubilden, sodass Aktivität in einem System auch eine Aktivität im anderen auslöst."

ENGRAMME

Der Begriff „Engramm" wurde von dem deutschen Zoologen Richard Semon zu Beginn des 20. Jahrhunderts geprägt. Er bezeichnete damit eine „Gedächtnisspur", die den Neuronen unauslöschbar eingeschrieben ist und reaktiviert werden kann, sobald ein Element des ursprünglichen Erfahrungskomplexes wieder auftaucht. So wie wir uns beispielsweise an eine Szene der Vergangenheit erinnern, nur wenn wir einen Geruch oder Geschmack wiedererleben, den wir damit in Verbindung bringen. Semon meinte auch, dass diese Spuren vererbt werden können, ja dass Gedächtnisinhalte von einer Generation an die nächste weitergegeben werden. Heute zeigen Forschungsarbeiten, dass dies bei Traumata durchaus der Fall sein kann.

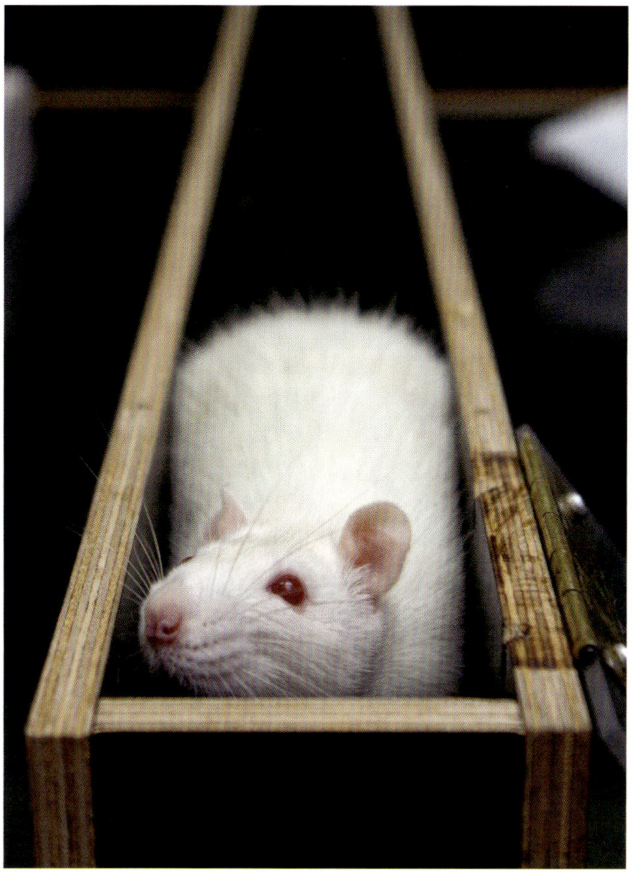

Nagetiere sind nützlich für die Neurowissenschaft, auch wenn ihre Mitarbeit für die Tiere meist den Tod bedeutet.

Hebb entdeckte, dass eine neue Wahrnehmung oder Verlagerung der Aufmerksamkeit eine Reihe von Neuronen aktiviert, die er als „Zellansammlung" bezeichnete. Als Beispiel nannte er ein Kind, das Schritte hört und seine Mutter näherkommen sieht. Die Schritte lösen in der Zellansammlung eine Aktivität aus, aus der ein Wahrnehmungspaket entsteht. Wenn das Kind das nächste Mal Schritte hört, wird dieselbe Zellansammlung aktiviert. Die visuelle Wahrnehmung der Mutter spricht eine andere Zellansammlung an. Wenn die Mutter kurz nach der Wahrnehmung der Schritte auftaucht, werden die beiden Ansammlungen zusammengeschaltet, sodass eine „Phasensequenz" entsteht. Wenn dann beim nächsten Mal durch das Hören der Schritte eine Zellansammlung angesprochen wird, wird das Kind automatisch erwarten, die Mutter zu sehen.

Das ist eine klare biologische Erklärung des Lernens und der Assoziation. Gewöhnlich erklärt man dies dadurch, dass bestimmte neuronale Pfade verstärkt werden: Je häufiger zwei (oder mehr) Neuronen verlinkt werden, weil sie kurz nacheinander aktiv werden, desto stärker wird die Assoziation zwischen den beiden, sodass das zweite Neuron automatisch angesprochen wird, wenn das erste feuert. Da die Neuronen, die über eine Phasensequenz verschaltet sind, sich über den gesamten Kortex hinziehen können, können geringfügige Verletzungen an der Großhirnrinde ausgeglichen werden, was Lashleys Ergebnisse mit den Ratten erklärt.

Patient HM

1953 wurde ein junger Mann namens Henry Molaison (später als HM oder Patient HM bekannt) operiert, weil er unter schweren epileptischen Anfällen litt. Sein Chirurg entfernte jene Teile des Gehirns, die er für die Anfälle verantwortlich machte: die medialen Temporallappen beidseitig (und damit große Teile des Hippocampus). Nach der Operation hatte HM enorme Probleme bei der Gedächtnisbildung. Sein Fall wurde 1957 an Brenda Miller übergeben, die schon mit einem anderen Patienten gearbeitet hatte, dem der Hippocampus entfernt worden war. HM konnte keinerlei neue Gedächtnisinhalte bilden, zum Beispiel neues Vokabular lernen. Er konnte sich auch nicht daran erinnern, was er am Vortag getan hatte. Auch die Erinnerungen an die drei Jahre vor seiner Operation waren gelöscht. Und doch hatte er keinerlei Intelligenzeinbußen zu verzeichnen und auch die Sinneswahrnehmung funktionierte einwandfrei. Die Konsolidierung der Gedächtnisinhalte bestand offensichtlich darin, diese von einem Teil des Gehirns in einen anderen zu verschieben. Der Fall HM machte deutlich, dass die medialen Temporallappen offensichtlich eine wichtige Rolle spielten, was das Gedächtnis anging. Sein bedauernswertes Schicksal brachte die moderne Kognitionsforschung entscheidend voran.

Tatsächlich konnte man aus diesem Fall weitere bedeutende Erkenntnisse ableiten. Obwohl HMs deklaratives Gedächtnis (Speicherung von Wissen und Ereignissen) behindert war, konnte er nicht-deklarative Inhalte durchaus bilden. Er konnte neue motorische Fähigkeiten erwerben (Golfspielen), aber er konnte nicht sagen, dass er sie erlernt hatte. Er wusste, wie er etwas machen musste, wusste aber nicht, dass er dies wusste. Nicht-deklarative Gedächtnisinhalte wurden also offenkundig nicht im Hippocampus gebildet. Er konnte die Aufmerksamkeit lange halten und für kurze Zeit auch Informationen behalten. Das Kurzzeit- oder Arbeitsgedächtnis sitzt also nicht im medialen Temporallappen. Da er sich an Dinge, die lange vor seiner Operation stattgefunden hatten, erinnerte, war auch klar, dass die Langzeitinhalte nicht in jenen Gehirnarealen beheimatet waren, die entfernt worden waren. Man nahm in der Folge an, dass diese im Neokortex gespeichert würden. Da HMs intellektuelle und perzeptorische Fähigkeiten nicht eingeschränkt waren, war klar, dass auch diese nicht im medialen Temporallappen zu suchen waren.

HMs Fall führte überhaupt erst zu der Unterscheidung zwischen deklarativem und nicht-deklarativem Gedächtnis. Dabei wurde klar, dass das nicht-deklarative Gedächtnis im Grunde ein Oberbegriff für all jene Gedächtnisinhalte war, die nicht bewusst und absichtlich abgerufen werden können. HM hatte hingegen in erster Linie sein deklaratives Gedächtnis eingebüßt. Das nicht-deklarative Gedächtnis umfasst all unsere Gewohnheiten und Vorlieben, die uns zu dem Menschen machen, der wir sind – HMs Charakter blieb also völlig intakt.

Dass HM sich an weit zurückliegende Vorfälle erinnerte, zeigte, dass die Bedeutung des medialen Temporallappens bei der Gedächtnisspeicherung mit Vergehen der Zeit abnimmt. Forschungsarbeiten an Patienten und Tieren haben diese Annahme erhärtet. Eine 2005 an Mäusen durchgeführte Studie zeigt, dass die Aktivitäten im Hippocampus nachlassen, sobald etwas definitiv erlernt ist. Andererseits nehmen dann die Aktivitäten in anderen Regionen der Großhirnrinde zu. Man geht also davon aus, dass das neu Erlernte vom Hippocampus in andere Regionen weitergeleitet und dort gespeichert wird.

Aktuelle Theorien gehen davon aus, dass einige Erinnerungen dort aufbewahrt werden, wo der zugehörige Sinnesinput verarbeitet wurde. Das hieße dann, dass visuelle Erinnerungen in jenem Gehirnareal dauerhaft gespeichert werden, der für die visuellen Informationen verantwortlich ist. Dies scheint durch die Erfahrungen eines Malers bestätigt, über den 1995 der Psychologe Oliver

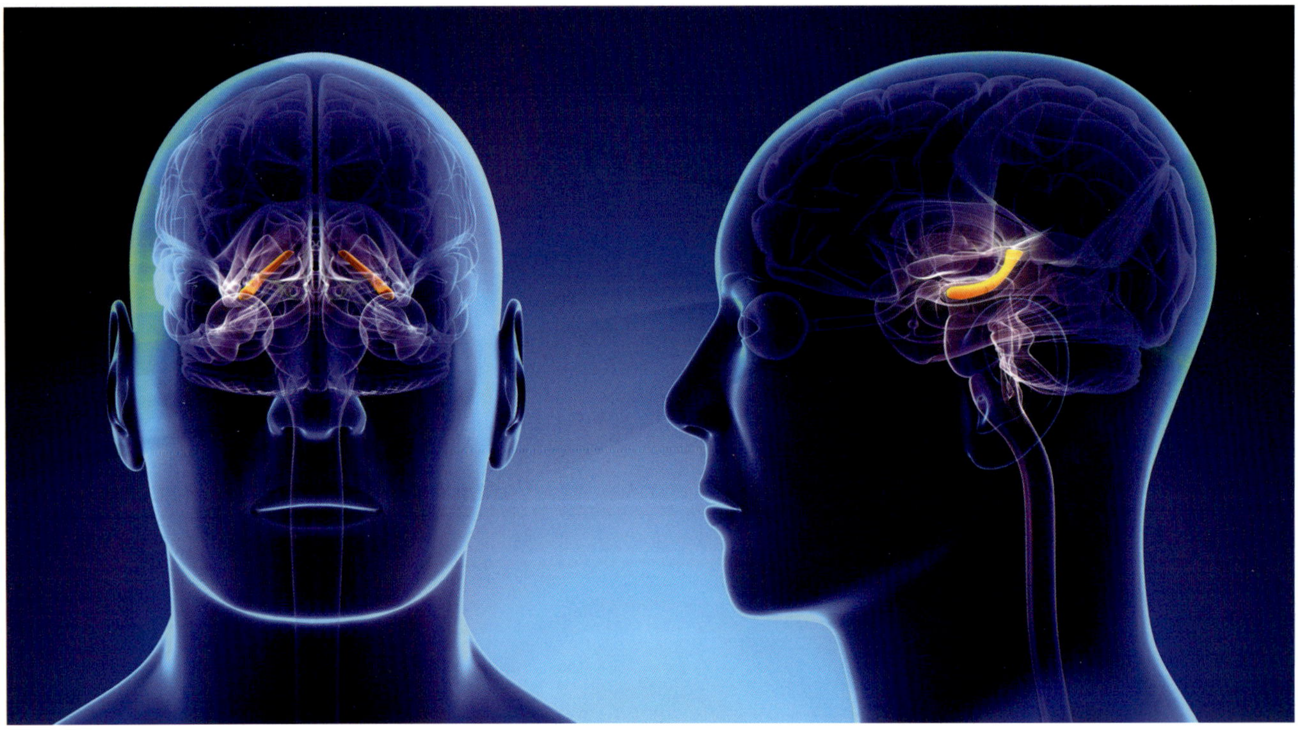

Der Hippocampus liegt tief im Gehirn, beidseitig im medialen Frontallappen.

Sacks berichtet hat. Ein Unfall ließ den Mann farbenblind werden. Vermutlich war jene Hirnregion beschädigt, die für die Farbwahrnehmung zuständig ist. Der Betroffene konnte nicht nur nicht mehr in Farbe sehen, er konnte sich auch nicht mehr an Farben erinnern oder sie sich vorstellen. Eine 2016 in Deutschland durchgeführte Studie mit EEGs zeigt, dass im Hirn immer dieselben Regionen aktiv werden, ob eine Erinnerung nun gespeichert oder abgerufen wird. Das hieße, dass einige Erinnerungen möglicherweise dort gespeichert werden, wo die Wahrnehmung sich ursprünglich gebildet hat.

> « *Nehmen wir einmal an, dass das Fortbestehen oder die Wiederholung einer ausstrahlenden Aktivität (einer „Spur") auf der Zellebene dauerhafte Veränderungen nach sich ziehen, die zu deren Stabilisierung beitragen … Wenn ein Axon von Zelle A nahe genug an Zelle B ist, um diese anzuregen und dies wiederholt oder dauerhaft tut, dann findet ein Wachstumsprozess, eine metabolische Veränderung in einer oder beiden Zellen statt, sodass die Fähigkeit von A, Zelle B anzuregen, steigt.* »
>
> **Donald Hebb,** *1949*

Tests an anderen Versuchspersonen mit bestimmten Formen des Gedächtnisverlustes (Amnesie) aufgrund von Gehirnverletzungen zeigen, dass dabei immer nur bestimmte Kategorien von Information verloren gehen. Das bedeutet, dass die Art (und der Ort) der Speicherung von Gedächtnisinhalten auch von einzelnen Aspekten der Information abhängen, z. B. ob das erinnerte Objekt durch seine Verwendung oder seine Eigenschaften definiert wird.

Mehr als 50 Jahre der Forschung nach Patient HM zeigen, dass der mediale Temporallappen, insbesondere der Hippocampus und die Region in der unmittelbaren Umgebung, Informationen im Arbeitsgedächtnis für die Langzeitspeicherung im deklarativen Gedächtnis vorbereiten. Die Langzeitspeicherung ist über den gesamten Neokortex verteilt, wobei einzelne Elemente eines zusammengesetzten Inhalts in den Arealen gespeichert (und wiedergefunden) werden, die mit ihrer ursprünglichen Wahrnehmung zu tun hatten. Die Konsolidierung von Wissen im Hippocampus kann Jahre dauern – daher die Dreijahres-Lücke im Gedächtnis von HM.

Neuronale Pfade

Wie wir gesehen haben, ging Hebb davon aus, dass die Verknüpfungen zwischen den Neuronen für Lernen und Gedächtnis entscheidend sind. Ramón y Cajal war ja bereits aufgefallen, dass die Nervenzellen im erwachsenen Gehirn die Fähigkeit eingebüßt haben, sich zu teilen und zu reproduzieren. Da das Gehirn trotzdem Schäden ausgleichen kann, muss diese Eigenschaft etwas mit der Fähigkeit zu tun haben, neue Netzwerke zwischen den Zellen zu bilden.

Die farbenfrohe Meeresschnecke Aplysia machte in den Neurowissenschaften Karriere.

> *Wenn der Input in einem System dasselbe Aktivitätsmuster auslöst und dies wiederholt geschieht, dann werden die Elemente dieses Musters immer stärker miteinander verknüpft. Danach wird jedes Element schon aktiv, wenn nur ein anderes Element dieses Musters angesprochen wird … Andererseits werden jene Elemente inaktiv, die nicht Teil dieses Musters sind. Anders gesagt: Das Muster als Ganzes wird „auto-assoziativ". Ein solches erlerntes (auto-assoziatives) Muster können wir als Engramm bezeichnen.*
>
> **Donald Hebb,** *1949*

Bleibt nur die Frage, wie das auf molekularer und zellulärer Ebene funktioniert. Wie sehen Veränderungen an den Neuronen aus? Und bleiben diese dieselben, ob es sich nun um das Kurzzeit- oder das Langzeitgedächtnis handelt, um das deklarative oder nicht-deklarative? Man brauchte unbedingt einen Modellorganismus, an dem man diese Dinge beobachten konnte. Das Tier, das dafür ausgewählt wurde, heißt Aplysia.

Schnecken mit Erinnerungsvermögen

Aplysien sind überdurchschnittlich große Meeresschnecken, bei denen anhand des Kiemenrückzugsreflexes die Verarbeitung eines möglicherweise bedrohlichen Reizes sehr gut studiert werden konnte. Da die Schnecke eine Reihe großer, gut sichtbarer Neuronen aufweist und ihr individuelles Verhalten mithilfe von Kleingruppen von circa 100 Neuronen steuert, ist die Aplysia ein ausgezeichneter Modellorganismus für die Neurowissenschaften. So kann man der Aplysia eine Erinnerung vermitteln und dann ihre Neuronen untersuchen, um herauszufinden, welche sich verändert haben. Auf diese Weise kann man feststellen, wo der Gedächtnisinhalt abgelegt wurde.

Der in Österreich geborene Neurowissenschaftler Eric Kandel arbeitete in den 1960er und 1970er-Jahren mit Aplysia und konnte zeigen, dass Lernen nicht auf dem Aufbau neuer Verbindungen zwischen den Neuronen beruhte, sondern mit der Stärkung der Pfade, die bereits existierten. Es werden also die synaptischen Verbindungen zwischen den Neuronen verstärkt. Kandel untersuchte drei Formen des Lernens bei der Aplysia:

- Habituation: Das Tier gewöhnt sich an einen Reiz, sodass seine Reaktion immer weiter abnimmt.
- Dishabituation: Ein neuer Reiz taucht auf und löst die ursprüngliche Reaktion aus.
- Sensitivierung: Das Tier wird auf einen bestimmten Reiz hin sensibilisiert, sodass sich die Reaktion verstärkt (ausgeprägter wird).

Wie das funktioniert

Wenn man die Aplysia einem sensitivierenden Reiz (leichter Elektroschock) aussetzt, dann sorgt der angesprochene Nerv dafür, dass der Neurotransmitter Serotonin ausgeschüttet wird. Dies verändert die Ansprechbarkeit der Verbindung zwischen dem Sinnesneuron und dem Motoneuron (das die Reaktion ausführt). Ist der Reiz für das Tier neu, wird ein Aktionspotenzial im Sinnesneuron bereitgestellt, das beim Motoneuron eine kleine Reaktion auslöst. Wurde das Tier hingegen sensitiviert, löst das Aktionspotenzial im Motoneuron eine stärkere Reaktion aus. Das erhöht die Wahrscheinlichkeit, dass alle mit diesem Neuron verbundenen Neuronen aktiviert werden und eine deutlichere Reaktion erzeugen (eine stärkere Muskelkontraktion zum Beispiel). Bald löst derselbe Reiz im Sinnesnerv eine viel stärkere Reizantwort aus – dann ist das Tier sensitiviert. Das geschieht, weil die Verbindung zwischen dem Sinnesneuron und dem Motoneuron gestärkt wurde.

Bei der Bildung des Kurzzeitgedächtnisses werden die Kanalproteine in der Neuronenmembran verändert, die die chemischen Stoffe passieren müssen.

> *Eine grundlegende Voraussetzung für das Studium von Verhaltensänderungen ist die Analyse des Schaltplans, der dem Verhalten zugrunde liegt. Wir haben festgestellt, dass es viel einfacher ist, Verhalten zu ändern, wenn man weiß, wie es im Gehirn verdrahtet ist.*
>
> **Eric Kandel,** *1970*

Die sich daraus ergebenden biochemischen Veränderungen halten nur kurzfristig an. Der biochemische Mechanismus des Kurzzeitgedächtnisses ist überall der gleiche. Er läuft auch bei uns ab, wenn wir uns Dinge für ein paar Minuten einprägen wollen. Wenn Sie sich eine Telefonnummer merken, die Sie gleich anrufen wollen, bringen Sie sie im Kurzzeitgedächtnis unter – genauso wie die Aplysia sich erinnert, dass man sie gerade gestupst hat. Nur ist bei der Aplysia keine bewusste Erinnerung möglich, die Reizantwort besteht in einem Reflex.

Die Resultate der Aplysia-Studien in den 1970er-Jahren machten deutlich, dass das nicht-deklarative Gedächtnis keine speziellen Neuronen oder Organe im Gehirn braucht. Es wird dort gespeichert, wo der Reflexbogen verortet ist. Es gibt also unterschiedliche Typen des Lernens und der Erinnerung, die unterschiedlich aufbewahrt werden. Die Inhalte werden dann entlang des neuronalen Pfades abgelegt, der zu ihrer Entstehung führte.

Erforschung des Langzeitgedächtnisses

Das Langzeitgedächtnis funktioniert ganz anders. Statt einer kurzfristigen chemischen Veränderung innerhalb eines Neurons wie beim Kurzzeitgedächtnis haben wir es hier mit dauerhaften Veränderungen in der Struktur der Neuronen zu tun. Wir nennen dies Langzeitpotenzierung (LTP).

LTP wurde zuerst 1966 im Hippocampus eines Kaninchens festgestellt. In Oslo entdeckte Terje Lømo, dass die Wirkung auf ein postsynaptisches Neuron sehr viel länger anhielt, wenn das präsynaptische Neuron auf einen Reiz durch eine Reihe von niederschwelligen Reizen vorbereitet wurde. Das postsynaptische Neuron war durch die niederschwelligen Reize „potenziert" worden.

Wie die LTP genau funktioniert, ist bis heute nicht ganz klar. Neuronen können neue Fortsätze entwickeln, die sogenannten dendritischen Rezeptoren. Diese haben wohl mit der Speicherung der Gedächtnisinhalte zu tun. Jeder Dendrit kann Tausende solcher Rezeptoren entwickeln. Kandels Forschungen an der Aplysia ließen vermuten, dass Neuroplastizität nicht auf neuen Verknüpfungen beruht, sondern auf der Stärkung oder Minderung bereits existierender Verbindungen. Die grundlegende neuronale „Verdrahtung" war bereits da und wurde vererbt. Die persönliche Erfahrung sorgt dann dafür, dass bestimmte bevorzugte Pfade aus der Grundstruktur herausgearbeitet werden (oder durch mangelnde Benutzung verstummen).

Die superschlauen Mäuse

Um dendritische Rezeptoren zu erzeugen, müssen Proteine gebildet und die Genexpression verändert werden. Daran sind mindestens 25 Gene beteiligt und eine entsprechende Anzahl von Proteinen. Die Neurowissenschaft ist hier noch am Forschen. Der zugrunde liegende Mechanismus wurde 1996 von dem chinesischen Hirnforscher Joe Tsien entdeckt, der an der Universität Princeton forscht. Tsien schuf durch Gentechnik eine transgene Maus, die mehr NMDA-Rezeptoren (N-Methyl-D-Aspartat) besaß. Wie erwartet war diese Maus klüger als die Durchschnittsmaus. Tsien hatte bereits nachgewiesen, dass die Hemmung der Genexpression für das Gen, das NMDA codiert, zu dümmeren Tieren führte.

Die superschlaue Maus namens Doogie lernte schneller und konnte Gedächtnisinhalte länger speichern als die Kontrollmäuse. Das war die erste experimentelle Bestätigung von Hebbs Theorie. Und sie schenkt Hoffnung, was die Behandlung

WIE MAN ERINNERUNGEN SCHAFFT UND AUSLÖSCHT

2014 schafften es Forscher an der Universität von Kalifornien, bei Ratten Erinnerungen zu verstärken oder auszulöschen. Dazu wurde eine Technik verwendet, die „Optogenetik" heißt. Dabei werden Neurone mit Genen ausgestattet, die sie lichtempfindlich machen. Dann wird das Neuron aktiviert, indem man es Licht aussetzt. Das Experiment lieferte den Beweis, dass die Langzeitpotenzierung bei der Speicherung von Gedächtnisinhalten tatsächlich eine Rolle spielt. Den Forschern gelang es, das Erinnerungsvermögen der Ratten zu verstärken, indem sie die Verknüpfung zwischen den Neuronen stärkten. Andererseits machten sie es möglich, Erinnerungen zu löschen, indem sie die Verbindung schwächten. Und sie schafften es, dieselbe Erinnerung wiederherzustellen, indem sie die Verknüpfung erneut verstärkten. Möglicherweise hilft diese Technik Menschen einmal, posttraumatischen Belastungsstörungen zu entgehen (indem entsprechende Erinnerungen gelöscht werden) oder Gedächtnisstörungen wie bei der Alzheimer-Krankheit zu überwinden.

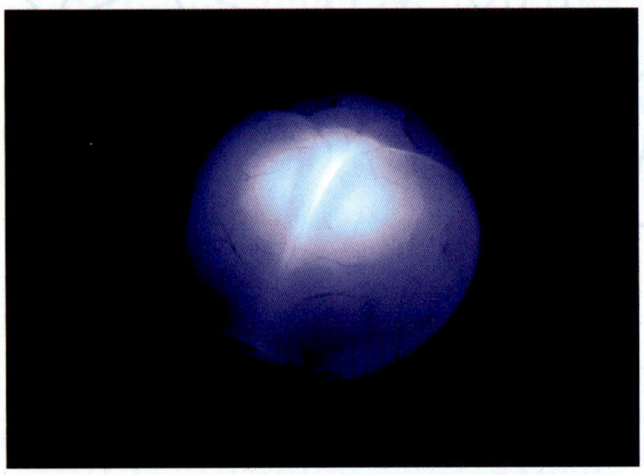

Eine winzige LED in einem Mäusegehirn versetzt die Forscher in die Lage, Neuronen auf sanftere Weise anzuregen als mit einer Sonde.

von Gedächtnisproblemen beim Menschen angeht. Allerdings stellten die Forscher 2001 fest, dass Doogie-Mäuse anfälliger für chronische Schmerzen sind. Wer also Gedächtnisprobleme mit NMDA lösen will, muss hierauf Rücksicht nehmen. Und wer mit NMDA Schmerzen behandelt, muss sich im Klaren sein, dass sich möglicherweise negative Effekte auf das Erinnerungsvermögen zeigen. Wieder einmal stolpert die Neurowissenschaft über Komplikationen.

Zurück zum Hippocampus

Der Fall HM zeigte, dass der Hippocampus eine entscheidende Rolle spielt bei der Bildung (nicht der Speicherung) des Langzeitgedächtnisses. Er ist auch für das räumliche Denken und die Bewegung im Raum vonnöten. „Place cells" oder „Ortszellen" im Hippocampus helfen Mäusen, sich in ihrer Umgebung zurechtzufinden. Diese Zellen wurden

Londoner Taxifahrer müssen allerhand Straßen lernen – eine enorme Gedächtnisleistung.

Unsere Erfahrungen prägen unseren Charakter. Glückliche Erlebnisse und ein Gefühl der Sicherheit bringen Menschen voller Selbstvertrauen hervor – Traumata und unglückliche Erfahrungen hingegen beeinflussen den Charakter in der anderen Richtung.

1971 entdeckt. Wenn sich das Tier in einer neuen Umgebung wiederfindet, muss es im Hippocampus eine neue „Landkarte" seines Umfelds erstellen und sich bestimmte Orte merken. Eine wichtige Studie an Londoner Taxifahrern zeigt, dass der Hippocampus auch beim Menschen mit der Orientierung im Raum befasst ist.

„Mein Neuron im Taxi …"

Die Studie aus dem Jahr 2000 stellte fest, dass bei Londoner Taxifahrern der Hippocampus stärker entwickelt war als bei den gleichaltrigen Mitgliedern einer Kontrollgruppe. Weitere Studien an angehenden Taxifahrern belegten, dass die graue Substanz im hinteren Hippocampus wuchs, während sie sich das für die Prüfung nötige Wissen aneigneten. Das Volumen des vorderen Hippocampus hingegen nahm ab. Vergleiche mit Busfahrern (die ähnliche Tagesabläufe haben, aber vorgegebenen Routen folgen) zeigten, dass der Wandel direkt mit dem Verarbeiten komplexer räumlicher Informationen verknüpft ist. Der Hippocampus ist eine der wenigen Gehirnregionen beim Erwachsenen, die nicht nur neue neuronale Pfade ausbilden kann, sondern auch neue Neuronen. Taxifahrer schnitten bei anderen visuellen Lern- und Gedächtnisaufgaben schlechter ab, was vermuten lässt, dass ihre außerordentliche räumliche Orientierung einen Preis hat.

Darüber hinaus hat man herausgefunden, dass der Hippocampus auch wichtig für das Abrufen episodischer Gedächtnisinhalte wichtig ist. Wenn ein Mensch sich an ein Ereignis in seinem Leben erinnert, einen Familienausflug zum Beispiel, dann steuert der Hippocampus viele Aspekte zu der Szenerie bei, zum Beispiel Klänge, Bilder und Gerüche, die eigentlich in anderen Gehirnarealen abgelegt sind.

Für wen halten Sie sich?

Viele Menschen haben den intuitiven Eindruck, dass ihre Identität ein Produkt ihres Geistes ist, das zwar im Gehirn gespeichert, aber nicht mit diesem gleichzusetzen ist. Die Neurowissenschaft hingegen geht vom Gegenteil aus: dass Gehirn und Geist letztlich eins sind und unsere Persönlichkeit ganz allein auf den Verknüpfungen der Neuronen in unserem Gehirn beruht.

Eine der Aufgaben des Gedächtnisses ist es nämlich, unsere Persönlichkeit zu formen. Wir alle sind geprägt von unseren früheren Erfahrungen und deren bewussten und unbewussten Auswirkungen auf uns, von dem, was wir gelernt haben. Die Persönlichkeit wiederum wirkt sich auf unsere Entscheidungen, unser Handeln aus – und doch schätzen wir das Gefühl, einen freien Willen zu haben. Das Ausmaß, bis zu dem unsere neuronale Physiologie unseren Charakter bestimmt, ist Gegenstand heftiger Debatten. Wenn wir metaphysische Vorstellungen von der Seele ausschließen wollen, dann bleibt uns nur ein Schluss: Wir werden von der Struktur unseres Gehirns geprägt, von dem neuronalen Muster an Verknüpfungen, das wir genetisch ererbt und durch unsere Erfahrung verändert haben.

Die Phrenologen Gall und Spurzheim waren überzeugt, dass die Persönlichkeit von der Größe bestimmter Organe im Gehirn abhänge, die unseren Charakter bestimmten. Während die Phrenologie in Amerika und Europa unglaubliche Erfolge feierte, kam es beim Eisenbahnbau in der Neuen Welt zu einem Unfall, der die Neurowissenschaften in puncto Persönlichkeit voranbringen sollte.

Phineas Gage nach seinem schrecklichen Unfall 1848.

Eine Explosion

Einer der berühmtesten Fälle in der Neurologie ist der von Phineas Gage. Gage war Vorarbeiter beim Eisenbahnbau in Vermont. Er bereitete eine Sprengung im Felsen vor, als durch einen Unfall eine 110 Zentimeter lange und 3 Zentimeter dicke Eisenstange in sein Gehirn eindrang. Allen Widrigkeiten zum Trotz überlebte Gage, zeigte aber einige interessante Folgeerscheinungen. Er verlor sein linkes Auge und hatte starke Narben auf dieser Gesichtsseite. Doch Gage durchlief auch massive Persönlichkeitsveränderungen. Er, der stets ein freundlicher

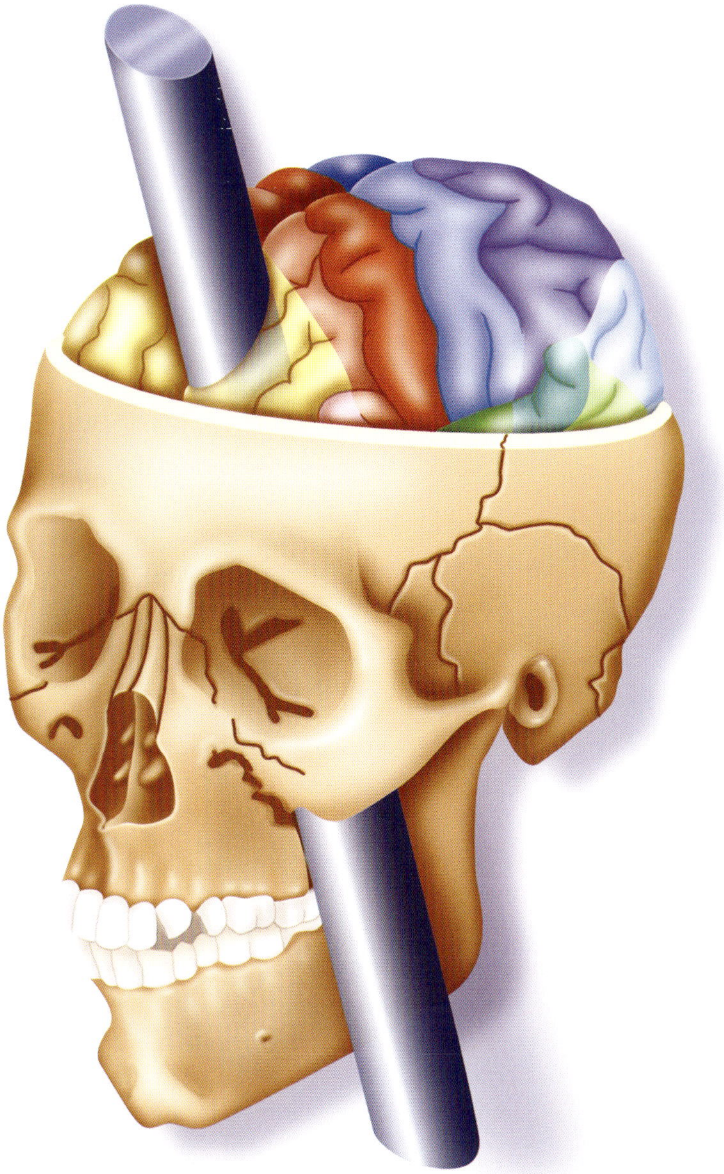

Die Lage der Eisenstange in Gages Gehirn, die den Frontallappen beschädigte.

und jovialer Mensch gewesen war, wurde nach dem Unfall von seinem Arzt John Harlow beschrieben als „impulsiver, unverschämter und ausgesprochen vulgärer Mensch, der wenig Achtung vor seinem Mitmenschen empfand" und sich als „kindisch und wankelmütig" erwies. Obwohl Henry Bigelow, 1850 Professor für Chirurgie an der Universität Harvard, berichtet, Gage habe sich, „was seine geistigen und körperlichen Fähigkeiten angeht, weitgehend erholt", schreibt Harlow 1868, dass Gages Persönlichkeit sich so radikal gewandelt habe, dass seine Freunde und Bekannten sagten, „das sei nicht mehr Gage". Gage starb 1868 an einer Reihe epileptischer Anfälle. Natürlich ist heute schwer einzuschätzen, wie seine Persönlichkeit sich verändert hatte. Er verlor seine Arbeit bei der Eisenbahn, konnte aber noch eine ganze Weile als Postkutscher arbeiten. Heute glaubt man, dass der damit verbundene geordnete Tagesablauf viel zu Gages Erholung beitrug.

Gages Unfall gab erste Hinweise darauf, dass der frontale Kortex bei der Persönlichkeitsbildung eine Rolle spielt. Der schottische Neurologe David Ferrier griff auf Gages Fall zurück, als er 1878 seine Forschungsarbeiten an Primaten veröffentlichte. Ferrier hatte herausgefunden, dass Schäden am frontalen Kortex die Versuchstiere körperlich nicht beeinträchtigten, aber „eine klare Veränderung im Charakter und Verhalten des Tieres" hervorriefen.

Gages Schädel wurde nach seinem Tod aufbewahrt. 2012 erstellte Jack Van Horn an der Universität von Kalifornien in Los Angeles ein digitales Modell des verletzten Gehirns. Diesem ließ sich entnehmen, dass bei Gages Unfall etwa 4 Prozent der Großhirnrinde und mehr als 10 Prozent der weißen Substanz zerstört worden sein könnten. Er büßte dabei die Verbindung zwischen dem linken frontalen Kortex und anderen Arealen (z. B. dem limbischen System) ein. Der Verlust dieser Verbindung war für die Störung Gages vermutlich wichtiger als der Schaden am frontalen Kortex. Er erklärt jedenfalls Gages verändertes Verhalten.

Neuauflage der Phrenologie?

Vor der Entwicklung der bildgebenden Verfahren ließen sich Zusammenhänge zwischen der Hirnstruktur und der Persönlichkeit nur an Hirnschäden untersuchen. Nun aber können wir mit EEG und fMRT sichtbar machen, welche Gehirnareale aktiv sind, wenn ein Mensch sich auf eine bestimmte Weise verhält. So zeigen Forscher einer Versuchsperson beispielsweise ein verstörendes Bild und zeichnen auf, welche Regionen im Gehirn danach aktiviert werden. Diese könnten dann eventuell für emotionalen Stress zuständig sein – oder auch nicht. Unglücklicherweise tragen die Gehirnregionen ja keine Etiketten. Daher ist es auch möglich, dass die aufleuchtenden Areale den Wunsch widerspiegeln, sich dem Bild zu entziehen. Oder etwas ganz anderes. Es sind Unmengen Tests erforderlich, die man dann mit Cross-Referenzen verknüpft, um eindeutig festzustellen, welche Gehirnregion was verarbeitet. Außerdem ist bei den meisten fMRT-Untersuchungen die Anzahl der Versuchspersonen zu klein, um zu akzeptablen Schlussfolgerungen zu gelangen.

Ende des 20. und Anfang des 21. Jahrhunderts wurden unzählige fMRT-Studien veröffentlicht, die behaupten entdeckt zu haben, wo im Gehirn bestimmte Gefühle zu Hause sind – Mitgefühl zum Beispiel oder soziale Ängste oder andere Charaktermerkmale. Mehr Aktivität im Gehirn bedeutet aber nicht zwangsläufig, dass sich hier eine bestimmte Neigung oder Reaktion zeigt. In manchen Fällen ist das Gegenteil der Fall: Stellt man Experten eine Frage zu ihrem Fachgebiet, zeigen weniger Neuronen Aktivität an, als wenn man dieselbe Frage einem Laien stellt. Offensichtlich braucht der Experte weniger „Gehirnschmalz“, um die Frage zu lösen. Eine kritische Diskussion im Jahr 2008 stellte den wissenschaftlichen Wert solcher fMRT-Untersuchungen zu den Themen Persönlichkeit, Emotionen und soziale Fähigkeiten infrage.

Wie fühlen Sie sich?

Wenn fMRT-Aufnahmen also sinnvolle Informationen liefern sollen, müssen wir sie deuten lernen. Eine 2013 in Pittsburgh durchgeführte Studie führte fMRT-Untersuchungen an Schauspielern durch, die eine Reihe von Emotionen spielten. Dann wurden die entsprechenden Informationen in einen Computer eingegeben, damit dieser die Muster „lernen“ konnte. Natürlich verglich man sie vorher mit Aufnahmen von Menschen, die diese Emotionen tatsächlich empfunden hatten, um auszuschließen, dass das „Spiel“ einen Einfluss ausübte. Danach war der Computer in der Lage, diese Emotionen auch bei anderen Menschen zu erkennen. Dies lässt vermuten, dass es allgemeine Muster von Gehirnaktivität für bestimmte Emotionen gibt. Wenn man in der Lage ist, die Aussagen einer Versuchsperson mit deren Gehirnaktivität abzugleichen, wäre dies ein guter Weg, um die mangelnde Zuverlässigkeit der Selbstaussage in solchen Untersuchungen zu reduzieren. Die an den Emotionen beteiligten Regionen sind im Übrigen über das ganze Gehirn verteilt.

Die Aufnahmen aus bildgebenden Verfahren können natürlich kein Charakterbild erstellen, wie dies die Phrenologen von sich behaupteten. Sie zeigen nur, wo sich etwas bewegt, nicht aber, welche Gedanken oder Verhaltensweisen dahinterstehen. Wir können nachzeichnen, wo im Gehirn es zu Aktivitäten kommt, wenn ein Mensch einem anderen gegenüber freundlich gesonnen ist. Wir können nicht sehen, ob dieser Mensch generell ein netter Zeitgenosse ist. Es ist uns also nicht möglich, aus den Gehirn-Scans Persönlichkeitsprofile zu erstellen.

Entscheidungen treffen

Unser Selbstbild beruht u. a. darauf, dass wir glauben, unsere Gedanken und Handlungen steuern zu können. Wenn wir der Genetik oder der Natur zu viel Einfluss bei der Charakterbildung zubilligen, haben wir schnell das Gefühl, wir würden unseren

WIE EIN TOTER LACHS MENSCHLICHE EMOTIONEN LIEST

Die durchgeführten fMRT-Aufnahmen werden von Software verarbeitet, die so eingestellt ist, dass sie jedwedes „Rauschen" (bedeutungslose Signale) ausfiltert, ohne dabei echte Signale zu übersehen. Der Neurowissenschaftler Craig Bennett zeigte, welche Gefahren damit verknüpft sind: Er legte einen toten Lachs in den Magnetresonanztomografen und zeigte ihm Bilder von Menschen, die unterschiedliche Emotionen erkennen lassen, mit der Aufgabe, diese zu identifizieren. Die Rohdaten zeigten tatsächlich orangefarbene Pixel, was hieß, dass in bestimmten Gehirnregionen des Laches etwas vor sich ging, so als reagiere er tatsächlich auf die Bilder. Bennett zog daraus allerdings nicht den Schluss, dass der tote Lachs menschliche Emotionen deuten konnte. Seine Interpretation war vielmehr, dass allzu sorgloser Umgang mit fMRT-Daten zu falschen Schlüssen führen kann.

freien Willen aufgeben. Dies gilt natürlich vor allem für die neuronale Codierung dieser Einflüsse. Wenn die Menge der neuronalen Verknüpfungen in unserem Gehirn, die aus unserer DNS und unseren Erfahrungen gebildet wird, unser Tun und Denken lenkt, wie frei ist unser Wille denn dann? Diese Frage versucht man in Untersuchungen über Entscheidungsfindung zu klären.

Das Libet-Experiment

1983 führte der amerikanische Neurophysiologe Benjamin Libet ein Experiment durch, um die zeitliche Verzögerung zwischen einer Entscheidung und der Bewusstwerdung dieser Entscheidung festzustellen. Dabei sollte die Versuchsperson sich einen beliebigen Moment aussuchen, um ihre Hand zu bewegen. Gleichzeitig lief ein Lichtpunkt im Uhrzeigersinn über ein Zifferblatt. Der Proband sollte sich merken, wo dieser Punkt stand, als er die Entscheidung zur Bewegung traf. Die Versuchsperson war an ein EEG angeschlossen, das während des gesamten Experiments die Hirnaktivität maß.

Das Gefühl, einen freien Willen zu haben, verleiht unserem Leben Sinn. Würden wir annehmen, dass unser Handeln auf unsere Biologie (oder einen Gott) zurückgeht, müssten wir diesen Sinn woanders suchen.

Das Experiment nutzte den Aufbau elektrischer Signale in der Großhirnrinde vor dem Ablauf einer willensgesteuerten Handlung. Man nennt dies das „Bereitschaftspotenzial". Libet hatte 1965 festgestellt, dass dieses Bereitschaftspotenzial etwa eine halbe Sekunde vor der Bewusstwerdung der zugehörigen Absicht messbar war. Libet schloss daraus, dass die Entscheidung unbewusst getroffen wurde und erst danach ins Bewusstsein eindrang. Wir glauben also, eine bewusste Entscheidung zu treffen. In Wirklichkeit aber werden wir uns nur unserer unbewussten Entscheidung bewusst.

Auch spätere Studien zeigen, dass das Gewahrsein der Entscheidung erst erfolgt, nachdem das Gehirn aktiv wird (üblicherweise Sekundenbruchteile später). Das würde bedeuten, dass die Entscheidung schon vorher fiel. 2008 wurde das Libet-Experiment dahingehend verändert, dass die Versuchsperson nicht mehr bewusst angeben musste, wann sie die Entscheidung getroffen hatte. Nunmehr wurde auch dies im Gehirn abgelesen. Dabei entdeckte man, dass der Proband sich der Entscheidung häufig erst dann bewusst wurde, nachdem die Bewegung bereits eingesetzt hatte. Was wiederum vermuten lässt, dass die Bewegung als Entscheidung interpretiert wurde. 2011 untersuchte der amerikanische Neurologe Itzhak Fried die Entscheidungsfindung, indem er die Aktivität einzelner Neuronen aufzeichnete. Er stellte fest, dass zwischen dem „Feuern" des Neurons und der Bewusstwerdung der Absicht eine Zeitspanne von bis zu zwei Sekunden lag.

Der Schluss, dass der freie Wille eine Illusion ist, zeigt vielleicht einfach nur, dass wir dem Bewusstsein zu viel Bedeutung beimessen. Eine Frage wie diese aber sollte von der Linguistik bzw. der Philosophie geklärt werden. Was wir mit „freier Wille" meinen und wie wir ihn zum Bewusstsein in Beziehung setzen, ist eine Entscheidung, die mindestens ebenso bedeutsam ist wie das Experiment selbst. Der kanadische Philosoph Daniel Dennett meinte, der „freie Wille“, den dieses Experiment als Trugschluss entlarvt, ist einer, den der Mensch letztlich nicht braucht.

Libet selbst wies darauf hin, dass das Bewusstsein bis zur letzten Sekunde sein Veto einlegen könne. Die halbe Sekunde bis zur Bewusstwerdung sei letztlich nicht mehr als eine vorbereitende Phase, die man auch überspringen könne.

KÖNNEN WIR GEDANKEN LESEN?

Das Gedankenlesen beschäftigt die Science-Fiction-Schriftseller seit jeher. Mit der fMRT schien man dieser Möglichkeit nahegekommen zu sein. Jüngste Studien scheinen nahezulegen, dass man aus den Gehirnsignalen eines Menschen gehörte Worte rekonstruieren, Bilder nachzeichnen oder mittels Reizung bestimmter Neuronen Objekte auf einem Computerbildschirm beeinflussen könne. Man hat sogar versucht, fMRT zum Lügendetektor umzufunktionieren. Die meisten Forscher allerdings gehen davon aus, dass die Geräte dazu nicht ausreichend entwickelt seien. Natürlich müsse man die entsprechenden ethischen Probleme diskutieren, bevor man auf diese Weise Gedanken liest. Andererseits machen solche Ansätze es vielleicht einmal möglich, mit Menschen im Koma zu kommunizieren.

Handeln nach Absichten

Seit den 1970er-Jahren können Neurowissenschaftler die Aktivität einzelner Neuronen nachzeichnen. Die ersten Versuche wurden von Edward Evarts und Vernon Mountcastle an Affen durchgeführt. Sie zeigten, dass es zumindest eine Korrelation zwischen kognitiven Prozessen wie Wahrnehmung und Entscheidung und den neuronalen Mustern im Gehirn gibt. So konnte man den genauen neuronalen Pfad vom Reiz über dessen Verarbeitung bis zum Verhalten verfolgen.

Diese Single-Unit-Technik lässt sich nun auch auf das menschliche Gehirn anwenden. So lassen sich die neuronalen Pfade bestimmter neurologischer Erkrankungen (z. B. bei der

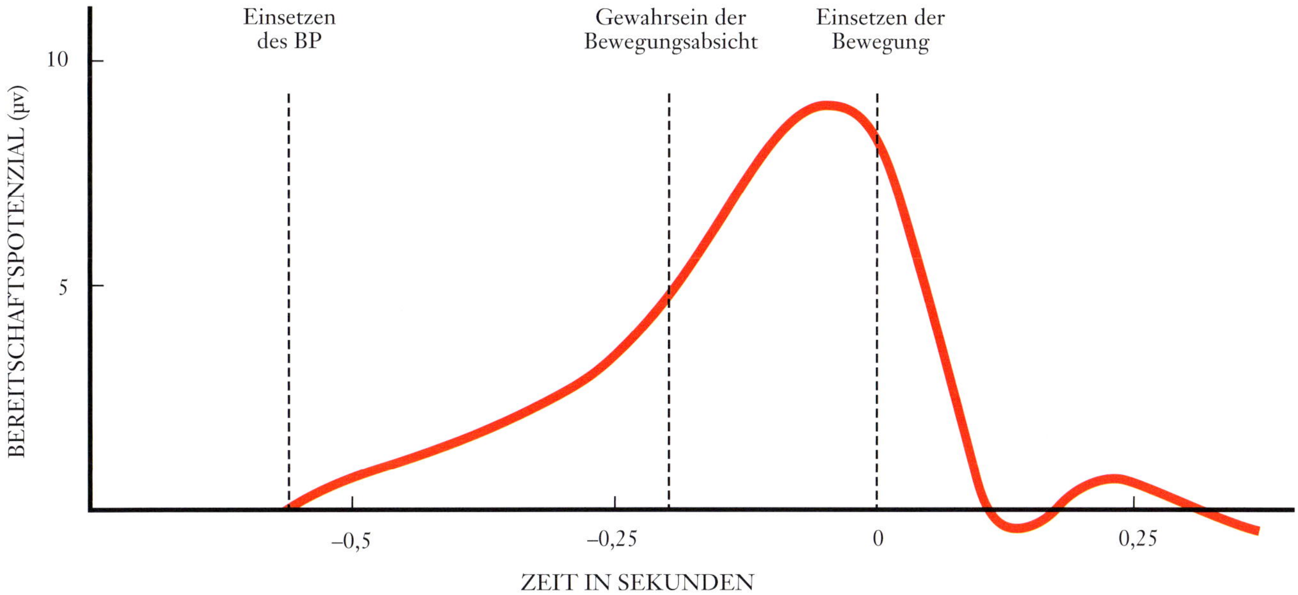

Die Aufzeichnung eines solchen Bereitschaftspotenzials (BP) zeigt, dass der Mensch zu einer Handlung ansetzt, bevor er sich dessen bewusst ist.

Eine japanische Studie aus dem Jahr 2015 zeigt, dass der Computer aus Gehirn-Scans ableiten kann, welche Entscheidung eine Person treffen wird, die „Schere, Stein, Papier" spielt.

Parkinson-Krankheit) feststellen oder auch Gehirn-Computer-Schnittstellen bauen. Diese nehmen über Elektroden Signale aus dem Gehirn auf und leiten sie an einen Computer weiter. Das Ziel dabei ist, mit diesen Signalen Prothesen direkt zu steuern. So kann die Mobilität Kranker erhöht oder die Kommunikation mit der Außenwelt ermöglicht werden. Die Technologie ist noch nicht ausgereift, doch das Konzept steht: Man nutzt die Entscheidungen im Gehirn (ob bewusst oder nicht), interpretiert sie und leitet sie an ein computergesteuertes Hilfsmittel weiter.

Ist da jemand?

Descartes stellte ja das Postulat auf: „Ich denke, also bin ich." Er nahm die Existenz eines Ich für gegeben an. Dieses Ich würden wir heute wohl „Bewusstsein" nennen. Was das Bewusstsein allerdings ist, ist schwer auszumachen.

1995 umriss der australische Philosoph und Kognitionswissenschaftler David Chalmers das „schwierige Problem des Bewusstseins". Die einfacheren Bewusstseinsprobleme seien jene, die sich mit neuronalen und computertechnischen Untersuchungen lösen ließen. Dazu gehören zum Beispiel die Aufmerksamkeitssteuerung, der Unterschied zwischen Wachen und Schlafen und die bewusste Kontrolle unseres Verhaltens. Diese sind zwar im Moment noch nicht vollständig erforscht, doch es gibt empirische Methoden, um sie auszuloten.

Das „schwierige" Problem des Bewusstseins aber entzieht sich solch einer Lösung. Sein Versuch, Bewusstsein zu definieren, sieht so aus: „Ein Organismus ist sich bewusst, wie es sich anfühlt, dieser Organismus zu sein. Ein mentaler Zustand ist sich bewusst, wie es sich anfühlt, in diesem Zustand zu sein." Was die Natur des Bewusstseins angeht, stecken wir in einer Sackgasse. Bewusstsein ist jene Instanz, die aus dem Rohmaterial der Empfindungen die Erfahrung schafft. Ein Hund, eine Katze, ein Wurm sehen vielleicht dasselbe wie wir, aber wir nehmen an, dass sie dies nicht auf dieselbe Weise erfahren wie wir. Selbst zwischen uns Menschen gibt es enorme Unterschiede im Erleben. Chalmers drückt dies so aus:

„Das ist die Schlüsselfrage beim Bewusstseinsproblem. Warum geht die Informationsverarbeitung quasi ‚im Dunkeln' vor sich, ohne jedes innere Gefühl dafür? Wie kommt es, dass wir, wenn elektromagnetische Wellen auf der Netzhaut auftreffen und diese von einem visuellen System verarbeitet werden, das sie unterscheidet und kategorisiert, diese Wellen als leuchtendes Rot erfahren? Wir wissen, dass die bewusste Erfahrung entsteht, wenn diese Funktionen ausgeführt werden, doch die Tatsache, dass sie überhaupt entsteht, ist das zentrale Rätsel. Es liegt ein Abgrund zwischen den Funktionen und der Erfahrung, und wir brauchen eine Brücke, um ihn zu überspannen."

Gibt es denn so etwas wie eine Seele?

Das „schwierige" Problem des Bewusstseins scheint die Neurowissenschaft an ihre Grenzen zu bringen: Alles andere scheint sich physikalischen Erklärungen zu beugen, selbst wenn es im Detail noch nicht vollständig geklärt ist, nur das Bewusstsein lässt sich so nicht fassen. Wir sind also letztlich wieder bei Descartes angekommen, bei dem Abgrund, der Körper und Seele trennt. Der Unterschied ist nur, dass wir – anders als Descartes – nicht an einen Geist in der Maschine glauben.

Die Frage, die uns zu lösen bleibt, ist keine, mit der die Neurowissenschaften sich beschäftigen: Ob der Geist nämlich allein aus der Funktion der Neuronen erklärt werden kann oder ob es da noch etwas anderes gibt – eine Seele zum Beispiel –, das sich nicht physikalisch oder chemisch erklären lässt. Dies entscheidet jeder Neurowissenschaftler letztlich für sich selbst.

Wenn Sie ein komplexes Musikstück spielen, muss das Bewusstsein nicht jede Note abarbeiten – vieles von dem, was wir tun, braucht gar keine bewusste Kontrolle.

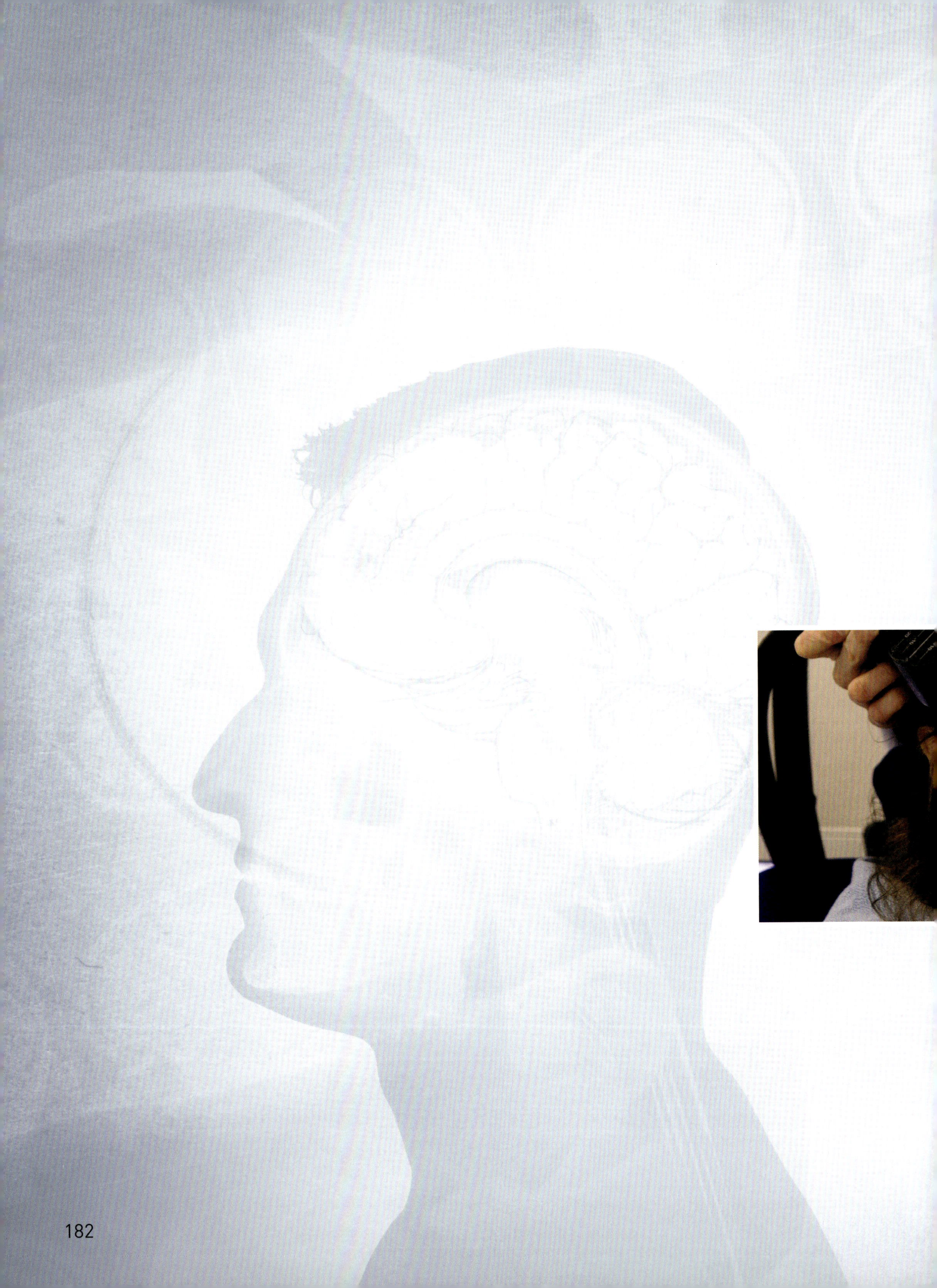

FAZIT

Alle Nerven steigen offensichtlich vom Rückenmark auf … und das Rückenmark besteht aus derselben Substanz als das Gehirn, von dem es ausgeht.

Leonardo da Vinci

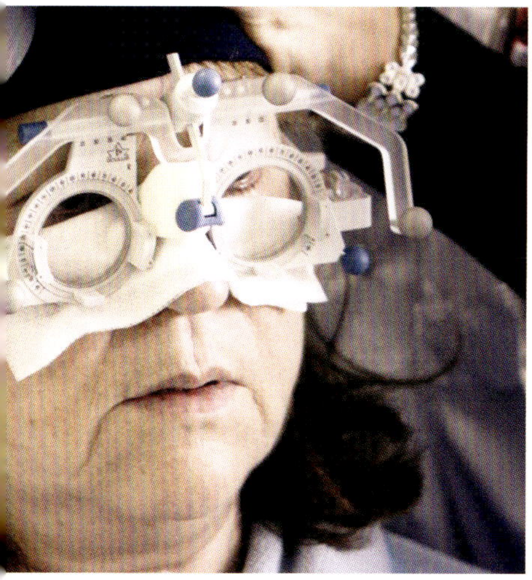

FAZIT

Blick in die Zukunft

Die Entwicklungen innerhalb der Neurowissenschaften haben so unterschiedliche Disziplinen wie Philosophie, Computerwissenschaft, Recht und Linguistik beeinflusst und werden das wohl auch weiterhin tun.

Intelligenz – ob künstlich oder nicht

Im Augenblick ist die künstliche Intelligenz noch alles andere als intelligent. Die Forscher wollen dies ändern, indem sie künstliche neuronale Netze einsetzen, die die Organisationsform des menschlichen Gehirns nachahmen. Ein künstliches neuronales Netzwerk besteht aus mehreren neuronalen Modulen, die „selbstlernend" sind und daher neue Verknüpfungen schaffen können. Heute haben selbst die fortgeschrittensten dieser Netzwerke nur ein paar Millionen „Neuronen" und mehrere Millionen Verknüpfungen – das entspricht dem Potenzial eines nicht allzu klugen Wurms. Das menschliche Gehirn hingegen verfügt über 86 Milliarden Neuronen, von denen jedes mehrere Tausend Verknüpfungen hat. Bis zum menschlichen Gehirn ist der Weg also noch weit. Ironischerweise nutzen Neurowissenschaftler künstliche Intelligenz, um Muster neuronaler Aktivität nachzuzeichnen, die sich nach bestimmten Stimuli bilden.

Bei der Transkraniellen Magnetstimulation werden Magnetfelder eingesetzt, um Depressionen, Tinnitus und Essstörungen zu behandeln.

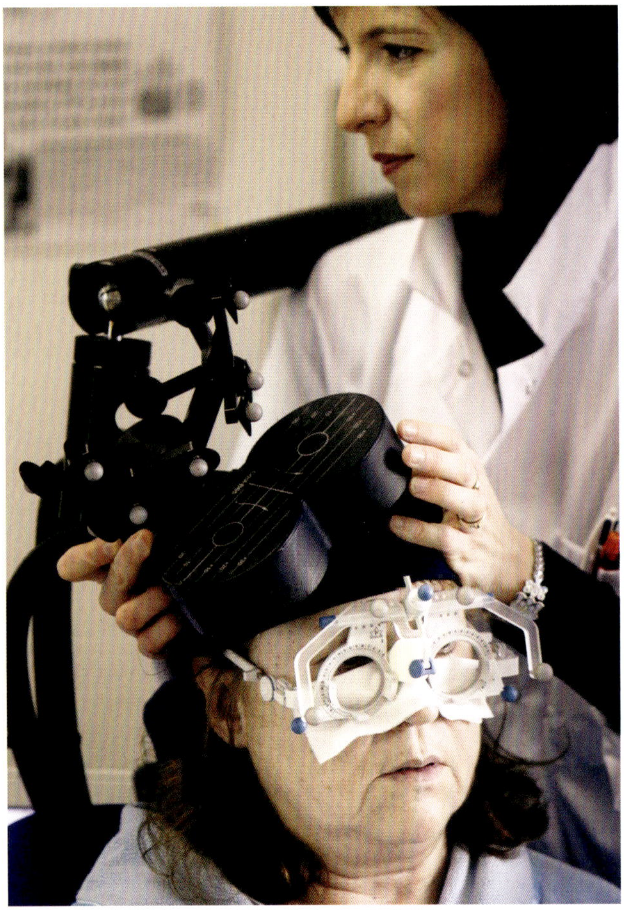

Das Gehirn entscheidet über Gut und Böse

Wie bei allen Wissenschaften kann auch die Neurowissenschaft dem Menschen Gutes oder Böses bringen. Wenn wir es schaffen, das Gehirn zu tunen, können wir Menschen mit besonderen Bedürfnissen helfen, sich besser in ihrer Umwelt zurechtzufinden. Andererseits lassen sich solche Forschungsergebnisse auch dazu benutzen, Lügen aufzuspüren und die Menschheit zu kontrollieren. In Indien wurde 2008 eine Frau wegen Mordes an ihrem ehemaligen Liebhaber verurteilt, weil eine EEG-Aufnahme zeigte, dass sie mit Details des Mordes vertraut war. Und wer im Gehirn bestimmte Empfindungen auslösen kann, kann dort auch Schmerz verursachen, ohne dass er den Körper quälen muss. Daher ist auch bei den Resultaten der Neurowissenschaft eine eingehende philosophische Diskussion über deren ethische Anwendung unumgänglich.

Aber wo ist er denn jetzt wirklich?

Die Neurowissenschaften untersuchen die physikalischen und chemischen Vorgänge im Nervensystem. Doch sie sind bis heute nicht in der Lage zu erklären, warum ein Mensch mitfühlender ist als der andere oder musischer. Sie weiß nicht, wie kreative Ideen oder Inspirationen entstehen und warum wir die Dinge auf unsere höchstpersönliche Weise erleben und dementsprechend Entscheidungen treffen. Der „Geist in der Maschine" – wenn es denn einen solchen gibt – ist so ungreifbar wie eh und je. Und vielleicht ist ja das größte Wunder überhaupt, dass es ihn gibt.

« *Wie kann eine drei Pfund schwere gallertartige Masse, die Sie in einer Hand halten können, von Engeln träumen, über die Unendlichkeit nachdenken und über ihre Stellung im Kosmosreflektieren?* »

V. S. Ramachandran, Neurowissenschaftler, *2011*

Wir haben immer noch keine Vorstellung davon, wie künstlerische Impulse entstehen oder wie eine Inspiration in Bewegung umgesetzt wird.

PASSGEDANKEN

Wenn Sie ständig Schwierigkeiten haben, sich Ihre Passwörter zu merken, dann werden Sie sich freuen zu hören, dass man „Passgedanken" andenkt. Ein EEG, das Ihre Gehirnwellen identifiziert, könnte eines Tages sämtliche Sicherheitsvorkehrungen ersetzen. Tests, die 2013 in Kalifornien durchgeführt wurden, zeigten, dass dies mit einer Exaktheit von 99 Prozent funktioniert.

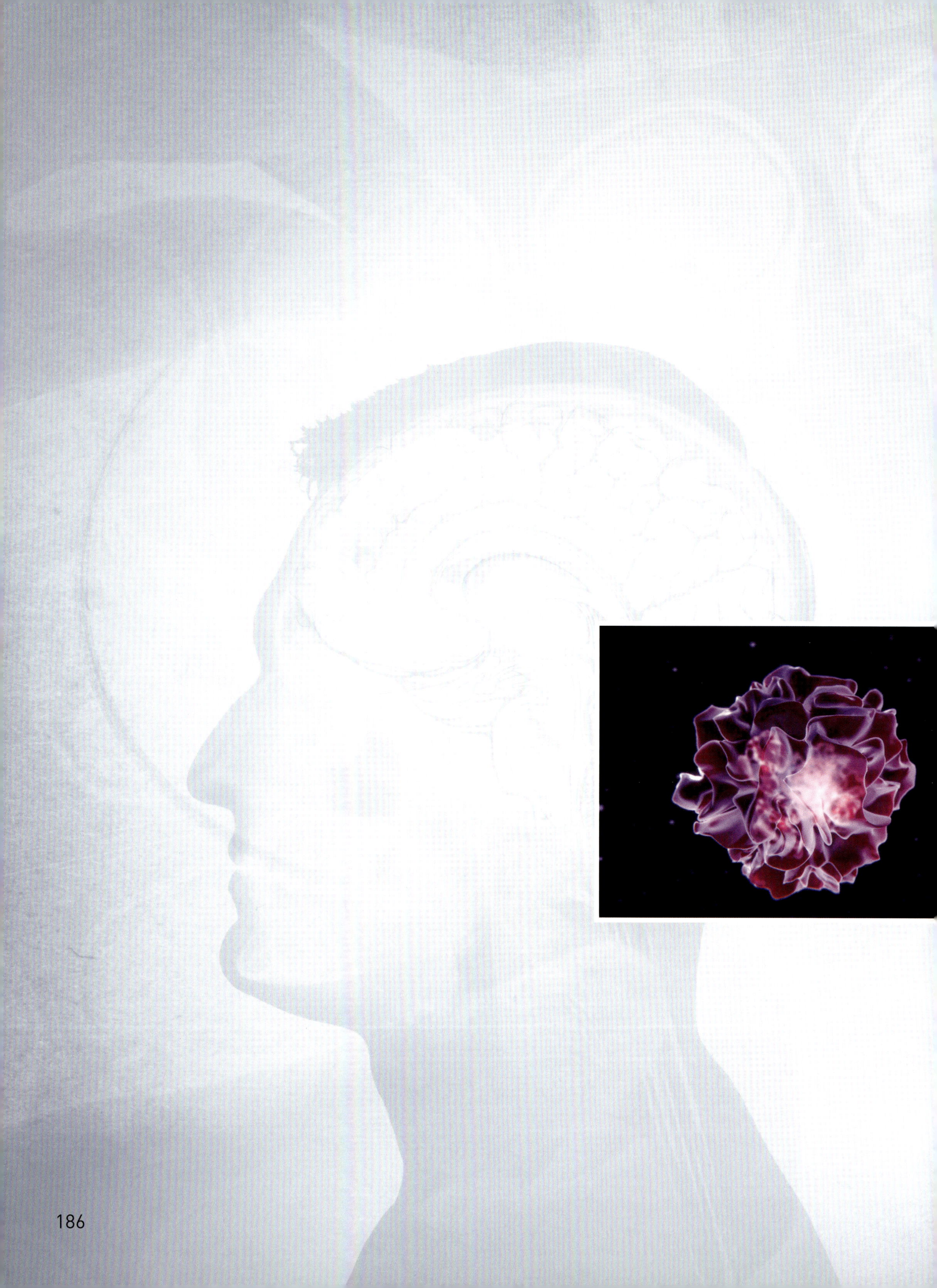

INDEX

Eine grundlegende Voraussetzung für das Studium von Verhaltensänderungen ist die Analyse des Schaltplans, der dem Verhalten zugrunde liegt. Wir haben festgestellt, dass es viel einfacher ist, Verhalten zu ändern, wenn man weiß, wie es im Gehirn verdrahtet ist.

Eric Kandel, 1970

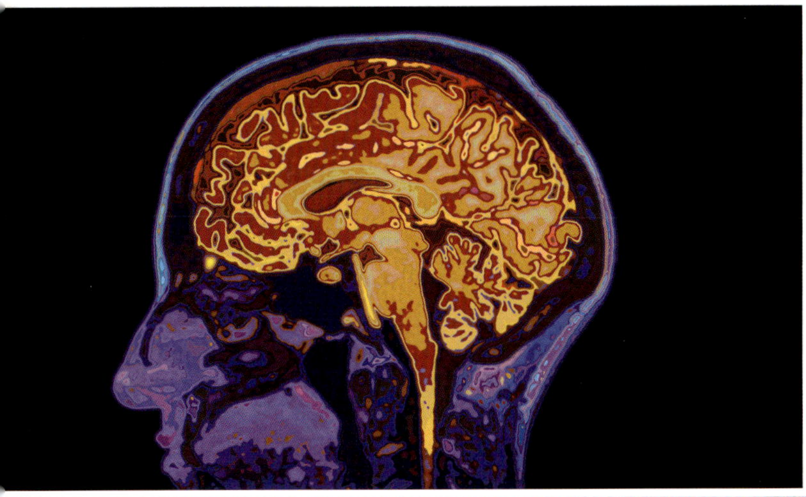

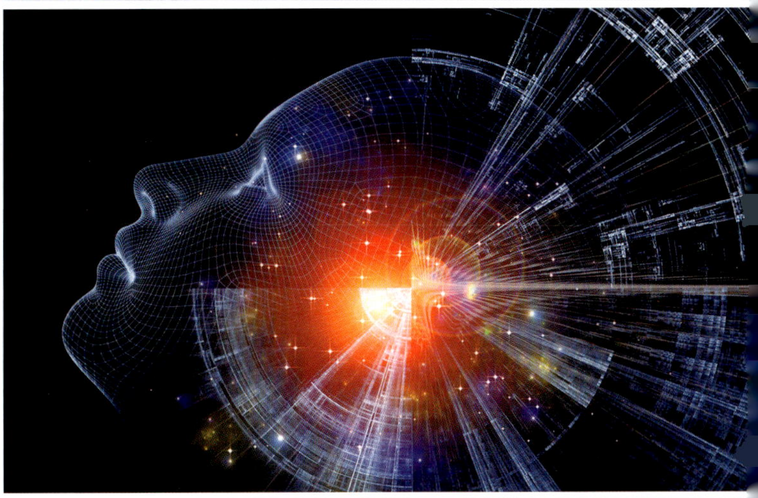

A

B

C

D

E

F

G

H

J

K

L

M

N

O

P

R

S

T

V

W

Y/Z

Erstveröffentlichung unter dem Titel:
„The Story of Neuroscience"

Genehmigte Lizenzausgabe
tosa GmbH
Industriestraße 19
64407 Fränkisch-Crumbach 2019
www.tosa-verlag.de

Übersetzung: Elisabeth Liebl

Layout, Satz und Umschlaggestaltung:
design cat GmbH

ISBN 978-3-86313-225-5

Bildnachweis:
Alamy Stock Photo: 22 (links) Mary Evans Picture Library; 86 Granger Historical Picture Archive; 105, 157 (links); **Bridgeman Images:** 43, 104; **Diomedia:** 92 Natural History Museum, London, UK; 106; **Getty Images:** 15, 139, 165, 175 UIG; 20 Bettmann; 22 (rechts) Science & Society Picture Library/Science Museum Pictorial; 28, 57, 68, 69, 6 AFP; 85 (rechts), 95 (oben) The Asahi Shimbun; 147, 148 Bettmann; 150, 154 SSPL/Science Museum; 155 (rechts ullstein bild; **123RF:** 23 kmiragaya; **Laboratory of Neuroimaging and Martinos Center for Biomedical Imaging, Consortium of the Human Connectome Project:** 99; **Science Photo Library:** 12, 41, 85 (links), 87, 110, 132, 148 National Library of Medicine; 159, 172 (links), 174 Science Source, 184; **Shutterstock:** 8, 13, 17, 21, 29, 31, 40, 54, 56, 58, 62, 89, 91, 94, 96, 98, 108, 109, 112 (oben), 112 (unten), 115, 116, 121 (oben, unten), 123, 126, 127, 129, 130, 131, 133, 136, 151, 187 (mitte), 156 (oben), 175 (rechts), 187 (rechts), 162, 163, 164, 165 (links), 167, 169, 172 (rechts), 173, 177, 178, 180, 181, 185 // Cover, 2,3: Martin Capek, vs148, Yurchanka; Aufmacherseiten: 4–7, 10–11, 26–27, 38–39, 60–61, 80–81, 100–101, 124–125, 140-141, 152-153, 160–160, 182–183, 186–187 Triff; Infokasten: 9, 13, 17–18, 21–22, 25, 29–30, 35, 37, 42, 45, 49, 54–59, 63, 68–69, 75–77, 79, 83, 88, 90–91, 93–98, 103–109, 116, 117, 119, 121–122, 126, 128–129, 133, 136–139, 143, 145, 148, 157, 163–166, 172, 177, 179, 185 thesomeday123; Icon: 8–9, 15–25, 28–37, 40–59, 62–79, 82–99, 102–129, 126–139, 142–151, 154–159, 162–181,184–185, 188–191 Yurchanka; Schmuckelement Gehirn: 15–25, 28–37, 40–59, 62–79, 82–99, 102–129, 126–139, 142–151, 154–159, 162–181,184–185 Katrina Lee; Schmuckelement Ornament: 4–5, 7, 11–14, 19, 25, 27–28, 31–33, 36, 37, 39, 43–44, 46–47, 49, 51–52, 54–57, 61–65, 67, 69, 72–74, 76, 81–82, 84–85, 87–89, 92–94, 97, 101–107, 110–113, 115, 118–120, 122, 125–128, 131, 133–134, 136–138, 141–144, 146–147, 150–151, 153–159, 161–163, 166–167, 169, 170–177, 179, 180–181, 183–184 venimo; // **Wellcome Library, London**: 14, 16 (oben und unten), 24, 32, 33, 34, 35, 36, 44, 45, 46, 47, 48 (oben), 48 (unten), 49, 50, 51 (oben), 51 (unten), 53, 64, 65, 67, 70, 71, 72, 73, 75 (oben), 75 (unten), 76, 82, 83, 84, 97, 103, 107, 111, 113, 114, 117, 120, 134, 135 (oben), 142, 143, 144, 145 (oben), 145 (rechts), 146, 155 (links), 165 (links); **Artwork by David Woodroffe**: 9, 18, 195 (unten), 179